GB/T 25969—2010

《家用太阳能热水系统主要部件选材通用技术条件》

国家标准应用指南

贾铁鹰　张立峰　刘海波　主编

中国质检出版社

中国标准出版社

北　京

图书在版编目（CIP）数据

GB/T 25969—2010《家用太阳能热水系统主要部件
选材通用技术条件》国家标准应用指南/贾铁鹰，张立峰，
刘海波主编. —北京：中国标准出版社，2013
ISBN 978-7-5066-7029-6

Ⅰ.①G…　Ⅱ.①贾…②张…③刘…　Ⅲ.①太阳能
水加热器-国家标准-中国　Ⅳ.①TK515-65

中国版本图书馆 CIP 数据核字（2012）第 237940 号

中国质检出版社
中国标准出版社　出版发行
北京市朝阳区和平里西街甲 2 号（100013）
北京市西城区三里河北街 16 号（100045）
网址：www.spc.net.cn
总编室：(010)64275323　发行中心：(010)51780235
读者服务部：(010)68523946
中国标准出版社秦皇岛印刷厂印刷
各地新华书店经销

*

开本 787×1092 1/16　印张 17.5　字数 394 千字
2013 年 1 月第一版　2013 年 1 月第一次印刷

*

定价 55.00 元

编委会名单

主　　编：　贾铁鹰（全国太阳能标准化技术委员会）

　　　　　　张立峰（山东亿家能太阳能股份有限公司）

　　　　　　刘海波（皇明太阳能股份有限公司）

参编人员：　薄超斌（山西太钢不锈钢股份有限公司）

　　　　　　王柱小（广东万和新电气股份有限公司）

　　　　　　余红平（黄石东贝机电集团太阳能有限公司）

　　　　　　郭保安（沈阳百乐太阳能真空管有限公司）

　　　　　　陈文域（常州宣纳尔新能源科技有限公司）

　　　　　　王训华（衡阳市真空机电设备有限公司）

　　　　　　吴振一（北京清华阳光能源开发有限责任公司）

　　　　　　黄永定（江苏华扬太阳能有限公司）

前　言

　　标准化与产业的发展存在着不可分割的关系。标准化孕育于产业的开发过程,在产业发展的每一个阶段,标准化工作都能够提供一个相对稳定的平台,为产业的发展提供标准化的保障和制约;反过来产业的发展又深刻地影响着标准化工作的发展,使标准化工作者不断地寻找新的标准化方法,并扩大标准化的领域。

　　标准化的主要作用有以下三点:

　　(1) 促进产业的发展和进程。标准化贯穿于新产品的研究、设计、开发、应用和产业化的全过程,通过开展标准化可以为众多企业提供技术指导,规范相应领域内的主要生产活动,促进相关产品在技术上的相互协调和配合,利于企业间的生产协作,力求产品质量适应使用要求,同时还可以改进产品质量,提高产品的安全性、通用性和可靠性,并提高生产效率、保护生态环境和节省资源,为社会化专业大生产创造条件,从而获得巨大的社会效益和经济效益。

　　(2) 优化和保障产业的健康、有序发展。标准化使复杂的技术趋于简化,从多样化到统一,从无序到有序,形成一种系统优化和技术的保障作用。标准化不仅使各相关领域技术发展的复杂性得到简化,而且能够预防未来产生不必要的复杂性,为现代化的科学管理提供目标、依据,以及最实用、最可靠的科技信息与贸易信息。标准化通过简化、统一化、通用化、系列化、组合化等形式,合理控制和发展产品品种规格,确保零部件的互换、互连、兼容和可靠,使产品和部件形成完整系列,避免社会在人力、物力上的浪费和管理上的混乱,既利于提高生产效率、降低成本,又便于使用和维修,从而保证了系统的全局优化和有序性。

　　(3) 有利于我国技术和产品在国际市场中的竞争。我国已加入 WTO,国际大市场已向我们敞开。在世界经济一体化的趋势下,标准化一方面可以促进和加强国际间的科学技术交流和国际间的贸易发展;另一方面可以促进我国采用国际先进技术和方法,综合考虑科学性、先进性、现实性和经济性以及国家政策、国情特色和国际国内市场动向等,对产品的性能指标、结构形式和款式,以及检验和控制质量的基本方法等做出最佳的选择,提高我国技术和产品的质量水平,适应日趋激烈的国际竞争环境。此外,标准可以作为一项保护新兴民族产业的技术保护措施,使我国产业避免国外的冲击。

　　能源和环境问题是当前我国面临的主要问题之一,随着能源供需矛盾日趋紧张,大力发展新能源和可再生能源已迫在眉睫。《中华人民共和国可再生能源法》已于 2006 年 1 月 1 日开始实施。《中华人民共和国可再生能源法》总则中明确指出,"为了促进可再生能源的开发利用,增加能源供应,改善能源结构,保障能源安全,保护环境,实现经济社会的可持续发展","国家将可再生能源的开发利用列为能源发展的优先领域,通过制定可再生能源开发利用总量目标和采取相应措施,推动可再生能源市场的建立和发展","国务院标准化行政主管部门应当制定、公布国家可再生能源电力的并网技术标准和其他需要在全国范围内统一技术要求的有关可再生能源技术和产品的国家标准"。

太阳能热水系统的推广和应用就是其中之一。我国幅员辽阔,具有丰富的太阳能资源和良好的开发利用基础。据统计,我国的太阳能年辐照总量超过 $5\,020\ \mathrm{MJ/m^2}$,年日照时数在 $2\,200\ \mathrm{h}$ 以上的地区占国土面积的 2/3 以上,这些都为中国太阳能热水系统的发展与普及提供了良好的资源基础。太阳能热水系统是一种节能、环保、经济、使用方便的绿色能源产品,应用太阳能热水系统是解决我国广大居民生活用热水和工农业生产用热水的现实、经济、有效的途径,具有广泛的发展空间和巨大的市场潜力。

目前,我国已成为世界上主要的太阳能热水系统产品生产与使用的国家之一。

太阳能热水系统产业的健康发展也离不开标准化工作的支持,主要表现在以下几个方面:

(1) 标准化工作是经济建设和科技发展不可缺少的重大基础工作。随着我国经济的快速发展与太阳能热水系统产业的推广和广泛应用,标准化工作的重要性越来越显著。

(2) 太阳能热利用产业标准化是与其技术的应用和产业化发展相伴而行的,太阳能热水系统的产业化程度越高,就越需要标准化工作的支持。"没有标准就没有太阳能热水系统产业化"已是众多企业家和广大工程技术人员的一致共识。

(3) 标准化是进行科学管理的重要方式和基础性技术工作,是推进科技进步、产业发展的重要手段,是提高产品质量、规范市场的重要措施,是参与国际竞争的前提。因此,在大力发展和推进太阳能热水系统产业开发与应用的时候,应非常重视标准化工作,将标准的制、修订作为促进太阳能热水系统产业快速发展的一项重要的工作任务来进行。

(4) 使我国的太阳能热水系统产业标准的水平与国际接轨,标准的质量得到全面提高,从而推进我国太阳能热水系统产业的科技进步与科学管理水平,规范市场,提高产品质量及参与国际市场竞争的能力。

家用太阳能热水系统主要部件材料的配套、选择和使用是保证家用太阳能热水系统质量的重要环节。随着家用太阳能热水系统产品的快速发展,我国家用太阳能热水系统主要部件材料的专业生产厂家已达 300 多家,产品市场年销售量快速增长,产品质量良莠不齐,急需制定标准进行规范和引导。家用太阳能热水系统已经有近 20 项相关的国家标准,但缺少作为系统主要部件材料的配套、选择和使用统一的国家标准。

GB/T 25969—2010《家用太阳能热水系统主要部件选材通用技术条件》是我国第一个关于家用太阳能热水系统主要部件材料的配套、选择和使用的国家标准,该国家标准的制定为推动我国家用太阳能热水系统行业的发展,以及提高我国家用太阳能热水系统的技术水平提供了良好的技术依据。GB/T 25969—2010 是家用太阳能热水系统国家标准体系的重要组成部分,它的制定将有助于促进家用太阳能技术的开发、市场化以及家用太阳能技术的普及和应用,对规范中国的家用太阳能热水系统市场、全面开展家用太阳能热水系统(器)的质量检测和认证工作发挥重要的作用。

本书是 GB/T 25969—2010 的应用指南,由标准的主要制定单位组织编写。本书共分六章,主要讲述了国内家用太阳能热水系统主要部件材料的配套、选择和使用状况,使用中常见故障及隐患,标准条款详解和释义,新材料应用等内容,并对与太阳能热水系统主要部件材料相关的实验设备、检测仪器及国家认可实验室的情况进行了介绍。

本书附录中收录了 GB/T 25969—2010《家用太阳能热水系统主要部件选材通用技术条件》和 GB/T 19141—2011《家用太阳能热水系统技术条件》两项标准的原文,以方便读者查阅。由于水平所限,本书的不当之处敬请同行和读者批评指正。

本书适用于家用太阳能热水系统的设计、制造、使用等企业的研究人员,也可作为太阳能热水系统企业的培训教材。

编　者

2012 年 6 月

目 录

第 1 章　太阳能热利用产业状况

1.1　太阳能热利用产业在节能环保及社会经济中的贡献

在太阳能热利用中,太阳能热水器、主被动太阳房、太阳灶、太阳能干燥器、太阳能空调制冷、太阳能温室等与人们的日常生活密切相关,环保、节能、安全、经济是其典型的特点。特别是太阳能热水器的应用,是解决我国广大居民生活用热水和工农业生产用热水的有效途径。

以太阳能热水器为例,在与电热水器和燃气热水器的比较中(见表 1-1),太阳能热水器充分显示了其经济、节能、安全、环保的优势。

表 1-1　电热水器、燃气热水器及太阳能热水器的比较(按得到热水 100 L/d 计)

项　目	电热水器	燃气热水器	太阳能热水器
设备投资/元	1 200	1 000	1 800
年运行费用/元	500	350	5
使用寿命/年	8	8	10
寿命期内年均使用总投资/元	650	560	185
投资比(设太阳能热水器为 1)	3.5	3	1

此外,随着减排、低碳时代主题的推进,太阳能热水器的市场份额逐年提升,至 2008 年已经超过电热水器、燃气热水器的总和,成为热水器的主体,2001～2010 年三种热水器市场占有率见表 1-2。

表 1-2　2001～2010 年三种热水器市场占有率　　　　　　　　　　　　　　%

年份	电热水器	燃气热水器	太阳能热水器
2001	30.00	54.80	15.20
2003	44.23	37.57	22.20
2005	45.20	26.57	28.23
2007	42.30	19.20	38.50
2008	49.20		50.80
2010	43.3		56.7(占下乡 55.8)

在建筑能耗中,除城市集中供热系统和热电联产集中供热外,城市居民的生活热水能耗,广大农村居民的采暖、生活热水、炊事、农副产品的干燥等关乎民生的热能消耗都是由于太阳能热利用产业的兴起,才实现用能方式的变革。可见,以太阳热能解决我国城乡居民的生活用热需求,正逐步受到各方的重视。

太阳能热利用产业不仅节能环保,而且具有极大的社会经济效益。

1.1.1 节能环保

太阳能热利用是典型的绿色低碳经济产业。1～4类太阳能资源区内平均每平方米太阳能热水器(按75%加权使用率计算)年可替代标准煤150 kg,相当于417度电(1度电＝1kW·h)。按目前我国科技水平和能耗状况,各有害气体的排放因子、每平方米太阳能热水器的年减排量及太阳能热水器的环境效益如表1-3所示。

表1-3 太阳能热水器环境效益表

项 目		排放因子/ (kg/kgce)	年减排量/ kg	年环境效益/ (元/kg)	寿命期内总环境效益/ 元
有害 气体 排放	SO_2	0.022	4.85	10.26	49.8
	NO_2	0.01	2.2	1.8	3.96
	烟尘	0.017	3.75	4.48	16.8
	温室气体(CO_2)	1.79	322	0.20	64.4
总效益				75.02	750.2

进入21世纪以来,我国太阳能热水器累计节约标准煤总量已达17 720万t,相当于4 700.43 GW·h电。累计实现减排SO_2 552.11万t、NO_2 248.95万t、烟尘426.89万t、温室气体CO_2 36 282.6万t,节能减排效果十分显著,其历年节能和减排量见表1-4,其2000～2011年节约标准煤及减排CO_2见图1-1、图1-2。

表1-4 太阳能热水器历年节能、减排量

年份	保有量/ 万 m²(MWth)	节约标准煤/ 万 t	相当节电/ GW·h	减排SO_2/ 万 t	减排NO_2/ 万 t	减排烟尘/ 万 t	减排CO_2/ 万 t
2000	2 600(18 200)	390	108.42	12.61	5.72	9.75	837.2
2001	3 200(22 400)	480	133.44	15.52	7.04	12.0	1 030.4
2002	4 000(28 000)	600	166.80	19.40	8.80	15.0	1 288
2003	5 000(35 000)	750	208.50	24.25	11.0	18.75	1 610
2004	6 200(43 400)	930	258.54	30.07	13.64	23.25	1 996.4
2005	7 500(52 500)	1 125	312.75	36.37	15.0	28.12	2 415
2006	9 000(63 000)	1 350	375.30	43.65	19.8	33.75	2 889
2007	10 800(75 600)	1 620	450.36	52.38	23.76	40.50	3 477.6
2008	13 600(95 200)	2 040	521.25	60.62	27.50	46.87	4 025
2009	16 000(120 000)	2 400	604.65	70.32	31.90	54.37	4 669
2010	18 500(129 600)	2 775	653.86	81.48	36.96	63.00	5 045
2011	21 740(152 200)	3 260	906.56	105.44	47.83	81.53	7 000
总计		17 720	4 700.43	552.11	248.95	426.89	36 282.6

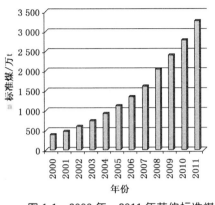

图 1-1 2000 年～2011 年节约标准煤图

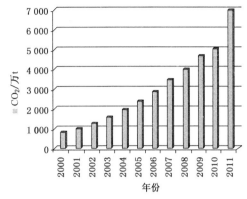

图 1-2 2000 年～2011 年减排 CO_2 贡献图

预计 2015 年我国太阳能热利用年产量达到 1 亿～1.2 亿 m^2,总保有量将达到 4 亿 m^2,相当于每年节电 280 000 MWth,年可替代标准煤 6 000 万 t,年可减排 CO_2 129 000 万 t。这些数字足以说明太阳能热利用产业对我国节能减排总目标的重要贡献。依据现在的发展规模和速度来预测的话,"十二五"时期,太阳能热利用产业能源贡献率将占太阳能产业的 90%,占包括水能在内的可再生能源的 10%(表 1-5)。2015 年全国总能源消费按 40 亿吨标准煤计算,太阳热能利用约占总能源的 1.1%。

表 1-5 "十二五"期间太阳能热利用产业规划

"十二五"太阳能热利用规划	太阳能热利用节能占比	节能分项
年产量达到 1 亿～1.2 亿 m^2,保有量约 4 亿 m^2,节煤 4 550 万 t,比"十一五"提高 138%	占"十二五"可再生能源节能贡献的 10%	"十二五"可再生能源节能贡献 4.6 亿吨标准煤
	占总的能源消费比例 1.1%	2015 年总能源消费约 40 亿吨标准煤
	占全部太阳能贡献比 90%	"十二五"太阳能利用节能 5 000 万 t

而且,现阶段我国太阳能热利用产业的技术水平也有大幅提升,即在户用型基础上向工程化扩展,在低温利用基础上向中高温扩展,在民用基础上向工农业应用扩展,由洗浴向采暖空调扩展。尤其是太阳能与建筑结合,利用空间广泛节能效益突出,成为我国政府和社会各界推崇并大力提倡的主流建筑节能模式。今后,随着太阳能热利用应用范围的进一步扩大,节能效益将更加显著。

1.1.2 经济效益

"十一五"期间仅太阳能热水器所产生的经济效益就达 2 390 亿元人民币,出口创汇 9.05 亿美元(见表 1-6)。

表 1-6 "十一五"期间太阳能热水器所产生的经济效益

年份	总收入/亿元(人民币)	出口/亿美元
2006	270	1.25
2007	320	1.5
2008	465	1.8

续表 1-6

年份	总收入/亿元(人民币)	出口/亿美元
2009	600	2.0
2010	735	2.5
总计	2 390	9.05

1.1.3　社会就业贡献率

　　"十一五"期间中国太阳能热利用行业为社会解决了上百万劳动力就业问题,为解决劳动力就业作出了贡献(见表1-7)。

表 1-7　"十一五"期间太阳能热利用行业解决劳动力就业的贡献

年份	就业人数/万人
2006	200
2007	250
2008	280
2009	300
2010	330
总计	1 360

1.2　太阳能热利用产业发展

　　太阳能热利用指将太阳能转换为热能加以利用,如供应热水、热力发电、驱动动力装置、驱动制冷循环、海水淡化、采暖和强化自然通风等过程,是实现能源替代、减少排放以及改善城乡居民生活条件的重要保障。中国太阳能热利用产业发源于实验室,借助民间资本和市场经济得以成长,实现了最初的产业化。几十年中,企业依托相关科研机构,不断对技术和产品进行开发,产、学、研深度结合不仅开创了产业,而且成为产业高速成长的绿色通道。

　　科技在企业的支持下,在市场的反哺下得到了持续进步;市场在科技的推动下,得到了高速发展。科技成果迅速地转化为生产力,使产业成为具有自主知识产权的民族产业。"十一五"期间,我国太阳能热利用产业快速、健康、持续发展,正在从世界生产应用大国向世界强国迈进。国家"十二五"规划中明确提出"全面发展太阳能热利用",这是对太阳能热利用产业的肯定,同时也是对该产业的极大鼓舞。

　　中国目前的研究和应用主要包括太阳能热水器、太阳房、太阳灶、太阳能干燥、太阳能海水淡化、太阳能空调、太阳能热发电及其他工农业生产应用。

1.2.1　太阳能热水器

　　在内无参照、外无引进的条件下,我国太阳能热水器产业依靠自己的智慧和力量,从技术研发、产品、工艺、装备和制造等方面形成了完善的自主知识产权体系,基本上实现了工业化生产模式,是我国可再生能源领域中产业化发展最成功的范例,更是一个具有高度核心竞争力、自主化程度最高的民族产业。目前太阳能热水利用已经商业化,并取得了重大社会、经济、环境效益。

1.2.1.1　概况

太阳能热水器是我国太阳能利用中应用最广泛、产业化发展最迅速的太阳能产品。由我国自主开发生产的全玻璃真空管太阳集热器的科技水平、制造技术、生产规模均处于国际领先水平,且生产成本低廉,具有较强的国际竞争力。

1.2.1.2　产量

我国的太阳能热水器产业进入 20 世纪 90 年代后期以来发展迅速,生产量由 1998 年的 350 万 m^2/a 增长到 2011 年的 5 760 万 m^2/a,热水器的总保有量由 1998 年的 1 500 万 m^2 增长到 2011 年的 2.174 亿 m^2,形成了一定的产业规模。详见表 1-8 和图 1-3。

表 1-8　1998 年~2011 年太阳能热水器年生产量、保有量和增长率

年份	总产量		比上年增长/%	保有量		比上年增长/%	能源替代标准煤/万 t
	万 m^2	MWth		万 m^2	MWth		
1998	350	2 450	—	1 500	10 500	—	225
1999	500	3 500	43	2 000	14 000	33	300
2000	640	4 480	28	2 600	18 200	30	390
2001	820	5 740	28	3 200	22 400	23	480
2002	1 000	7 000	22	4 000	28 000	25	600
2003	1 200	8 400	20	5 000	35 000	25	750
2004	1 350	9 450	12.5	6 200	43 400	24	930
2005	1 500	10 500	11.1	7 500	52 500	21	1 125
2006	1 800	12 600	20	9 000	63 000	20	1 350
2007	2 300	16 100	30	10 800	75 600	20	1 620
2008	3 100	21 700	25.8	13 600	95 200	25.9	2 040
2009	4 200	29 400	35.5	16 000	120 000	17.6	2 400
2010	4 900	34 300	16.7	18 500	129 600	15.6	2 775
2011	5 760	40 320	17.6	21 740	152 200	17.5	3 260

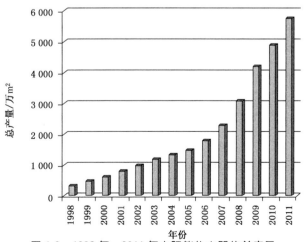

图 1-3　1998 年~2011 年太阳能热水器的总产量

太阳能热利用行业经过了 2000 年至 2009 年快速增长的黄金期,尤其在 2008 年及 2009 年两年的大规模产能扩张之后,自 2010 年开始趋于平静,与往年 30% 的增速相比, 2010 年是太阳能热利用产业自 2006 年以来增速最慢的一年,仅为 16.7%;2011 年略好于 2010 年,为 17.6%。2010 年、2011 年增速明显放缓的主要原因是受 2008 年国际金融危机对我国的后期影响以及部分企业战略调整,同时还有家电下乡的过度透支,以及产业质量本身暴露出的诸多问题。不过,国家"十二五太阳能热利用规划"的出台,加之各省市也频频推出相应的优惠政策,使我国 2012 年太阳能光热行业的发展形势比较乐观,行业专家预计其增速将达到 18%。

1.2.1.3　"十一五"期间初具规模的现代化产业体系

(1) 原材料玻璃 3.3:154 座窑炉。2011 年 82.6 万 t。

共产 3.3 玻璃 86.05t,实际用量为 73.7 万 t。

(2) 镀膜真空管:2011 年达到 2100 条。

总产量 4.05 亿支,实际使用 3.68 亿支。

(3) 产量和保有量

2010 年生产集热器总面积 4 900 万 m²,增长 16.7%,是 2005 年 1 500 万 m² 的 3.2 倍; 总保有量 16 800 万 m²,增长 15.9%,是 2005 年 7 500 万 m² 的 2.24 倍;每千人拥有量 123.5 m²/千人,增长 14.8%,是 2005 年每千人 20 m² 拥有量的 6.17 倍。

2011 年产量为 5 760 万 m²,增长 17.6%,总保有量为 19 360 万 m²,增长 15.2%。

(4) 销售额:约 735 亿元人民币,是 2005 年 220 亿的 3.3 倍。2011 年 942 亿元,增长 28.16%。

(5) 出口:154 个国家,约 2.5 亿美元。

目前太阳能热水器已经占整个热水器市场的 56.7%,而且国家出台了一系列政策,例如各地的强制安装政策、保障房的强制安装政策、补贴优惠政策,以及家电下乡政策、节能产品补贴,都将为太阳能热水器产业的继续发展奠定基础。

1.2.2　太阳房

太阳房分为主动式和被动式。由于主动式太阳房的一次性投资较大,设备利用率低、技术复杂,需要专业人员进行维护管理,而且仍要耗费一定的常规能源,故目前的太阳房建设仍以被动太阳房为主,但主动采暖发展很快,在北京、内蒙古、宁夏、西藏、辽宁等地区,建成了许多示范建筑。近年来,在我国北方地区十分受政府及开发商重视,特别是北京市将太阳房建筑和热水采暖系统结合,进行大面积示范,得到用户普遍欢迎,北京市也制定了新标准。随着国家建设部提出今后发展绿色节能建筑的战略目标,主、被动结合太阳房的开发与建设将会得到进一步发展。表 1-9 为 2006～2010 年我国建成太阳房的累计数量表。

表 1-9　2006 年～2010 年我国建成太阳房累计数量表

年份	2006	2007	2008	2009	2010
逐年累计面积/万 m²	1 395.2	1 467.8	1 590.46	1 700	2 000

1.2.3 太阳灶

20世纪70年代,我国便开始有计划地开展太阳灶的研究与推广工作,不少地区那时候就已经开始了太阳灶的试制与试用,在这40多年间,从分散的实验研究到政府主管部门领导下的全国联合技术攻关,从局部地区的试点示范到大面积的推广,出现了箱式、聚光式、热管式等多种型式的太阳灶。我国是推广应用太阳灶最多的国家,尤其是在太阳能丰富而能源短缺的地区,很受农牧民的欢迎。表1-10列举了我国2006～2010年太阳灶的保有量。

表1-10 2006年～2010年太阳灶保有量

年份	2006	2007	2008	2009	2010
保有量/万台	86.52	111.87	135.67	172	205

太阳灶的使用受一些条件的限制:受昼夜交替以及气候的影响,不是随时可用;太阳辐射密度低,要获得较大功率,带来结构复杂、使用不便、成本高昂等问题;自动跟踪机构的成本远大于其带来的收益,故只能手动调节。

即使如此,目前在我国西部偏远地区太阳灶仍旧具有不小的市场,国外如非洲、阿富汗、巴基斯坦等国家也有大量需求。太阳灶作为太阳能热利用产品,在今后一段时间内还会有一定程度的发展,特别是在西藏、四川、甘肃、内蒙古等严重缺柴和缺少生物质的地区受到欢迎。而设计制造质量好、寿命长、使用更方便的农村用太阳灶,更是深受农民欢迎。

1.2.4 其他太阳能热利用技术

我国太阳能利用领域系统研究工作始于20世纪70年代末。20多年来,除上述利用领域外,太阳能的热利用在太阳能温室、太阳能干燥、太阳能空调、太阳能热发电、太阳能制氢、太阳能海水淡化等领域也取得了一批标志性成果。

太阳能工农业应用如太阳能热水系统在印染行业应用,浙江萧山印染厂,集热面积达17 200 m²,为印染提供55 ℃预热水;太阳能热水系统在输油管道中应用;在水泥砌块保养中的应用,各种类型太阳能干燥装置的采光面积近3万 m²,如中国农工院和皇明公司分别在新疆和青岛开展的太阳能干燥项目,都取得了良好经济和社会效益。此外,太阳能空调、太阳高温热发电等示范项目也在北京、山东、内蒙古等地区开展,为今后太阳能热利用扩大应用打下了基础。

1.3 产业结构

1.3.1 产业升级进程

作为一个新兴的产业,和家电、汽车、IT等产业不同,没有现成的例子可以借鉴,在内无参照、外无引进的条件下,中国太阳能热利用产业的从业人员凭借自己的勤劳和智慧,创造了太阳能热水器产业的产品、生产装备、技术工艺和营销推广模式,从无到有自主培育了一批专业人员,开创了一个民族产业的自主知识产权体系和世界上最大的太阳能热水器产销市场。

1.3.1.1 科技进步,产品质量提高,应用领域扩展

全天候型智能化太阳能热水器快速发展,占太阳能热水器总量的40%以上;太阳能采

暖示范项目取得了进展;双回路阳台壁挂系统的开发应用效果显著;平板式集热器技术及设备达到或接近国际水平。如南昌大学建成 2 700 m² 大型太阳能游泳加热系统;奶牛厂、养猪厂等养殖领域也有一定数量的太阳能热水应用;浙江萧山印染厂 1.5 万 m² 的工业用热水工程,开发出太阳能热水工程远程控制系统等。科技进步促进了产品质量的提高,扩展了应用领域。

1.3.1.2　生产装备不断完善,工业化生产模式基本形成

适合我国太阳能利用产品制造实情的现代化、自动化、工业化生产设备、工艺不断推陈出新。随着大型骨干企业新的更大规模的生产基地的建成,这些现代化工业化生产设备得到了广泛应用。由此,中国太阳能热水器工业化生产模式基本成型,少数大型企业的太阳能热水器生产线还出口到了国外。

1.3.1.3　调整产业结构,完善配套体系

其他相关配套产业也随着太阳能热水器行业的快速发展而壮大,如真空管的真空镀膜设备、太阳能热水器水箱、支架的金属加工和焊接设备、太阳能热水器电加热及温控仪表、太阳能热水器密封元件等,均有专业化生产企业,这样太阳能热水器生产链从配套材料、配件零部件到现代化设备供应,形成了较为完善的产业制造链体系,如图 1-4 所示。

图 1-4　完备的太阳能热水器产业链体系形成

随着产业以市场为导向的强化,产品结构也得到了较大调整。特别是平板集热器市场扩展增速,许多大企业开发和推出了平板集热器产品。一些企业将公司定位在专业化平板集热器供应商上。平板和真空管集热器的占比变化、工农业应用、太阳能采暖等带来的产业结构调整,更适合我国太阳能热利用市场呈多元结构的市场环境,也提高了太阳能热利用大国的综合产业实力。

太阳能热利用生产链调整合理,从配套材料、配件零部件和现代化设备供应形成了较为丰富完善的产业制造链体系。另外从研发、制造、销售到市场服务也形成了运营服务链体系,总就业人员 300 万人以上,为产业二次起飞提供了有力的保障。

1.3.1.4　实施现代化企业管理,建立现代化企业制度

许多企业逐步建立了现代化企业制度,实施现代化企业管理。一批职业经理人涌现,

几十家企业的创业者由直接管理者退身为投资人、董事长,开始向所有权和经营权的两权分离转型。如皇明太阳能集团、力诺瑞特新能源有限公司、太阳雨太阳能集团、桑夏太阳能有限公司等。大中型企业的信息化管理、科学化管理得到了普遍应用,在普遍进行ISO 9000认证后,ERP(企业资源计划)、精益生产等现代化管理工具和手段得到了更多的应用,效率提升、企业运行流程再造和管理成本下降成为骨干企业的发展趋势,规模效益在现代化管理中开始体现。

1.3.2　产业群现状

1.3.2.1　企业类型

目前全国的生产型企业总数为2 800家,其中生产太阳能热利用配套和装备的企业有1 200家,占总数的42.8%,其余的是1 600家整机生产企业,占总量的57.2%。整机企业中先后共有270多家企业参与了国家的"太阳能下乡"活动,为消费者提供实惠。此外,具一定规模的商贸流通企业达到2 000余家,在这个群体中涌现出了数百位"千万大商",近年依靠工程发展的工程公司更是达到了四五千万元的营业额。整机企业、配套产品及装备企业、商贸流通企业和其他的社会服务企业共同组成了完善的产业群体。

1.3.2.2　企业规模和特色

目前国内大型太阳能热水器企业近20家,市场占有率40%以上。其中产值20亿元左右的企业4家。它们分别是皇明太阳能集团、太阳雨太阳能集团、桑夏太阳能有限公司和力诺瑞特新能源有限公司。自2005年实施品牌战略以来,大型骨干综合实力、产值连续提高,它们在研发能力、自主创新能力、企业文化建设、专利技术、工程技术、现代化设备、国际竞争力等方面是行业的先锋,也是引导产业健康发展,规范太阳能热水器市场秩序的主力军。随着产业的快速发展,品牌将会进一步集中。

全国有五家领军企业和品牌20强企业,形成行业全面发展的骨干力量:华业阳光新能源有限公司作为中国真空管技术的发源地,是行业的技术龙头之一;皇明太阳能集团以太阳谷和黄鸣先生本人的行动在世界上对太阳能产业进行了充分展示,品牌影响力具大;力诺瑞特新能源有限公司与德国企业合资合作,在太阳能与建筑结合领域有较大建树;桑乐太阳能有限公司在农村渠道建设、生产基地布局、产销量等方面为行业树立了榜样;太阳雨太阳能集团作为国际化先锋,同时在产品营销策划和公益事业上为行业增色颇多。此外行业的中坚企业也以他们本身独具的特色树立了各自的品牌形象。

1.3.2.3　区域

形成了山东、北京、苏皖、浙江和西南五大产业集群,布局全国。北京产业群技术开发突出,山东产业群规模和品牌效应明显,苏皖不同特色的中型企业占了主体,浙江产业群则具成本优势,西南产业群后起直追,成为西部市场的生力军。生产制造和市场开发正从东部向中西部长趋直入。

1.3.2.4　从业人员

太阳能热利用产业风起云涌30年,培养出了很多优秀的企业家、科技专家和其他精英人才,他们共同创造了这个舞台并在这个舞台上实现了自身的人生价值。目前从事太阳能热利用产业的各类人员总数达到了300万人,这300万人乐业太阳能产业,并共同把中国太阳能热利用产业推进了"千亿元产业俱乐部"。

1.4 市场

中国太阳能热利用产业是靠着科研人员的研究诞生于实验室,并靠着民间力量实现了最初的产业化。诞生之初,太阳能热利用产品作为一种新生事物,首先引起了城市里一批理念超前的环保人士的注意,他们成为太阳能热利用第一批消费者,这样的局面持续到20世纪90年代。随着我国农村的发展,农民的消费能力和文明意识逐渐提高,加上皇明太阳能集团、太阳雨太阳能集团、力诺瑞特新能源有限公司、清华阳光太阳能有限公司、华扬太阳能有限公司、桑乐太阳能有限公司、北京市太阳能研究所有限公司等一批企业在农村市场的艰辛科普,广大农民朋友成为了太阳能热利用产品的第二批消费者。至此,中国太阳能热利用的市场逐渐打开。进入21世纪后,节能环保逐渐成为潮流,太阳能产业通过技术、产品、系统的升级进入更多人的视野,被更多机构和人士甚至政府部门所关注,在城市建筑中以各种应用形式引入太阳能这一新能源,以实现整个社会的节能减耗。就这样,随着市场需求的扩大,中国太阳能热利用产业用二三十年的时间一步步实现了自身的成长、升级。

1.4.1 工程市场

国家对建筑节能的重视,各级政府支持政策的出台,太阳能与建筑结合技术的进步以及城市化进程,建筑向城郊的延伸,促使以城市住宅小区、学校、宾馆、饭店、洗浴中心为主体的工程市场快速发展,逐渐趋向统一规划、统一设计、统一施工、统一验收和统一管理。2007年工程市场占总量的35%,2008～2009年接近市场总量的40%,2010年达42%,2011年约为45%。

太阳能工程市场发展步伐加快,主要体现在民用住宅建筑热水工程的增长;公共建筑热水系统的安装使用积极性提高;惠农太阳能热水工程数量猛增以及工农业生产热水工程呈现增长势头。

1.4.2 农村市场

在太阳能下乡政策和新农村建设的形势下,农村太阳能市场成为多数企业的主攻目标。目前正在由经济发达地区向次发达和欠发达地区、由东部向中西部地区扩展。2010年农村市场销售量占到当年总销量的50%左右,农村许多地方的太阳能普及率已达到了55%以上。太阳能热水器占下乡热水器(含其他型式热水器,如燃气热水器等)比例的55.8%。专家预计2020年,中国农村太阳能应用量将达到60%以上,销售额达2 000亿元以上。

1.4.3 国际市场

企业重视并积极开拓国际市场,全面提高产品质量和水平,多家企业获得国外检测认证。近几年来,中国太阳能热利用的年产量占世界年产量比例保持在76%以上,保有量约占世界的2/3。中国太阳能热利用产品已出口到包括欧美等发达国家在内的全球二百多个国家和地区,受到这些国家居民和企业的青睐,用以满足其在日常生活中对热水热能的大量使用需求。2010年出口额达2.5亿美元,出口154个国家和地区。2011年中国已向203个国家出口太阳能热水器产品。2010年各国向我国采购太阳能热水器前10名和各大洲从我国进口热水器总额及比例见图1-5和图1-6。

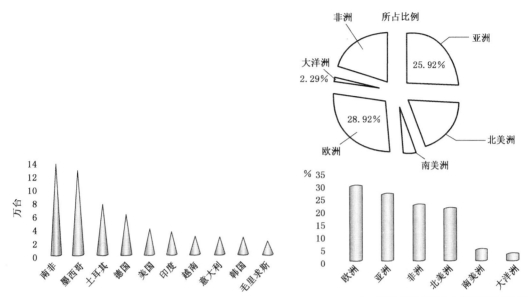

图 1-5　2010 年各国向我国采购太阳能热水器前 10 名　图 1-6　2010 年各大洲从我国进口热水器总额与比例图

中国不仅是世界上最大的太阳能热水系统生产国和使用国,而且太阳能热利用技术和装备也不断地输出到一些国家和地区,支持了当地的太阳能产业发展。中国太阳能热利用产业是具有自主知识产权的民族工业,掌握着核心元件真空集热管的发明专利,以及更多的系统集成技术和装备制造技术。有些中国太阳能热利用企业通过在美国、印度、越南、非州投资或提供技术的方式建厂,将中国太阳能热利用的先进技术带到了世界上。一些企业还在多个国家和地区进行了大量太阳能热利用工程的设计和施工,为当地太阳能工程建设提供了示范和参考。中国太阳能热利用主要依靠市场的力量发展起来,其自发自长的产业社会服务体系也值得国外借鉴参考。

1.5　技术

科技是第一生产力,2009 年由于企业加大了科技投入和在国家及省市支持下,涌现了一批科技成果,包括从新产品、新工艺、新装备到试验室建设,成果显著推动产业发展,尤其是一些大型骨干企业,敢于拿出部分利润投入到基础研究和试验室建设中。特别是随着 GB 26969—2011《家用太阳能热水系统能效限定值及能效等级》强制性国家标准的制定和发布,企业更加注重实验室建设,因为只有获得 CNAS 标识和获得国家管理部门认可的实验室,才有权自主在产品上贴上能效等级的标识。此外由于市场竞争激烈,一些企业也正在与大专院校合作,加强基础研究,不断开发新产品,以期获得较大市场份额。

1.5.1　近年的突破

为了扩大太阳能热利用领域,近年出现了许多新工艺、新技术,它们分别在八个技术领域中有所体现。

1.5.1.1　开发和推广太阳能低温热水集成技术取得进展

包括高效集热、贮热技术,机电一体化和运行技术,辅助能源技术,与建筑结合技术,控制技术等。出现了无人值守远程控制工程系统和一键式自动化家用热水系统等成果。

11

1.5.1.2　开发高效平板太阳能集热器技术

涂层吸收率 $\alpha \geqslant 0.92$、发射率 $\varepsilon \leqslant 0.08$；盖板玻璃透过率 $\tau \geqslant 0.90$。平板集热器的光效率在 0.78 以上，热损 $\leqslant 4$ W/(m² · K)；平板集热器先进生产装备开发及工业化应用。目前国内一些企业如江苏东泰、博士等公司成功研制出 $\alpha \geqslant 0.92$、$\varepsilon \leqslant 0.08$ 的平板镀膜及其自动化生产设备，为国内高效平板集热器批量生产奠定了基础。

1.5.1.3　开发推广分体式承压太阳能热水系统

开发推广分体式二次回路太阳能热水系统等新型承压式太阳能热水系统。特别是高层壁挂系统取得了突破，目前在山东、江苏、北京、天津等地建成了许多示范小区。

1.5.1.4　开发推广太阳能热水采暖及辅助能源匹配技术

以空气源热泵等辅助能源为代表的大型太阳能系统已获得广泛应用，成功地解决了全天候热水供应问题。

1.5.1.5　开发太阳能中高温集热技术

温度 80～250 ℃ 和 350～450 ℃ 的集热器为工业应用和热发电提供了关键部件，中温集热器以力诺瑞特新能源有限公司为代表并通过了鉴定。皇明太阳能集团和北京市太阳能研究所研发中高温集热器为热发电的开展奠定了基础。

1.5.1.6　开发推广太阳房、太阳灶技术和产品

已成功开发出主被动结合式太阳房技术，采暖温度 16 ℃，保证率达 40%～60%，目前已在北方地区应用。

1.5.1.7　开发太阳能热利用在工农业生产中的应用技术

目前已开发出空气集热器部件和用于烟叶、牛肉等的太阳能干燥装置；在太阳能工农业生产中的应用方面，特别是在印染行业、奶牛场行业已成功示范。

1.5.1.8　太阳能空调及热发电技术研发

目前热发电的关键技术集热管和集热器已取得较大进展，在关键技术取得突破基础上研发热发电系统技术和应用，如以中科院电工所为主正在北京延庆县进行 1 MW 热发电装置示范。

1.5.2　领域延伸趋势

——家用太阳能热水系统向热水工程系统扩展；

——生活热水向采暖扩展；

——民用热利用向工农业利用扩展；

——低温技术向中高温技术扩展。

1.5.3　技术研究方向

太阳能直接转化利用是全球可再生能源发展战略的重要组成部分，特别是构成未来分布式可再生能源网的重要环节，利用太阳能可以为公共安全、电力供应、建筑节能和规模化热水供应等发挥积极的作用。随着规模化开发利用太阳能资源步伐的加快，在太阳能转化利用过程中必将出现许多新的现象、新的问题，需要加以重点研究突破。

太阳能热利用的研究方向可以分为两大类:一是面向太阳能规模化利用的关键技术;二是探索太阳能利用新方法、新材料,发现和解决能量转化过程中的新现象、新问题,特别是开展基于太阳能转化利用现象的热力学优化、能量转换过程的高效化、能量利用装置的经济化等问题。

1.5.3.1　规模化太阳能光热利用的基础问题

重点研究太阳能光热转换规模化利用过程中出现的新问题、新现象等,如辐射条件下复杂太阳能集热器阵列气阻问题,太阳能热能高效低、中、高温蓄存转换,太阳能采暖与强化自然通风结构的能量传递优化等。

研究中高温集热器技术,特别是能够用于热化学和热发电以及聚光照明过程的聚焦太阳能集热技术研究等。

研究解决太阳辐射存在间歇性造成能量利用系统运转波动性问题,解决能量系统中太阳能与其他能源的耦合匹配问题,基于太阳能利用分数最大化的热力学和能量利用系统优化问题等。

1.5.3.2　太阳能建筑与建筑一体化

在传统被动式太阳房热性能分析基础之上,从建筑物复合能量利用系统角度开展基于提高太阳能利用分数与充分利用建筑物结构为目的的太阳能采暖、热水供应、采光、通风、空调移机发电等系统分析,是建筑节能和生态住宅技术中的重要方面。此外,太阳能聚光与光导管结合的太阳能照明技术是建筑节能的重要发展方向。

1.5.3.3　太阳能供热采暖

主要研究方向为:太阳能采暖系统模型及模拟研究及设计软件的开发,太阳能集热器的开发与研究,蓄热技术和产品的研究,太阳能采暖的适用性、节能及经济性的评价与分析,系统优化的研究。

1.5.3.4　太阳能热发电系统特性及其运行优化

太阳能热发电设计太阳能聚能、吸收、储存以及与热发电机器相互联系的热媒体流动与换热等多个方面,近期重点研究以下方面:

(1) 太阳能聚集方式的新理论与新方法,包括:高聚光比高效率的非成像太阳能聚集机理、聚光场与接收面间能流高效传输的动态分配理论模型;聚光器运行姿态的精确测量方法,建立聚光器跟踪系统的自主纠偏机制。

(2) 高效热能吸收过程与材料研究,包括:吸热表面能流均匀化机理,设计与之相适应的吸热结构;太阳能吸热气的水里热力不稳定特性;吸热过程单相和相变工质的强化传热和温度控制原理;吸热表面热应力分布规律及其运行安全可靠性;吸热器动态模型与吸热器运行的实时控制等。

(3) 高温蓄热过程、蓄热介质与高温材料,包括:蓄热系统在长期循环高热载荷和循环交变热应力工况下化学及力学稳定性;传热蓄热材料热物性计算与测试方法;适合于高温空气发电系统,满足大密封面积、可耐受 1 600 ℃,承受 2 MPa 以上的密封材料,从材料设计、制备方法、工程化实现等方面开展研究。

(4) 新型传热工质、新热工转换工质与热力循环,包括:太阳能热发电用高效热-功转换机械的热力学原理与设计技术,规模化太阳能热发电系统节水型热力循环等。

1.5.3.5　太阳能海水淡化系统与传递过程强化

主要研究太阳能热方法实现海水淡化的途径,不断提高海水淡化装置的产水率,特别是与中低温太阳能集热装置结合的海水淡化方法,解决其中的能量回收、水分回收和盐分回收等问题。

1.5.3.6　太阳能空调制冷的能量匹配、优化与动态特性

从"九五"到"十一五"期间,太阳能空调的相关科技开发项目都列入了国家科技部的科技攻关或支撑计划,财政部、建设部的"可再生能源建筑应用示范推广项目"中也有一批太阳能空调的示范工程实施。重点研究项目包括:

(1) 低温位热能驱动的太阳能制冷循环,特别是能与常规太阳能集热器结合使用的制冷系统;

(2) 从能源结构多元化角度出发,研究有辅助热源的各类太阳能制冷空调系统,以太阳能利用分数最大化为目标,考虑太阳辐射的波动性,解决不同能源结构之间的耦合匹配问题;

(3) 从能源利用最优化角度出发,研究新型适用太阳能高效集热装置,进行高效太阳能制冷系统研究;

(4) 太阳能变热源驱动系统的动态特性与传递过程强化研究;

(5) 太阳能热能/冷能长期蓄存材料与循环特性。

1.5.3.7　太阳能光能的高效收集与传递

重点研究太阳能聚光系统,进行光学创新设计,获得较高的聚光效率,实现低密度太阳能向高密度太阳能的转化(聚焦比达到千倍);研究聚光太阳能的传递,尤其是光导纤维的传递特性。

1.6　标准体系

截至 2009 年已完成了国家标准 21 项、行业标准 3 项,基本形成了太阳能热水器标准体系,对产业、产品健康发展起到了保障作用。2010 年又完成了 10 项标准,尤其是 GB 26969—2011《家用太阳能热水系统能效限定值及能效等级》强制性国家标准的制定对今后太阳能热水器产品质量、能效将起到规范作用。现行有效的国家标准见表 1-11。

表 1-11　现行有效的国家标准

序号	标准名称	标准号	标准类型
1	GB/T 19141—2011	家用太阳能热水系统技术条件	产品
2	GB/T 26709—2011	太阳能热水器用硬质聚氨酯泡沫塑料	产品
3	GB 26969—2011	家用太阳能热水系统能效限定值及能效等级	方法
4	GB/T 26970—2011	家用分体双回路太阳能热水系统　技术条件	产品
5	GB/T 26971—2011	家用分体双回路太阳能热水系统　试验方法	方法
6	GB/T 26972—2011	聚光型太阳能热发电术语	基础

续表 1-11

序号	标准名称	标准号	标准类型
7	GB/T 26973—2011	空气源热泵辅助的太阳能热水系统(储水箱容积大于0.6 m³)技术规范	产品
8	GB/T 26974—2011	平板型太阳能集热器吸热体技术要求	产品
9	GB/T 26975—2011	全玻璃热管真空太阳集热管	产品
10	GB/T 26976—2011	太阳能空气集热器技术条件	产品
11	GB/T 26977—2011	太阳能空气集热器热性能试验方法	方法
12	GB/T 50604—2010	民用建筑太阳能热水系统评价标准	管理
13	GB/T 25965—2010	材料法向发射比与全玻璃真空太阳集热管半球发射比试验方法	方法
14	GB/T 25966—2010	带电辅助能源的家用太阳能热水系统技术条件	产品
15	GB/T 25967—2010	带辅助能源的家用太阳能热水系统热性能试验方法	方法
16	GB/T 25968—2010	分光光度计测量材料的太阳透射比和太阳吸收比试验方法	方法
17	GB/T 25969—2010	家用太阳能热水系统主要部件选材通用技术条件	产品
18	QB/T 4051—2010	太阳能热水器用温控混合阀	产品
19	CJ/T 318—2009	太阳能热水系统用耐热聚乙烯管材	产品
20	GB 50495—2009	太阳能供热采暖工程技术规范	方法
21	GB/T 24798—2009	太阳能热水系统用橡胶密封件	产品
22	GB/T 24767—2009	太阳能重力热管	产品
23	GB/T 23888—2009	家用太阳能热水系统控制器	产品
24	GB/T 23889—2009	家用空气源热泵辅助型太阳能热水系统技术条件	产品
25	GB/T 20095—2006	太阳热水系统性能评定规范	方法
26	GB/T 15405—2006	被动式太阳房热工技术条件和测试方法	产品
27	GB/T 12936—2007	太阳能热利用术语	基础
28	GB/T 4271—2007	太阳能集热器热性能试验方法	方法
29	GB/T 6424—2007	平板型太阳能集热器	产品
30	GB/T 17581—2007	真空管型太阳能集热器	产品
31	GB/T 20910—2007	热水系统用温度压力安全阀	产品
32	HJ/T 362—2007	环境标志产品技术要求　太阳能集热器	产品
33	HJ/T 363—2007	环境标志产品技术要求　家用太阳能热水系统	产品
34	GB/T 17049—2005	全玻璃真空太阳集热管	产品
35	GB/T 19775—2005	玻璃-金属封接式热管真空太阳集热管	产品

续表 1-11

序号	标准名称	标准号	标准类型
36	GB 50364—2005	民用建筑太阳能热水系统应用技术规范	基础
37	GB/T 18708—2002	家用太阳热水系统热性能试验方法	方法
38	GB/T 18713—2002	太阳热水系统设计、安装及工程验收技术规范	管理
39	GB/T 17683.1—1999	太阳能 在地面不同接收条件下的太阳光谱辐照度标准 第1部分:大气质量1.5的法向直接日射辐照度和半球向日射辐照度	方法
40	GB/T 14890—1994	工作直接日射表校准方法	方法

这些标准从实验、管理、产品对现在太阳能热水器的品种、售后服务,安装验收等方面进行了全方位的规范,构成了一个基本完善的热水器技术标准体系。之所以说是基本完善,是因为随着技术进步、产品更新,和市场需求的不断发展,现有标准还会不断地进行修改、补充和完善。

1.7 检测体系

联合国开发计划署(UNDP)/全球环境基金(GEF)"加速中国可再生能源商业化能力建设"项目中专门设计了支持国家级太阳能热水器质检中心建设的项目。2001 年经综合评议,按照地域分布,从北至南选取中国建筑科学研究院、湖北省产品质量监督研究所、云南师范大学太阳能所共同筹建"国家级太阳能热水器质检中心",其后国家太阳能热水器质量监督检验中心(武汉)于 2003 年 7 月获得国家质量监督检验检疫总局授权,国家太阳能热水器质量监督检验中心(北京)于 2005 年 2 月获得国家质量监督检验检疫总局授权,国家太阳能热水器质量监督检验中心(昆明)于 2010 年 6 月获得国家质量监督检验检疫总局授权。时至今日,三个国家级质检中心全面开展太阳能产品的质量监督检验、产品认证检验、产品质量仲裁检验、产品质量技术鉴定及司法鉴定、技术咨询交流、国家标准编修订、国家抽检等任务,服务于整个太阳能行业及全社会。

1.7.1 国家太阳能热水器质量监督检验中心(北京)

截至 2012 年 6 月 1 日该中心主要业务范围见表 1-12。

表 1-12 国家太阳能热水器质量监督检验中心(北京)业务范围

序号	检测对象	检测标准(方法)编号及名称	备注
1	全玻璃真空太阳集热管	GB/T 25965—2010《材料法向发射比与全玻璃真空太阳集热管半球发射比试验方法》 GB/T 25968—2010《分光光度计测量材料的太阳透射比和太阳吸收比试验方法》 GB/T 24767—2009《太阳能重力热管》 GB/T 17049—2005《全玻璃真空太阳集热管》 ASHRAE Standard 74—1988《材料的太阳光学性能的测量方法》 GB/T 19775—2005《玻璃-金属封接式热管真空太阳集热管》	

续表 1-12

序号	检测对象	检测标准(方法)编号及名称	备注
2	太阳能集热器	GB/T 6424—2007《平板型太阳能集热器》 GB/T 4271—2007《太阳能集热器热性能试验方法》 GB/T 17581—2007《真空管型太阳能集热器》 HJ/T 362—2007《环境标志产品技术要求 太阳能集热器》	
3	太阳能集热器	ISO 9806-1:1994《太阳集热器检验方法 第1部分:带压差的有玻璃盖液体集热器热性能》 ISO 9806-2:1995《太阳集热器试验方法 第2部分:集热器鉴定试验方法》 EN 12975-1:2006《太阳热水系统及部件 太阳集热器 第1部分:一般要求》 EN 12975-2:2006《太阳热水系统及部件 太阳集热器 第2部分:测试方法》 ASHRAE Standard 93-2010《太阳集热器热性能试验方法》 AS/NZS 2535.1:1999《太阳集热器检验方法 第1部分:带压差的有玻璃盖液体集热器热性能》 ASHRAE Standard 74—1988《材料的太阳光学性能的测量方法》	
4	家用太阳热水系统	GB/T 23889—2009《家用空气源热泵辅助型太阳能热水系统技术条件》 GB/T 23888—2009《家用太阳能热水系统控制器》 GB/T 25969—2010《家用太阳能热水系统主要部件选材通用技术条件》	
5	家用太阳热水系统	GB/T 25966—2010《带电辅助热源的家用太阳能热水系统技术条件》 GB/T 25967—2010《带辅助能源的家用太阳能热水系统热性能试验方法》 GB/T 19141—2003《家用太阳能热水系统技术条件》 GB/T 18708—2002《家用太阳能热水系统热性能试验方法》 HJ/T 363—2007《环境标志产品技术要求 家用太阳能热水系统》 ISO 9459-2:1995《太阳加热 家用热水系统 第2部分:系统特性的室外试验方法和太阳能系统的年性能预测》 EN 12976-1:2006《太阳热水系统及部件 工厂制造的系统 第1部分:一般要求》 EN 12976-2:2006《太阳热水系统及部件 工厂制造的系统 第2部分:测试方法》 AS/NZS 2712:2002《太阳能和热泵热水器设计和安装》 BEET/CTS01—2010《家用太阳能热水系统能效限定值及能效等级》	

续表 1-12

序号	检测对象	检测标准(方法)编号及名称	备注
6	太阳能建筑应用系统	GB/T 15405—2006《被动式太阳房热工技术条件和测试方法》 QBS 02—2009《太阳能光伏发电系统测试评价标准》 QBS 01—2009《与建筑结合的太阳能热利用系统技术标准》 DD ENV12977-1:2001《太阳热水系统及部件 客户组装系统 第1部分:总则》 DD ENV12977-2:2001《太阳热水系统及部件 客户组装系统 第2部分:测试方法》 GB/T 20095—2006《太阳热水系统性能评定规范》	
7	聚光型太阳灶	NY/T 219—2003《聚光型太阳灶》	
8	平板型太阳能集热器吸热体	BEET/CTS02—2010《平板型太阳能集热器吸热体技术要求》	

1.7.2 国家太阳能热水器质量监督检验中心(武汉)

截至 2012 年 6 月 1 日其主要业务范围见表 1-13。

表 1-13 国家太阳能热水器质量监督检验中心(武汉)业务范围

序号	检测对象	检测标准(方法)编号及名称	备注
1	太阳能应用材料与元件	GB/T 25968—2010《分光光度计测量材料的太阳透射比和太阳吸收比试验方法》	
2	光谱选择性吸收涂层	GB/T 25965—2010《材料法向发射比与全玻璃真空太阳集热管半球发射比试验方法》	
3	家用太阳热水器	NY/T 343—1998《家用太阳热水器技术条件》	
4	全玻璃真空太阳集热管	GB/T 17049—2005《全玻璃真空太阳集热管》	
5	平板型太阳能集热器	GB/T 6424—2007《平板型太阳能集热器》	
6	真空管型太阳能集热器	GB/T 17581—2007《真空管型太阳能集热器》	
7	家用太阳热水器电辅助热源	NY/T 513—2002《家用太阳热水器电辅助热源》	
8	家用太阳热水器储水箱	NY/T 514—2002《家用太阳热水器储水箱》	

续表 1-13

序号	检测对象	检测标准(方法)编号及名称	备注
9	太阳热水系统设计、安装及工程验收	GB/T 18713—2002《太阳热水系统设计、安装及工程验收技术规范》	
10	家用太阳热水系统	GB/T 19141—2003《家用太阳热水系统技术条件》	
11	玻璃-金属封接式热管真空太阳集热管	GB/T 19775—2005《玻璃-金属封接式热管真空太阳集热管》	
12	民用建筑太阳能热水系统应用技术规范	GB 50364—2005《民用建筑太阳能热水系统应用技术规范》	
13	聚光型太阳灶	NY/T 219—2003《聚光型太阳灶》	
14	承压式家用太阳热水器	NY/T 759—2003《承压式家用太阳热水器》	
15	全玻璃真空太阳集热管用玻璃管	QB/T 2436—1999《全玻璃真空太阳集热管用玻璃管》	
16	被动式太阳房技术条件和热性能测试方法	GB/T 15405—2006《被动式太阳房热工技术条件和测试方法》	
17	太阳热水系统及部件-工厂制造系统	EN 12976-1:2006《太阳热水系统及部件 工厂制造系统 第1部分:总体要求》	
18	太阳集热器	EN 12975-1:2006《太阳集热系统和部件:太阳集热器 第1部分:整体要求》EN 12975-2:2006《太阳集热系统和部件:太阳集热器 第2部分:测试方法》	
19	太阳能重力热管	GB/T 24767—2009《太阳能重力热管》	
20	家用空气源热泵辅助型太阳能热水系统	GB/T 23889—2009《家用空气源热泵辅助型太阳能热水系统技术条件》	
21	家用太阳能热水系统控制器	GB/T 23888—2009《家用太阳能热水系统控制器》	
22	家用太阳能热水系统主要零部件	GB/T 25969—2010《家用太阳能热水系统主要零部件选材通用技术要求》	不测紫铜管、紫铜带、防锈铝板材、聚氨酯泡沫塑料材料机械性能、粉末静电喷涂镀锌板、镀锌板、镀铝锌钢板材料、彩色涂层钢板、承压内胆用搪瓷材料、粉末静电喷涂镀锌板、彩色涂层钢板、角钢、镀锌层、涂层性能、铜管材、铜管接头、卡套式铜制管接头、金属密封球阀

续表 1-13

序号	检测对象	检测标准（方法）编号及名称	备注
23	民用建筑太阳热水系统	GB/T 50604—2010《民用建筑太阳热水系统评价标准》	
24	太阳能供热采暖工程	GB 50495—2009《太阳能供热采暖工程技术规范》	
25	太阳能热水系统用橡胶密封件	GB/T 24798—2009《太阳能热水系统用橡胶密封件》	

1.7.3 国家太阳能热水器质量监督检验中心(昆明)

截至 2012 年 6 月 1 日其主要业务范围见表 1-14。

表 1-14 国家太阳能热水器质量监督检验中心(昆明)业务范围

序号	检测对象	检测标准（方法）编号及名称	备 注
1	太阳能集热器	GB/T 4271—2007《太阳能集热器热性能试验方法》	不测:室内稳态效率试验
2	平板型太阳能集热器	GB/T 6424—2007《平板型太阳能集热器》	
3	全玻璃真空太阳集热管	GB/T 17049—2005《全玻璃真空太阳集热管》	
4	真空管型太阳能集热器	GB/T 17581—2007《真空管型太阳集热器》	
5	家用太阳热水系统	GB/T 18708—2002《家用太阳热水器热性能试验方法》	
6	太阳热水系统	GB/T 18713—2002《太阳热水系统设计、安装及工程验收技术条件》	不测:安装后的电控、辅助电加热
7	家用太阳热水系统	GB/T 19141—2003《家用太阳热水系统技术条件》	
8	玻璃-金属封接式热管真空太阳集热管	GB/T 19775—2005《玻璃-金属封接式热管真空太阳集》	不测:金属与玻璃管封接漏率
9	太阳热水系统	GB/T 20095—2006《太阳热水系统性能评定规范》	
10	家用太阳热水器	NY/T 343—1998《家用太阳热水器》	
11	家用太阳热水器贮水箱	NY/T 514—2002《家用太阳热水器贮水箱》	

1.8 太阳能热利用产业"十一五"成果及"十二五"前景

1.8.1 "十一五"目标提前告罄

在"十一五"期间,国家发改委提出太阳能热利用发展目标是到 2010 年年产量达 3 000 万 m^2,保有量达 1.5 亿 m^2,这一指标于 2009 年就已实现。同时在行业发展目标中还提出要建成 5～10 个年产量 100 万 m^2,有自主知识产权和现代化装备,具有国际竞争力的大型骨干企业,截至 2009 年年底,皇明太阳能集团、力诺瑞特新源有限公司、太阳雨太阳能集团、桑夏太阳能有限公司、清华阳光太阳能有限公司、华扬太阳能有限公司、桑乐太阳能有限公司、北京市太阳能研究所有限公司等企业基本具备了行业所提出的大型骨干企业的条件。行业还提出要在"十一五"期间建成开放式科研中心,能够承担国内外重大科研项目,这一目标也基本实现,皇明太阳能集团已被国家科技部评选为国家级热利用研发中心,目前正在筹建中。

1.8.2 "十二五"和 2020 年发展总目标

总目标和总任务:科技进步,拓展市场;产业升级,节能减排(见表 1-15)。

表 1-15 "十二五"和 2020 年发展总目标

年份	产量/万 m^2/(MWth)	增长率/%	方案	保有量/万 m^2/(MWth)	千人拥有/万 m^2/(MWth)	替代标准煤/万 t	CO_2 减排量/万 t
2010	5 400(37 800)	2011～2015 年为 25%,2016～2020 年为 10%	方案 1:高增长 10%～25%	17 300(121 100)	107.7	2 595	5 709
2015	16 600(116 200)			47 200(33 0400)	339	7 080	15 576
2020	26 800(187 600)			94 800(663 600)	650	14 200	31 284
2010	5 400(37 800)	2011～2015 年为 20%,2016～2020 年为 15%	方案 2:中增长 15%～20%	17 300(121 100)	107.7	2 595	5 709
2015	13 586(95 102)			40 217(281 521)	287	603.2	12 949
2020	27 326(191 282)			81 401(569 809)	649	12 949	28 487
2010	5 400(37 800)	2011～2015 年为 20%,2016～2020 年为 10%	方案 3:低增长 10%～20%	17 300(121 100)	107.7	2 595	5 709
2015	13 586(95 102)			40 217(281 521)	287	603.2	12 949
2020	21 880(153 160)			67 297(471 080)	542	10 094	21 669

1.8.3 "十二五"期间产业发展路线图

在产业当前发展规模和速度的基础上,确立了"十二五"期间将实现的市场目标,这一套总体目标将依靠在不同领域、不同方向的技术升级得以实现。

这套市场目标可概括为"一大目标、两个突破、三大贡献率、四面扩展、五大工程、八个领域"。具体为:

一大目标即实现到 2015 年完成总保有量约 4 亿 m^2 的目标,同时千人均有 280 m^2。

两个方面要重点突破,一是现代化平板生产线,二是全自动连续镀膜生产线,要使这两项达到国际先进水平。

三大贡献率是指太阳能光热占整个太阳能贡献、太阳能占可再生能源的贡献和太阳能占整个能源消费的贡献。

四大扩展,即在户用型基础上向工程化扩展;在低温利用基础上向中高温扩展;在民用基础上向工农业应用扩展和由洗浴向采暖空调扩展。

五大工程是指集中供热水工程、采暖工程、工业及中温工程、农业应用和千县万村农村应用,五个工程将在"十二五"期间都得以快速发展,应用到更多地区和更广阔领域。

为了确保上述内容的实现,太阳能热利用技术将在1.8.4所述的"八大领域"进行纵深发展。

以市场目标引导技术方向,以技术路线实现市场目标,二者将共同描绘出一幅完整的中国太阳能热利用产业的"十二五"发展路线图。

1.8.4 "十二五"期间技术发展路线图

"十二五"期间将实现八大领域的科技进步:

(1)开发和推广太阳能低温热水集成技术,高效、安全、辅助热源、全天候、智能控制。

(2)开发高效平板太阳能集热器技术,吸收率 $\alpha > 0.92$、发射率 $\varepsilon \leqslant 0.10$,瞬时效率 > 0.75,热损 $\leqslant 4$ W/(m^2 · ℃);

(3)开发推广分体式承压太阳能热水系统;

(4)开发推广太阳能热水采暖及空调技术;

(5)开发太阳能中高温集热技术,温度 $80 \sim 300$ ℃和 $400 \sim 450$ ℃;

(6)开发推广主被动结合的太阳房和太阳灶技术和产品;

(7)开发太阳能热利用在工农业生产中的应用技术,开发空气集热器,推广太阳能干燥技术及其他太阳能热利用在工农业生产中的应用技术(海水淡化、工农业用热水、输油管道加温等);

(8)太阳能热发电集热、储热技术的开发与应用。

1.8.5 "十二五"期间节能减排任务

(1)2015年可再生能源(含水能、核能、风能、太阳能、生物能和地热能)产能共4.6亿吨标准煤,太阳能热利用的能源替代为4 550万t标准煤,贡献率为10%。

(2)据预测:2020年中国能源需求年总量约为50亿t,其中新能源占15%,太阳能热利用占可再生能源16%,占总能的2.4%。

1.8.6 国家"十二五"重点项目示范

(1)每年农村示范面积200万m^2,5年1 000万m^2,城市示范面积1 000万m^2,5年6 000万m^2;

(2)200个绿色能源县,1万个村,洗浴采暖示范工程;

(3)百城、1 000个小区工程热水示范工程,千人拥有580 m^{2}应用面积;

(4)2012年太阳能热水器下乡工程,城市保障房工程,棚户区改造工程;

(5)国家科技部、能源局设立"十二五"科技攻关技术改造项目支持太阳能热利用产业。

1.8.7 产业发展的重点项目

根据现有的经济、社会条件和产业发展需要,太阳能热利用产业发展需要进行一些重点项目支持,如:培育大型骨干企业,带动产业升级,希望政府为此立项支持企业技术改造;

建议立项以贴息贷款方式支持新产业基地建设;应立项支持重大装备开发和应用;"夸父阳光 321 计划"——2013 年前建成 3 个以上的以企业为主体的世界水平太阳能热利用研发中心,2020 年前重点培养一批(20 名以上)在国际上有较高学术水平的科技专家,2018 年前研发储备一批(10 项以上)遥居世界太阳能热利用前沿领域的科技成果;建立示范工程,推动市场发展,如千县万村阳光工程、百城阳光计划、工农业生产应用太阳能热水工程等示范工程。

目前在产品质量方面,太阳能热利用产品的产品质量、性能大大提高,已经达到了世界先进水平,产销量世界第一。2012 年 8 月 1 日正式实施的 GB 26969—2011《家用太阳能热水系统能效限定值及能效等级》,对企业技术升级改造以及引导消费者理性消费,都具有积极意义。

2012 年两会,PM2.5 被首次写入《政府工作报告》,对此,业内人士的解读是:2012 年,新能源产业将继续升温;绿色建筑及建筑节能改造将得到深化;城市工业节能步伐将进一步加快。确实,建筑节能已成为"十二五"节能减排重要一环,大力推广使用太阳能等可再生能源将是一个大趋势。

2012 年 5 月,国务院常务会议决定,中央政策安排资金 265 亿元,启动推广符合高效节能空调(定频、变频)、平板电视、电冰箱、洗衣机和热水器(燃气、太阳能、热泵),推广期限暂定一年;作为清洁能源的太阳能热水器,已经被明确要求纳入促进节能家电等产品消费的政策中,在 265 亿元的节能家电补贴政策中,太阳能热水器占 15% 以上,补贴数额达40 亿元。

扩大节能产品消费不仅能节能减排、扩大内需,还能促进行业调整结构,而新的太阳能热水器推广补贴政策的实施,又将进一步推动国内太阳能光热产业的发展速度和规模。

第 2 章 家用太阳能热水系统使用中常见故障及隐患

2.1 家用太阳能热水系统构成

太阳能热水系统是将太阳能转换为热能来加热水的太阳能系统。家用太阳能热水系统是适合于住宅或小型商业建筑使用的小型太阳能热水系统,通常贮水箱容积在 0.6 m³ 以下。太阳能热水系统主要部件包括太阳能集热器、贮热水箱、支架、连接管路主要组成部件,此外还有辅助热源、智能控制仪、传感器等辅助部件。

2.1.1 系统类型

家用太阳能热水系统按 7 种特征进行分类,每种特征又分成 2～3 种,各种特征的分类见表 2-1。

表 2-1 太阳能热水系统特征分类

特 征		类 型		
		A	B	C
1	系统中太阳能与其他能源的关系	只有太阳能	太阳能预热式	太阳能加辅助热源式
2	集热器内传热工质是否为用户消耗的热水	直接式	间接式	
3	系统传热工质与大气接触的情况	敞开式	开口式	封闭式
4	传热工质在集热器内的状况	充满式	回流式	排放式
5	系统循环的种类	自然循环式	强迫式	
6	系统的运行方式	循环式	直流式	
7	系统中集热器与储水箱的相对位置	分离式	紧凑式	闷晒式

实际上,同一家用太阳能热水系统往往同时具备上述 7 个特征中的各一种类。例如某一家用太阳能热水系统可以同时是太阳能加辅助热源式系统、直接式系统、开口式系统、充满式系统、自然循环式系统、紧凑式系统。

2.1.2 太阳能集热器

太阳能集热器是吸收太阳辐射并将产生的热能传递给传热工质的装置,是构成家用太阳能热水系统的关键部件。

2.1.2.1 太阳能集热器类型

按照不同的方式有多种分类方法:

(1) 按传热介质的种类划分:

1) 液体工质太阳能集热器——用液体作为传热介质的太阳能集热器;

2) 太阳能空气集热器——用空气作为传热介质的太阳能集热器。

(2) 按进入采光口的太阳辐射是否改变方向划分:

1）聚光型太阳能集热器——利用反射器、透镜或其他光学器件将进入采光口的太阳辐射改变方向并会聚到吸热体上的太阳能集热器；

2）非聚光型太阳能集热器——进入采光口的太阳辐射不改变方向也不集中射到吸热体上的太阳能集热器。

（3）按工作温度的范围划分：

1）低温型太阳能集热器——工作温度在 100 ℃以下的太阳能集热器；

2）中温型太阳能集热器——工作温度在 100～250 ℃的太阳能集热器；

3）高温型太阳能集热器——工作温度在 250 ℃以上的太阳能集热器。

（4）按是否跟踪太阳运行划分：

1）跟踪太阳能集热器——以绕单轴或双轴旋转方式全天跟踪太阳视运动的太阳能集热器；

2）非跟踪太阳能集热器——全天都不跟踪太阳视运动的太阳能集热器。

（5）按是否有真空空间划分：

1）平板型太阳能集热器——吸热体表面基本上为平板形状的非聚光型集热器；

2）真空管型太阳能集热器——采用透明管（通常为玻璃管）并在管壁和吸热体之间有真空空间的太阳能集热器。

2.1.2.2 太阳能集热器结构

以上分类的各种太阳能集热器实际上是相互交叉的，下面按照第五种分类方法（按是否有真空空间划分）分别介绍几种常见的集热器。目前典型的太阳能集热器为平板型太阳能集热器、真空管型太阳能集热器和空气集热器，下面对这 3 种典型的集热器结构进行介绍。

（1）平板型太阳能集热器

总体来说，平板型集热器使用安全可靠、结构简单、成本较低；但集热温度较低，吸热体和透明盖板之间存在较多对流散热，多用于低温系统。

其基本结构主要由透明盖板（单层或多层）、吸热体、隔热体、外壳组成。根据吸热体的结构类型，可划分为管板式、翼管式、扁盒式和蛇管式等类型。

平板型太阳能集热器基本结构及各主要部件见图 2-1。

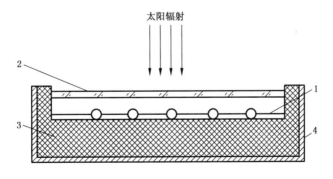

1—吸热板；2—透明盖板；3—隔热层；4—外壳。

图 2-1 平板集热器的结构示意图

1）吸热体（或吸热板芯）

吸热板是吸收太阳辐射能量并向集热器工作介质传递热量的部件。目前国内已大量采用铜材作为吸热板的材料，但也有采用铝合金、铜铝复合材料、镀锌钢板和不锈钢的。沿海水质较差地区，则有使用塑料的。因为铜具有极高的热导率和抗腐蚀能力，所以吸热板一般选用铜。

对吸热板有如下技术要求：

——有一定的承压能力；

——与工作介质的相容性要好；

——热传递性能好；

——加工工艺简单。

2）透明盖板

透明台板的作用是减小热损失。集热器的吸热板将接收到的太阳辐射能量转变成热能传输给工作介质，也向周围环境散失热量。在吸热板上表面加设能透过可见光而不透过红外热射线的透明盖板，就可有效地减少这部分能量的损失。

对透明盖板有如下技术要求：

——太阳能透射比高；

——红外透射比低；

——热导率小；

——耐冲击强度高；

——耐候性能好；

——加工性能好。

用于透明盖板的材料主要有平板玻璃、钢化玻璃、玻璃钢板和 PC 阳光板。

3）隔热体——保温层

保温层的作用是减少集热器向周围环境的散热，以提高集热器的热效率。

要求保温层材料的保温性能良好，即材料的热导率小，防潮、防水性能好，不易变形、不易挥发，更不能产生有害气体。底部保温层一般厚 3～5 cm，四周保温层的厚度为底部的一半。

常用的保温材料有岩棉、矿棉、聚苯乙烯、聚氨酯等。岩棉、矿棉的防潮性很差，不宜用于太阳能集热器保温，而聚苯板、聚氨酯、聚苯乙烯等防潮性较好，其中聚苯板成本较低，但耐温性较差，目前使用较多的是岩棉，最好是使用聚氨酯发泡制品。

4）外壳

为了将吸热板、透明盖板、保温材料组成一个整体并保持一定的刚度和强度，便于安装，需要有一个美观的外壳，且要有较好的密封性及耐腐蚀性，一般用钢材、彩色钢板、压花铝板、铝板、不锈钢板、塑料、玻璃钢等制成。

（2）真空管型太阳能集热器

按真空太阳集热管结构型式分类可分为 3 类：全玻璃真空管型太阳能集热器、玻璃-金属结构真空管型太阳能集热器、热管式真空管型太阳能集热器。

按真空太阳集热管的排列方式可分为竖（真空太阳集热管竖直排列）单排、横（真空太阳集热管水平排列)单排和横双排 3 类。

联箱根据承压和非承压要求进行设计和制造,承压联箱一般达到的运行压力为 0.6 MPa,非承压联箱由于运行和系统的需要,也有一定的承压要求,一般按 0.05 MPa 设计。

(3)空气集热器

按产品结构不同,太阳能空气集热器可分为平板型和真空管型。

1)平板型

如图 2-2 所示,平板型空气集热器的吸热体表面基本上为平板,主要由透明盖板、吸热体、壳体等组成

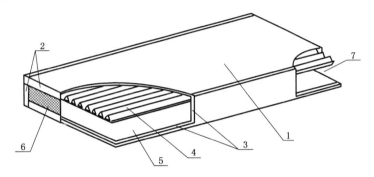

1—透明盖板;2—集热器边框;3—保温层;4—吸热板;
5—底板;6—空气入口及进气过滤口;7—空气出口。

图 2-2 平板型太阳能空气集热器结构示意图

2)真空管型

吸热体为全玻璃真空太阳集热管,与"真空管型太阳能集热器"结构相同。

该类空气集热器的优点包括:

——工作温度范围广,在冬季没有结冰的问题;

——不会腐蚀集热器和管路;

——空气系统无承压的要求,即使有少量泄漏,对系统的运行和效率也不会产生较大的影响;

——成本较低;

——空气集热器的时间常数小,反应快,收到日照很快就能得到热空气;

——太阳能空气系统提供的热气可直接用于谷物和经济作物的干燥;

——作为建筑供暖用的太阳能空气系统,只要增添一个换热器,在非供暖期也可以提供生活用水。

2.1.3 贮热水箱

贮热水箱是在太阳能系统中由储存热水的容器及其附件所组成的部件。

贮热水箱的材质、规格应符合设计要求,其构造强度应满足与所贮存的水容积,以及系统最高工作压力相匹配的结构强度要求。

2.1.4 支架

用来固定太阳能集热器、贮热水箱的部件,通常应用镀锌板。

2.1.5　连接管路

包括各种管材、管件等输送水部件,以及管路保温材料等。

家用太阳能热水系统采用的管材、管件等应符合现行产品标准的要求。管道的工作压力和工作温度不得大于产品标准的允许工作压力和工作温度。

各类阀门的材质,应耐腐蚀和耐压。根据管径大小和所承受压力的等级及使用温度,可采用全铜、全不锈钢等。

热水供、回水管,热媒水管常用的保温材料为岩棉、超细玻璃棉、硬聚氨酯、橡塑泡棉等材料。管道应选用质量轻、热导率低、吸水率小、性能稳定的管路保温材料。

2.2　家用太阳能热水系统使用环境

我国地域广阔,地形复杂多样,地势高低悬殊,使得气候复杂多样。横跨热带、亚热带、暖温带、中温带、寒温带五个温度带,并拥有青藏高原高寒气候、温带大陆性气候、温带季风气候、亚热带季风气候、热带季风气候等不同的气候类型,夏季高温多雨,冬季寒冷干燥,在同一地区月平均气温之间最大相差 40 ℃,且局部地区风沙、台风、酸雨、雷电等多种自然灾害频频发生。

安装在户外进行应用的家用太阳能热水系统处于各种各样的使用环境中(图 2-3),同时:

——外部气候温度变化反复无常,−40～50 ℃变化;

——内部温度在 0～100 ℃反复变化;

——常年受风载、沙尘、雨雪、雷电等自然灾害的影响。

所以,家用太阳能热水系统的整体安全可靠性极其重要,各种原材料的选择如果不过关,就不可避免地为日后的使用埋下隐患。

图 2-3　家用太阳能热水系统使用环境

2.3 常见故障及隐患

若设计不合理、选材不当,会直接影响到太阳能热水系统的太阳能集热器、贮热水箱、支架、连接管路等相应部件,以及辅助热源、控制系统等辅助部件的使用效果和寿命,进而造成经济损失,甚至危及人身安全。

2.3.1 集热器

2.3.1.1 真空管

(1)隐患点:真空管保温差、散热快——热水器变"冷水器","心力衰竭"(图2-4)

——真空管边集热边散热;其散热占整机散热的比例将近50%;如果真空度低就会像暖水瓶胆,两三年就不保温;

——镀膜前玻璃管清洗不干净,水渍和手印就会高温汽化,降低真空度;

——为了省电一般抽真空时间短造成真空度低;

——玻璃退火不好,就会有应力隐患,不耐冷热冲击,易炸裂;

——膜层发射比高,热散失大,不保温,冬天一冷就容易冻裂。

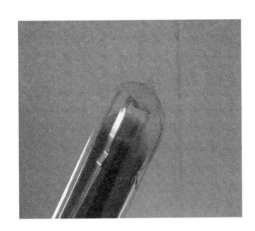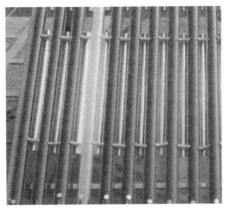

图 2-4 真空管漏气

(2)技术点

1)膜层对比分析

目前常用的膜层分渐变膜和干涉膜两种,渐变膜的层次较多,层与层之间的互相干扰较大,每一个膜层的厚度及离子填充度都难以调整到最佳状态,金属离子的含量较高,发射比也比较高,真空管热损失较大。

干涉膜层次较少,层与层之间的互相干扰小,每一个膜层的厚度及离子填充度可以调整到最佳状态,两个吸收层形成两个吸收波谷分别处于太阳光的主要能量集中波段300~1 800nm处,即其吸收率可以达到理想状态,金属离子含量较低,发射比也比较低。吸收率较高,而发射比较小。

2)高真空度分析

采用全自动排气设备,将封口后的半成品集热管在排气台抽真空加热;将夹层气体和玻璃管壁所含气体经约 400 ℃高温,保温约 1 h 将夹层内杂质和玻璃内杂质抽出,烤消后真空度可达 10^{-4} Pa 数量级。

真空夹层真空度低带来的隐患包括:热散失大,不保温,影响使用效果,寿命短,真空管"提前进入衰老期"。

（3）质量保证方法

1）采用全自动真空管清洗线

目前国内最先进的自动清洗线采用 PLC 自动控制系统,实现除上、下管外完全自动化,与传统人工刷洗相比标准更高,更规范,清洗效果更彻底,有效防止内管清洗过程中的人为污染,大大降低了内管脱膜率,效率大幅度提高,工人的劳动强度降低,节省了大量成本。清洗线的投产使用,为提高真空管内管镀膜质量提供了强有力的保障,也为大规模的真空管生产奠定了基础。

2）采用全自动真空管镀膜线

实现连续镀膜,镀膜溅射室始终保持高真空状态,膜层的致密性好,为真空管颜色的一致性和性能的稳定性提供保障。

3）采用全自动抽真空生产线

真空管自动排气线是一条集真空排气、退火、吸气剂除气、尾管封离于一体的全自动生产线。控制系统采用集中控制,有完善的检测报警系统,可实现扩散泵缺水、短相,真空系统漏气,排气温度,退火温度的自动检测、报警,并能实现相应的在线保护。配备 24 h 全程工艺监控,采用无线传输方式实现对生产工艺参数的实时监控,排除了人为因素对排气质量的影响,真空度可达 10^{-4} Pa,比国家标准高约 100 倍。

（4）检测

1）应力检测:灯工内、外管应力及封口应力每 10 min 测量一次并做记录,保证应力去除干净,减少在使用过程中炸管、漏水的隐患。

2）尾腰检漏:对熔接后尾腰每支检漏,保证尾管熔接孔径合格,为排气抽真空效果及封离质量提供保障。

3）去离子水检测:每小时测量一次去离子水电导率,保证内管外壁冲洗质量,减少脱膜隐患。

4）性能测试:对镀膜内管在线抽测吸收比、发射比,性能均合格才能下转,工艺员记录工艺参数测试吸收比、发射比,随时进行工艺维护,保证真空管内在性能指标。

5）真空度监测:排气线 24 h 在线监控,保证封离真空度,为保证真空管使用寿命提供保障。

6）为减少发白、漏气隐患,装箱前真空管静止存放≥24 h,管口端、圆头端每支检漏后才可装箱。

2.3.2　贮热水箱

2.3.2.1　内胆

（1）隐患点:内胆腐蚀,开裂漏水,"英年早逝",整机报废

1）最容易腐蚀的地方就是焊缝,处理不好就漏水。例如焊接前无酒精擦拭,一个手印

或一点油渍,里边含有的碳原子极易与内胆中的铬原子发生化学反应,形成贫铬区发生晶间腐蚀,极易腐蚀漏水,造成整机提前报废;

2)不锈钢低铬、低镍,甚至不含镍就容易腐蚀漏水(图 2-5);

3)内胆不锈钢厚度不够 0.2 mm,像一张纸,很容易锈蚀击穿(图 2-6);如果采用手工焊接,就容易形成虚焊、过焊;

4)内胆工作环境恶劣,要想保用十几年,材质必须是高镍高铬(例如 sus304,高铬占 18%,高镍占 9%)的不锈钢,形成保护膜,耐腐蚀性强。

(2)不锈钢腐蚀的几种形式

——晶间腐蚀:由焊接热影响及原材料含碳量引起(图 2-7);

——应力腐蚀:焊接加工变形引起;

——缝隙腐蚀:由微缝隙加大电化学腐蚀;

——点蚀:由材料本身微电池效引起;

图 2-5　不锈钢腐蚀

图 2-6　水箱内胆腐蚀

——内胆选材不当(设计厚度,材料选择)、焊接加工不当、质量控制不严均会造成隐患。

(3)造成隐患的环节

1)选材不当

——如选择低镍、甚至不含镍的不锈钢板如 sus443 等,厚度仅仅 0.2 mm;

——也有个别厂家采用镀锌板咬口内胆(图 2-8),根本无法确保使用寿命;

——低牌号不锈钢焊接后易产生晶间腐蚀;

——因厚度太薄,无法进行对接焊,只能搭接焊,焊接质量无法保证。

2)加工过程不当

——平板下料精度差,无法确保对角线公差,对后续焊接造成隐患;

——加工工艺不良,过程中材料表面被破坏,易造成点蚀;

——焊缝处焊接之前不进行任何除油处理,易产生晶间腐蚀;

——焊接设备落后,极易造成缝隙腐蚀。

3)质量控制不严

——不进行任何检漏测试,焊接缺陷无法发现,造成使用隐患;

——无制品性能测试全项检测,无法确保使用寿命;

——焊缝处焊接之前不进行任何除油处理,易产生晶间腐蚀;

——焊接设备落后,极易造成缝隙腐蚀。

图 2-7　晶间腐蚀

图 2-8　镀锌板咬口内胆

(4) 检测

1) 材质、焊接性能、耐压、盐雾等多项测试保证,焊后制品逐台打压测试检漏。

2) 成分测试:检测内胆各金属成分,碳含量小于 0.08%,镍含量达 9%,铬含量达 18%;

3) 盐雾试验:在 5% 的 NaCl 溶液,pH 值 6.5~7.2,喷雾量 1~2.5 mL/h,连续喷雾 240 h,内胆无缺陷,耐腐蚀等级最高,达到 10 级;

4) 厚度测试:尺寸达到 0.5~0.6 mm。

2.3.2.2　保温层

(1) 隐患点:保温层低劣,"漏风跑气",不保温(图 2-9)

——外观看着都一样,打开盖就会发现有空洞、有裂纹、保温孔大,都会极大地影响保温效果;

这是因为采用了手工或半自动一枪一枪地射,使中间存在缝隙、裂纹,热量大量散失;阴天把手放在水箱上都会感到热。

——如果发泡时缺少高温熟化工艺,就会造成二次发泡,向内压破内胆向外胀破外桶皮。

(a) 工艺参数不合理

(b) 苯板做保温材料

(c) 二次发泡胀破外皮

图 2-9　保温层隐患

（2）技术点

采用聚氨酯发泡工艺,保温效果好,冬天有热水用;全自动恒温定量发泡工艺,一次性成型,手感细腻。

1）聚氨酯由异氰酯与组合聚醚反应制得。异氰酸酯俗称黑料,组合聚醚俗称白料,二者反应生成物俗称发泡料,外观为白色或乳黄色泡沫。

采用聚氨酯发泡的优势有:

——聚氨酯硬泡闭孔率大于92％,使其同时具备保温、防水、隔音、吸振等诸多功能。

——保温性能卓越,是所有建材中导热系数最低,热阻值最高的保温材料,导热系数为EPS发泡聚苯板的一半。

——化学性质稳定,无毒性、无刺激性、无生物寄生性。使用寿命长,对周围环保不构成污染。

——离明火自熄,且燃烧时只炭化不滴淌,能有效阻止火势的蔓延,防火安全性能好。

——使用温度范围广,聚氨酯硬泡可以在－100～120 ℃之间使用,保温性能保持稳定,不会发生变形,自身机械强度高。

2）密度好。泡沫充满,均匀致密,黄金密度40 kg/m³。密度是聚氨酯泡沫塑料的一项重要性质。据资料介绍,冰箱用密度为30 kg/m³左右,建筑用板材为稍大于30 kg/m³,非承重的设备与管道为30～40 kg/m³,埋于地下管道受负荷选用60 kg/m³。考虑到太阳热水器工作环境为室外,内外使用温差可达100 ℃以上,最佳保温效果,故密度选为为40 kg/m³左右范围内,保温材料理想的芯密度为35 kg/m³左右。

3）熟化。温度控制在50 ℃左右;水箱固化时间不低于7 min;熟化时间为30 min。全自动恒温熟化室正式启用。经过高温熟化处理,避免二次发泡。性能更稳定,不易衰减。

4）闭孔率＞96％,热量不易穿透,发泡均匀、致密、强度大。

5）保温层厚度根据南北方差异不同而不同,40～67 mm不等。

6）静置:冬季,经过熟化的水箱,静置时间不低于8 h,静置环境温度不低于20 ℃。

（3）检测

1）聚氨酯保温材料尺寸稳定性≤1％,也就是说在水箱发生冷热变化时其保温材料尺寸可以保持稳定,变化率很小,这样才能保证热水器不会发生因温度变化而产生明显的尺寸膨胀和收缩,避免水箱在使用过程中发生变形甚至破裂现象。

2）导热系数≤0.022 W/(m·K),也就其传热的能力很低,保温性能非常好,水箱内的热水能长期保持较高的温度。

3）压缩强度(10％)≥110 kPa,保温材料能承受较高的压缩强度才能在受到水箱内水的压力时保持原来均匀、致密的性能,才能长期保持良好的保温效果。

4）水箱冷冻试验:将成品水箱放在低温环境中进行验证。

2.3.3 支架

2.3.3.1 支架

（1）隐患点:支架锈蚀坍塌,"骨质疏松",摇摇欲坠(图2-10)

——角铁喷塑:不做前处理或除油不彻底,容易腐蚀;

——直接刷漆或使用劣质粉末,无技术,寿命短;支架就像骨架严重缺钙一样。

（a）支架坍塌　　　　　　　　　　　　　　（b）支架腐蚀变形

图 2-10　支架隐患

（2）技术点

1）选材:选用高速公路护拦级的热镀锌板材。

锌层作用:镀锌层被用来做为牺牲性保护层,镀层优先被腐蚀,0.02 mm 的镀锌层在工业大气中保护铁件 2～10 年,在清洁大气中为 20～25 年;镀锌层提高了涂层与铁基体的亲和力,大大提高了涂层与铁基体的结合强度。

2）加工工艺:静电喷涂、高温固化。

——涂层外观质量优异,附着力及机械强度强;

——涂层耐腐耐磨能力高出很多;

——静电喷粉工艺,粉末可回收利用,减少对环境的影响;

——喷涂效果在机械强度、附着力、耐腐蚀、耐老化等方面优于喷漆工艺。

3）固化温度:190～210 ℃;时间:不低于 15 min。

温度过高或时间过长会造成膜层变色变脆,会造成附着力差;温度过低,膜层没有完全。

固化出现橘皮现象,同样会造成附着力差,导致膜层结合力不好。

4）结构。基材:冷轧薄钢板;镀层:热镀锌层;喷塑涂层:粉末涂料。

① 结构特点:通过使用材料表面强化技术,在金属表面被覆与基体材料不同的膜层形成耐磨膜、抗蚀膜,从而取得基材很难具备的性能,如降低基材导电性、抗氧化腐蚀性等。

② 涂层作用:

——防护作用:涂膜本身耐酸、耐碱、耐水、耐油,可隔离水分、氧气和各种腐蚀性介质。

——装饰作用:装饰美观与色彩运用自古以来就与美化产品和周围生活环境有密切关系。涂层可提高产品的使用价值同时给人以美的享受。

——特殊作用:降低电导率,提高热水器的安全性。

（3）检测

支架设计方面充分考虑了刚度、强度、风载等情况,进行细致的载荷校核,安全系数高。检测项目有附着力、耐盐雾试验、冲击试验、耐水煮、紫外老化、硬度、光泽度、厚度。

1）杯突试验:通过杯突仪器,对支架试片顶起 6 mm 高度,表面涂层漆膜无裂纹和脱落。

2）耐冲击试验：从 50 cm 高度，以 1 000 g 的重锤砸试片，无裂纹和脱落。

3）附着力试验：用漆膜附着力测试仪，划圈法测试，附着力不低于 2 级。

2.3.3.2 固定铁丝

（1）隐患点：安全索锈蚀断裂，弱不禁风，整机坠毁，"飞来横祸"（图 2-11）

铁丝固定隐患。如果采用直径只有 2～3 mm 的冷镀锌铁丝，则强度不够、抗风性和牢固性差；短期就开始腐蚀生锈，遭遇大风易断裂；如果简单固定在防雷带上，因防雷带的固定标准低，遭遇大风天气，很容易从楼顶上飞下来，造成"飞来横祸"，砸坏汽车和伤人的事件都曾发生过。

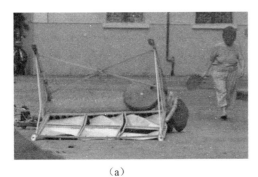
（a）

（b）

图 2-11 强度不够、抗风性和牢固性差

（2）技术点

1）安全索选择

常用的有涂塑钢丝绳和热镀锌钢丝绳。

① 涂塑钢丝绳

涂塑钢丝绳为外表面喷涂塑料的镀锌钢丝绳。它用于热水器的安装固定，主要优点为：外观美观，施工方便，经久耐用。PVC 质柔软、耐摩擦、挠曲，弹性良好，吸水性低，易加工成型，有良好的耐寒性及电气性能，化学稳定性强。其主要缺点为：虽然 PVC 涂塑层具有一定的抗老化性能，长期使用时存在涂塑层老化、开裂破碎的隐患。

② 热镀锌钢丝绳

采用热镀锌工艺处理，防腐能力更强。

2）性能

① 钢丝绳的捻制质量

钢丝绳捻距应均匀，切断后应不松散，各钢丝应紧密绞合，不应有交错、严重磨伤、断裂和折弯等缺陷。

② 镀层牢固性

钢丝的镀层应牢固，镀层不得开裂、脱落，用光裸手指不能够擦掉，不应起层。

③ 钢丝抗拉强度

$\geqslant 1\ 470\ \text{N/mm}^2$。

3）固定

采用 U 形环、膨胀挂钩对钢丝绳进行专业固定,越拉越紧。

（3）造成隐患环节

1）选材不当

采用普通的直径只有 2~3 mm 的冷镀锌铁丝进行简单的固定,而铁丝在空气中很快就会出现锈蚀现象,锈蚀到一定的程度受力就会出现断裂,导致热水器失去固定保护,很容易在大风等恶劣天气从楼顶坠落,造成严重的后果。

2）安装不当

安装不当通常包括以下几种情况:

——直接把铁丝固定在楼顶的防雷带上。

——没有采用 U 形环进行卡住,只是简单的缠绕几下。

——固定的固定索没有形成一定的受力角度,不能对热水器进行有效的固定 。

（4）检测

1）盐雾试验

安全索在 5% 的 NaCl 溶液、pH 值 6.5~7.2、喷雾量 1~2.5 mL/h、连续喷雾 48 h 的情况下检查,没有红锈出现。

2）拉力试验

钢丝绳抗拉强度 ≥1 470 N/mm^2,强度高,在使用过程中热水器抗击自然灾害的能力强,很难发生断裂的现象。

2.3.4　管路

2.3.4.1　管路隐患

（1）隐患点:管路随意"拼凑",开膛漏水,"水漫金山"(图 2-12)

——晒裂、冻坏:北方不进行保温,铝塑管冻裂,漏水;

——不耐高温的管路如 PPR 管,夏天高温热水烫崩;

——南方没做保温或紫外线防护,曝晒容易导致管材老化漏水;

——安装 PE-X 管,没有留出热胀冷缩的长度空间,导致受冷的 PE-X 管收缩管件脱落。

　（a）铝塑管老化龟裂　　　　（b）保温老化开裂　　　　（c）PE-X 管老化断裂

图 2-12　管路隐患

（2）技术点

太阳能管路通常是由上下水管、溢流管、普通管件及与管路管材配用的卡套类（锁母类）管件等几部分组成。常用的管路管材一般选用铝塑复合管、PE-X 管等。

1）铝塑复合管

是以焊接铝管作为嵌入金属层，通过共挤热熔黏合剂与内外层聚乙烯塑料复合而成的铝塑复合管，简称铝塑管。其主要优缺点为：

① 优点：耐温耐压性能好，使用温度范围宽；100％隔绝气体渗透，不透氧不透光，抑制细菌繁殖；有与金属管材相当的强度，并易于弯曲，弯曲后不反弹，安装方便，维修简易。

② 缺点：

——在有水情况下抗冻性能差：铝塑管在管中无水的情况下，可以耐低温至−40 ℃。但在有水的情况下，抗冻性能较差，主要由于中间有铝层，在寒冷的环境中，管路中的水结成冰，体积会快速的膨胀，而铝层的热胀冷缩较小，这样就会造成铝层胀破，从而导致管路漏水，所以户外管路安装一般选择 PE-X 管。

——外观不显高档：铝塑管一般用的较多的为乳白色或红色，但在室内作为明管安装的话，档次略差，显不出高档。

2）交联聚乙烯管（PE-X）

交联聚乙烯管是以交联聚乙烯为原料，经挤出成型的管材。生产管材所用的主体原料为高密度聚乙烯，聚乙烯在管材成型过程中或成型后进行交联。交联的目的是使聚乙烯的分子链之间形成化学键，获得三维网状结构。其主要优缺点为：

① 优点：高低温性能好，适用温度范围宽：−70～110 ℃；韧性强、抗内压强度高；耐化学腐蚀性好，耐环境应力开裂性优良。

② 缺点：

——冷热收缩较大：由于 PE-X 管是一种塑料管，在冷热冲击下收缩较大，虽然在寒冷的环境下，即使结冰也不易被冻坏，但若安装不到位，会出现从锁母接头中脱开的现象。另外它的冷热收缩对防冻带的影响较大，如果防冻带敷在 PE-X 管表面较紧，PE-X 管来回收缩容易导致防冻带出现死折，影响防冻带的性能，甚至引起火灾的隐患。

——不易弯直：PE-X 管一般是盘管，在安装使用时不易把它弯直，在室内安装中不建议使用此种管材。

3）PE-RT 管

耐热聚乙烯英文名称缩写为 PE-RT（Polyethylene with Raised Temperature resistance），它是由乙烯单体和 1-辛烯单体共聚而成的。其性能如下：

① 材质：管材选用厚度为 2.3 mm 的 PE-RT 管材，管材材质为耐热增强型聚乙烯 PE-RT；PE-RT 管件按结构不同，可以分为普通管件和丝扣管件。普通管件整体材质为耐热增强型聚乙烯 PE-RT，丝扣管件主体也采用耐热聚乙烯 PE-RT，金属丝扣部分采用铜材质，表面镀铬。

② 水压试验：试验压力为 1.0 MPa，95 ℃持续 10 h，管路连接处应无渗漏和永久变形。

③ 连接技术可靠：采用热熔连接方式，使用同材质的管件与管材进行热熔连接，接头处

与整个系统完全融合,实现"一体化",不受频繁的冷热交替影响。

4)聚乙烯保温管(PEF)

① 聚乙烯保温管是一种化学交联独立气泡聚乙烯高发泡体,它采用先进的发泡技术,把聚烯烃经过化学架桥和高倍率发泡(二次发泡)得到的,具有相当微细的完全独立气泡结构,它用于热水器上下水管路的外层保温。

② 保温管采用焊接无缝式结构,保温效果更好。

(3)造成隐患环节

1)选材不当

——在北方寒冷地区,选用铝塑管且不进行有效的保温,易导致铝塑管冻裂,造成漏水。

——选用不耐高温的管材,如一些 PPR 管,容易被高温的热水烫坏。

——选用交联度低的管材,耐压性能达不到要求。

2)安装不当

——在北方选用铝塑管,没有加装防冻带进行保温,导致铝塑管冻裂。

——在南方地区,不对管路进行保温,致使铝塑管暴晒在楼顶,容易导致管材老化漏水。

——安装 PE-X 管,没有留出热胀冷缩的长度空间,导致受冷的 PE-X 管收缩,从锁母管件中直接挣落。

(4)检测

在实验室进行紫外线腐蚀实验:

1)聚乙烯保温管拉断强度≥160 kPa;拉断伸长率≥60%;经过 24 h、95 ℃高温试验或 24 h、−20 ℃低温试验后保温管试样外观无变化,拉断强度、拉断伸长率下降率<20%;经过 24 h、1 000 W 高压汞灯照射的抗老化试验后保温管外观无明显变化,拉断强度、拉断伸长率下降率<20%。保温管长期工作在室外恶劣的环境中,经过高温、低温和紫外线照射后性能下降率很小,可以较长期的保持良好的状态,起到应有的管路保温作用。

2)PE-X 管在压力 1.3 MPa、水温 95 ℃下保压 10 h,管材无破裂和局部球形膨胀及渗漏。

3)铝塑复合管在压力 2.72 MPa、水温 82 ℃下,保压 10 h,管材无破裂和局部球形膨胀及渗漏。

2.3.4.2　铜配件及密封圈

(1)隐患点:锈蚀断裂,漏水结成冰溜子,形成"人造冰川"(图 2-13)

——如果采用铜渣翻砂铸造而成,铜质差、有砂眼,容易产生裂纹漏水;含铅量较高,还引起铅中毒。

——加工差,螺纹浅,不均匀,安装稍用力不均就容易断裂,使用一段时间腐蚀漏水。

图 2-13　铜管件腐蚀漏水结冰

（2）技术点

1）铜配件

优质铜棒热锻加工而成，含铜量要求高（57％以上），耐压 12 kg，3 倍于自来水的压力下正常使用没有问题；铅含量在 0.8％～2.2％，耐腐蚀，寿命长。

2）密封圈

含硅量高达 59％，适用温度为 −30～180 ℃，耐高温高寒，不易老化。

（3）检测

1）铜配件化学成分检测

通过等离子体发射光谱仪检测，铜含量 57％～60％、铅含量 0.8％～2.2％；

2）铜配件耐压试验

2.72 MPa 水压下保持 4 h，无损坏、变形及渗漏。

3）冷热循环

0.7 MPa 水压下共做 1 000 次冷热循环，高温水 82 ℃，低温水 15 ℃各 2 min，无脱落和渗漏现象。

4）密封圈检测

——硅橡胶密封圈样品经过 72 h，高温 180 ℃的耐热试验后外观无喷霜、龟裂、变形、明显发黏现象；经过 72 h，温度 100 ℃的水煮试验外观无变形、明显发黏，仅有轻微喷霜。经过 22 h，温度 −30 ℃的耐寒性试验弯曲后不产生裂纹，1 min 内基本能恢复原状。

——三元乙丙密封圈样品经过 72 h，高温 150 ℃的耐热试验后外观无喷霜、龟裂、变形、明显发黏现象。经过 72 h，温度 70 ℃的水煮试验外观无变形、明显发黏，仅有轻微喷霜。经过 22 h，温度 −30 ℃的耐寒性试验弯曲后不产生裂纹，1 min 内基本能恢复原状。

——劣质的密封圈经以上试验后会出现喷霜、龟裂、变形、发黏等现象，在使用过程中易老化，密封不严会出现热水器漏水现象。优质的密封圈在使用过程中不会出现以上现象，可与太阳能热水器的寿命相当。

2.3.5　其他辅助部件

2.3.5.1　电加热

（1）隐患点：电加热开膛破肚，漏电起火，带电伤人，"草菅人命"（图 2-14）

——管壁腐蚀：隐藏最深的病灶；

——选材不当:黑心利益的驱动;

——安装使用不规范:拼凑型。

（a）随意安装电加热　　　　　　　（b）电热丝外露

图 2-14　电加热隐患

（2）技术点

太阳能热水器电加热电化学腐蚀产生过程如图 2-15 所示。

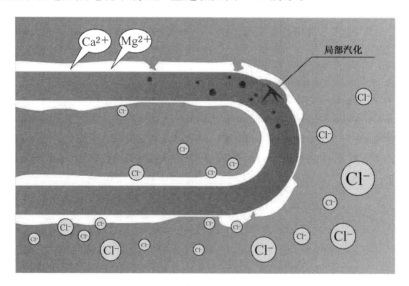

图 2-15　太阳能热水器电化学腐蚀产生过程

在太阳能热水器高温环境下,水中氯离子使管壁发生电化学腐蚀,把铁原子变成了铁锈,就形成局部腐蚀(现实中可以看到电加热表面分布不均的锈点)。

同时高温下钙离子、镁离子更容易在电加热表面形成水垢,特别是在水质较差区域易在电加热表面覆盖一层较厚的水垢,在水垢的包裹下,电热管易产生局部过热而爆裂。另外由于水垢的致密度不一,形成水垢微孔,当电加热启动时,在水垢微孔处局部高温,水汽化形成许多气泡,在局部产生一个负压,液体以极高的速度来补充,打击金属表面,于是金属表面因冲击疲劳而剥裂或穿孔,如若气泡内夹杂某种活性气体,还会形成电化学腐蚀作用,造成水中带电,漏电伤人。

1）管材采用进口英格莱800,含镍33%,含铬22%,镍铬总含量上限为55%,有卓越的抵抗氯化物压力腐蚀破裂的能力,适用于各种水质;

2）制作工艺先进,安全性能符合国际标准;

3）抗干烧可达72 h,使用寿命长;

4）整体通过3C认证,一体式设计;双重过热保护(70 ℃温控器,110 ℃热断路器),安全有保障。

（3）检测

1）抗干烧试验

电加热绝缘电阻大于或等于50 MΩ,通电情况下,在空气中干烧3天3夜,电加热无损坏;

2）NaCl雾试验

电加热用5%的NaCl溶液,pH值为6.5～7.2,喷雾量1～2.5 mL/h,连续喷雾48 h,电加热应无生锈,漏电流小于等于0.75 mA。

2.3.5.2 电加热配件

（1）隐患点:电加热配件"拼装",绝缘失效,粗劣短命,"连电起火"

——电热配件拼凑,楼顶着火:水箱内部电加热管接线采用普通导线,而非高温编织导线,易造成普通导线高温环境下老化过快,线体发热,线间绝缘失效,连电起火。

——采用耐候性差的普通接线端子,易使端子锈蚀,使端子与导线间接触电阻变大甚至打火,引燃保温层。

——采用通流量较小的电源线带较大的电加热负载,电源线发热严重,电线易软化老化,长时间使用易造成电线内部绝缘失效,连电起火。

（2）技术点

1）导线规格与整机匹配,使用不发热,符合规格;

2）防漏电保护,感触到漏电在0.1 s内断电;

3）整体通过3C认证,一体式设计;双重过热保护(70 ℃温控器,110 ℃热断路器),安全、有保障。

（3）检测

高温导线线径要求符合规格标准,线径1 mm^{2}的高温线每米导体电阻不大于19.5 mΩ,耐温不低于180 ℃,绝缘电阻大于500 MΩ/m,在1 200 V、50 Hz、5 mA、1 min的测试条件下不击穿。

2.3.5.3 控制系统

（1）隐患点:控制系统感应失灵,"神经错乱"

——温控仪、传感器失灵导致烫伤、着火:如果用了不耐腐蚀的材料,就会锈蚀产生误判;密封胶不好导致失效也会产生误判。

——假水温:误判水箱温度,会烫伤人如洗澡时水箱里水 90 ℃,而只显示 40 ℃导致电加热异常。

——水箱水位显示错误,水满了还显示没满,上水不止。

——如果安装位置在侧排气的位置,根据尖端放电的原理,极易受雷电的影响,导致失灵。

——变压器不过关造成短寿,没有漏电保护插头,产生安全隐患。

(2)技术点

1)温控仪:温控仪的变压器应经过安全认证,不会着火,保障使用寿命;

2)常用的温控仪特点:能够清晰显示水温水位,并能实现手动上水、手动电热、恒温电热等功能,好的温控仪还具有自动报警、定时上水、自动故障检测、模糊补水、温控补水、防止洗浴出冷水、防炸管保护、低水压保护、自动防冻等功能,实现智能化与人性化控制;

3)温控仪线路板焊接方式:自动化焊接生产线、自动喷涂线,涵盖了上板、自动印刷、贴片、回流焊、插接线、波峰焊以及 ICT 在线检测和自动喷漆烘干等各个过程。印刷、贴片及焊接控温精度极高,静态在线测试仪平均测试速度快,有助于从每个环节对质量进行把控。

4)传感器:

——采用水位脉冲扫描变送原理,水位传感灵敏、感温准确;

——主材料采用 SUS316L 不锈钢,抗点晶腐蚀能力极强。

(3)检测

仪表及传感器要通过的实验项目有高低压工作特性、电源电压适应能力、温升、短路发热、高温运行(65 ℃±2 ℃放置,施加 1.1 倍额定电压)、低温运行(−25 ℃±2 ℃)、高温高湿运行[温度 65 ℃±2℃、相对湿度(RH)90%环境下通电运行 168 h]、高低温放置、振动、电磁兼容(电快速瞬变±1.5 kV)等实验项目。

2.3.5.4　防冻带

(1)隐患点:偷工减料,"火烧连营"(图 2-16)

——防冻带失效。加装防冻带是北方冬季防止管路冻堵的主要方式,防冻带的好坏是保证冬季热水器好用的关键,而防冻带的耐老化性能则是防冻带使用寿命长短的关键,有些防冻带老化较快,用上一两年功率衰减没了,继续造成冻堵。

——串联使用,中间接头易引发失火。

——两端处理不当,易造成失火。

——过度弯曲或紧密缠绕,带芯变形出现故障。

(2)技术点

防冻带是一种很复杂的高分子聚合物,它由多种材料和导电介质,经过各种特定的化学变化和物理处理之后制成的半导体线芯。它由两条导线组成一条保持连续平行的加热电路。在加热过程中,这种高分子材料的内部半导体通道的数量(即电阻)发生了正温度系数的变化(PTC 效应)。

1)采用优质(聚氯乙烯高分子)绝缘外皮,腐蚀速度慢,耐老化。

2)铜芯与填充材料之间的厚度不低于 0.2 mm,低于这个数据是不达标的。

3）填充材料 PTC,每扎铜丝达到 7 根,整体形状呈椭圆型或哑铃型,电热带粗细均匀、功率稳定,使用安全。

（3）检测

安全性能检测参数:将自控温防冻带及电源线浸入水中(电源线线头露出水面)。

1）耐压:220 V 额定电压,承受电压 1 760 V,5 min 不击穿(目前执行的为 2 500 V,1 min不击穿)。

2）绝缘电阻:每米成品绝缘电阻不低于 20 MΩ(目前执行的是 500 MΩ)。

图 2-16　防冻带隐患

第 3 章 《家用太阳能热水系统主要部件选材通用技术条件》国家标准的编制

3.1 工作概况

3.1.1 任务来源

近几年,我国太阳能热水器得到了快速发展。据统计,2007年我国年产量已达到 2 300 万 m^2,占世界当年年产量的 76% 以上,产业的快速发展不仅得益于国家政策的扶持,也得益于国家标准的制定与实施。

有关太阳能热水系统的国家标准近20项。家用太阳能热水系统虽然有成熟的标准,但是关于主要部件的选材一直没有规范统一的国家标准,使得市场上太阳能热水系统选材良莠不齐,运作亦不完善和规范。而现有测试标准仅仅对性能、功能做了必要的规范,而且并不是强制性规定,这样导致了行业内厂家众多,分散度极高,市场空间深度较大,大量的短命产品、有安全隐患的产品流向了市场,对行业的发展造成了很大的影响,甚至在某些地区,败坏了行业的声誉,这些产品光鲜其外,败絮其中,如保温材料选择不当,内胆材质厚度不一,支架材料种类多样,管路容易老化等,消费者购买时缺乏判断能力,形成"隐患",购买后使用一段时间,问题频频发生,"后患无穷",有的还会造成安全事故,轻则造成经济财产损失,重则危及使用者的生命与健康。

行业的良性发展需要规范的约束,目前,只有通过材料的规范使产品的使用寿命、使用可靠性、安全得到保证,因此把家用太阳能热水系统选材原则、技术要求、试验方法和标志包装制定成国家标准是十分必要的。

《家用太阳能热水系统主要部件选材通用技术条件》国家标准的制定可对推动我国太阳能热水系统行业的发展、提高我国太阳能热水系统技术水平提供良好的技术依据。家用太阳能热水系统主要部件选材国家标准是制定相关国家标准的纲领性文件,它的建立将有助于标准化工作有计划、有步骤地协调进行,同时使标准化更有效地促进太阳能技术的开发、市场化以及太阳能技术的普及和应用。国家标准作为一种特殊的技术规范,它上接国家法规、宏观管理政策文件和国家技术发展纲要,下连每项技术实施各过程的技术要求和文件,既要参照国际与国外先进标准,与国际标准接轨,又要符合本国国情,与实际技术发展相适应。因而,它是国家推动新能源技术发展的一个重要环节,也是国家促进技术发展的一个重要手段。同时对规范中国的家用太阳能热水系统市场选材、提高太阳热水系统技术、质量水平,全面开展家用太阳能热水系统的质量检测工作发挥重要的作用。

3.1.2 起草单位

该标准负责起草单位:皇明太阳能股份有限公司、中国标准化研究院。

该标准参加起草单位：国家太阳能热水器质量监督检验中心(北京)、国家太阳能热水器质量监督检验中心(武汉)、山东亿家能太阳能有限公司、北京清华阳光能源开发有限责任公司、江苏华扬太阳能有限公司、北京市太阳能研究所有限公司、北京天普太阳能工业有限公司。

以上各单位是国内太阳热水系统的主要开发和生产单位,具有一定的理论和实践经验。

国家太阳能热水器质量监督检验中心(北京)、国家太阳能热水器质量监督检验中心(武汉)是面向全国的国家级太阳能专业检测机构,对太阳能集热器、全玻璃真空太阳集热管、家用太阳热水系统都可以依据相关标准进行全面、权威的检测,专业经验丰富。

参与起草的其他起草单位都是行业内的骨干企业,其技术、产品质量、品牌传播都在市场有充分的话语权。

相信在全国太阳能标准化技术委员会的领导的指导下,会圆满完成标准的制定工作。

3.1.3　工作过程

3.1.3.1　前期工作阶段

2007 年 5 月 15 日,皇明太阳能集团召开了标准启动会议,启动会议后成立了标准起草组,并召开了第一次起草单位会议。在会议上讨论了本标准定位及内容问题,制定了工作计划,同时对标准起草组成员进行了分工。

3.1.3.2　标准起草阶段

(1) 2007 年 5 月~12 月,标准起草组负责不同产品人员把相应的产品部件材料的技术要求、性能等参数确定,分为小组编制各部分的标准明细。

(2) 2008 年 1 月,整合各组标准明细将标准资料整理。

(3) 2008 年 3 月,将标准发给各相关专家征求意见。

(4) 2008 年 4 月根据各专家意见进行修订。

(5) 2008 年 5 月,按照集热器、储热水箱、支架、辅助电加热系统、换热器、管道系统、管路保温、淋浴器、热水器固定装置对标准进行重新整理。

(6) 2008 年 6 月,根据皇明集团技术委员会的建议,标准按照集热部件、水箱内胆、水箱隔热体、水箱外皮、支架、水箱密封件、辅助电加热系统、换热器、管路系统、管路保温、淋浴器、热水器固定装置、平板集热器的结构重新分类,对欠缺内容进行补充。

3.1.3.3　标准征求意见稿阶段

2008 年 7 月 23 日在北京对标准起草组人起草的标准讨论稿进行了逐条完整的讨论。8 月 30 日前各起草单位将对标准的建议或意见汇总表以邮件形式发给皇明集团,根据建议意见重新修改标准并于 10 月 15 日前将修改后的标准草稿发给各起草单位。

2009 年 3 月 21 日在北京对标准进行了第二次的讨论,对标准的内容进行了进一步的要求,3 月 28 日前各起草单位将建议或意见汇总表以邮件形式发给皇明太阳能集团,4 月 5 日将再次修改后的标准发给何涛主任。

2009 年 5 月共收到 17 个单位或个人的意见共计 80 余条,编制组对意见进行逐条研究,采纳了部分意见,未采纳的给予了理由。

2009 年 6 月 11 日编制组召开会议,对征求意见的情况进行了说明和讨论,小组成员对标准发表了意见,根据会议精神,在形成送审稿之前召开专家会议集中讨论。

2009 年 8 月 22 日在北京召开专家会议。会议上对分类进行了调整,初期分为集热部件、水箱内胆、水箱隔热体、水箱外壳、支架、水箱密封件、辅助电加热器、管材管件、保温管路、紧固件等几部分,后调整为集热器、贮水箱、支架和管路四部分,去掉了紧固件和一些没有设计材料的内容,比如热断路器、温控器、剩余电流保护装置等内容。检验规则中一般都是采购件,所以将自制件的检验规则去掉,另外标志、包装、贮存、运输等内容也去掉。

2009 年 9 月 28 日在山东德州召开了标准的专家审定会,在会上,各专家提出了自己的建议和意见,一致同意该标准报批。

3.2　标准制定的依据和指导思想

（1）根据国家标准化管理委员会对国家标准进行清理整顿的精神,以及对相关标准进行整合修订的专家意见,制定《家用太阳能热水系统主要部件选材通用技术条件》。

（2）因目前家用太阳热水系统材料无统一、规范性的标准指导性文件,制定该标准。

（3）按照编写规则,编写标准的内容,并考虑国内外的技术发展及家用太阳热水系统涉及的材料。该标准是 GB/T 19141—2003《家用太阳热水系统技术条件》的配套标准,是对GB/T 19141—2003《家用太阳热水系统技术条件》的扩展。

（4）该标准规定了家用太阳能热水系统在设计时对主要部件选材的要求,以提高产品质量的可靠性和稳定性。

3.3　主要制定内容

该标准规范了家用太阳能热水系统主要部件的选材原则、技术要求、检验方法和检验规则。

3.4　标准主要内容说明

3.4.1　范围

标准规定了家用太阳能热水系统主要零部件的选材原则、技术要求、检验方法、检验规则。

该标准适用于贮热水箱容积不大于 0.6 m³ 家用太阳能热水系统的主要零部件及安装所用零部件。

3.4.2　规范性引用文件

在该条款中只引用了在正文中涉及的标准和文件。

3.4.3　术语和定义

GB/T 12936 已经作了规定的术语和定义,在本标准中不再赘述。同时增加了护托、尾架等定义。护托和尾架是支架的一部分,主要起到支撑真空管的作用。因为在GB/T 12936中并没有涉及,所以认为有必要对其定义。

3.4.4　选材原则

家用太阳能热水系统主要部件的选材前提是首先要保证符合 GB/T 19141 的规定,应充分考虑太阳能热水系统的功能、恶劣的室外工作条件、安全性及使用寿命。热水器由于选择材料的差异造成使用功能及寿命的差异,而广大农村一般水质较差,选材不当也会影响热水器的性能,使得销售区域受限。推荐选用具有成熟使用经验的材料,如内胆材料应具有良好的卫生安全性和耐腐蚀性;支架材料应具有良好的机械强度和耐候性。在标准中主要推荐的是常用的、使用成熟的材料,若使用新材料,必须对新材料性能进行全面严格的鉴定,待试验使用成熟后可在修订版本中添加。

3.4.5　技术要求

初期分类时将太阳能热水系统主要部件分为集热部件、水箱内胆、水箱隔热体、水箱外壳、支架、水箱密封件、平板集热器、辅助电加热器、换热器、管件、管材、陶瓷片密封水嘴、保温管、热水器紧固件等部分。

在后来的意见征集和讨论后内容做出一些调整:

(1)集热部件部分分为两部分,一部分真空管集热部件,一部分为平板集热器。

(2)控制器作为家用太阳能热水系统的主要部分,也要在通用技术条件中规定。

(3)去掉换热器部分。

(4)陶瓷片密封水嘴名称更换为混水阀。

在其后的会议讨论后,又作出了一些调整,去掉了控制器的内容,主要分为集热器、贮热水箱、支架、管路等几部分。将辅助电加热器放进贮热水箱的目次中,此外去掉了紧固件、自限温伴热带、混水阀能没有涉及材料的内容,并将部分内容以表格的形式加入附录中。

3.4.5.1　真空管集热部件

主要有全玻璃真空太阳集热管和玻璃-金属封接式热管真空太阳集热管两种,GB/T 17049《全玻璃真空太阳集热管》对材料有要求,玻璃采用硼硅玻璃 3.3,太阳选择性吸收涂层的太阳吸收比≥0.86,半球发射比≤0.080,吸气剂为蒸散型钡吸气剂,标准中对平均热损系数、真空性能、耐压、耐冲击等都有详细的规定。GB/T 19775《玻璃-金属封接式热管真空太阳集热管》对玻璃管材料、热管材料、吸热板条带材料及性能有所规定,且真空管的应用技术比较成熟,所以在标准中直接引用国标号。

3.4.5.2　平板集热器

平板集热器的整体性能应符合 GB/T 6424《平板型太阳能集热器》的规定。

标准将平板集热器分为吸热体、透明盖板、隔热条、边框、背板、密封胶条等几部分分开描述。

(1)吸热体

吸热体材料要求热效率高、清洁环保、承压能力强。常用材料有铜、铝合金、铜铝复合材料,紫铜管、紫铜带及防锈铝板均参考对应的国家标准。

(2)透明盖板

透明盖板主要是透过太阳辐射,使其投射在吸热板上,因此对透过率应有要求,

GB/T 6424—2007《平板型太阳能集热器》中指出应给出透明盖板的透射比,但并未注明具体透射比的数值。据了解,市场上常用的平板玻璃厚度为 3～5 mm,而在 GB 4871《普通平板玻璃》中对强度、耐冲击性能等也没有规定,因此我们考虑规定平板玻璃的厚度不小于 4 mm,从而间接地控制玻璃的强度等。现 GB 11614—2009《平板玻璃》已替代 GB 4871,并于 2010 年 3 月开始实施,其中规定无色透明平板玻璃可见光投射比最小值,厚度 4 mm 时为 87%,厚度 5 mm 时为 86%。

根据市场使用情况,普通钢化玻璃可见光总透过率不低于 83%,低铁钢化玻璃不低于 90%。因为钢化玻璃强度较大,规定其厚度不小于 3 mm。在 GB 15763.2《建筑用安全玻璃 第 2 部分:钢化玻璃》中对钢化玻璃的弯曲度、抗冲击性、外观质量、安全性能等方面做了详尽的要求。

以上是初期对透明盖板的技术要求,会议时何梓年老师提出不应该采用可见光总透过率这个指标,而应是太阳透射比,两个是不同的概念,可见光波长范围是 380～780 nm,要求的波长范围在 250～2 500 nm 之间,规定太阳透射比 $\tau \geqslant 0.78$,透明盖板应有一定的耐冲击性能,因此要求经冲击试验后,盖板应无划痕、翘曲、裂纹、破裂、断裂或穿孔等现象。

（3）隔热体

隔热体不允许使用石棉和含有氯氟烃化合物（CFCs）类的发泡物质。由于石棉能引起很多疾病,因此已被国际癌症研究中心肯定为致癌物,在很多国家全面禁止使用。氯氟烃化合物破坏臭氧层,不环保,也不允许使用。

平板集热器常用的隔热体材料有聚氨酯泡沫塑料、玻璃棉、聚苯乙烯泡沫塑料、岩棉等。但是岩棉在操作时对操作人员的皮肤有损害,所以在本标准中并不推荐使用岩棉。

聚氨酯泡沫塑料符合轻工业标准 QB/T 3806《建筑物隔热用硬质聚氨酯泡沫塑料》的要求,类型 I 适于承受轻载荷,规定密度不小于 30 kg/m³,压缩强度不小于 100 kPa,导热系数不大于 0.022 W/(m·K),尺寸稳定性不大于 5%,吸水率不大于 4%等。

玻璃棉材料应符合 GB/T 13350《绝热用玻璃棉及其制品》的要求,规定密度≥32 kg/m³,导热系数≤0.046W/(m·K),质量吸湿率≤5%,憎水率≥98%。

聚苯乙烯泡沫塑料应符合 GB/T 10801.1《绝热用模塑聚苯乙烯泡沫塑料》的要求,根据使用情况,在标准中规定物理机械性能不低于Ⅲ级的要求,即表观密度≥32 kg/m³,压缩强度≥150 kPa,导热系数≤0.039 W/(m·K),尺寸稳定性≤2%,吸水率（体积分数）≤2%等。虽然聚苯乙烯聚苯乙烯的导热系数很小,但在温度高于 70℃时就会变形收缩,影响它在集热器中的隔热效果。在实际使用时,往往需要在底部隔热层与吸热板之间放置一层薄薄的岩棉或矿棉,在四周隔热层的表面贴一层薄的镀铝聚酯薄膜,使隔热层在较低的温度条件下工作。即便如此,时间长久后,仍会有一定的收缩,所以不推荐这种材料。

（4）边框

1）粉末静电喷涂镀锌板外壳是家用热水器比较常用的材料,基材是镀锌板,表面处理有钝化、涂油、漆封、磷化及不处理等几种方式,考虑到钝化会妨碍大多数涂料的附着性,因此在标准中指出不采用钝化的表面处理方式。

粉末涂层主要从厚度、附着力、耐冲击性、抗杯突性、耐盐雾腐蚀性、耐湿热型、耐候性等几方面做出要求。

粉末涂层厚度原本规定的是 $50\sim70~\mu m$,但是有厂家建议平光粉末和皱纹粉末的厚度要求是不一样的,所以在标准中注明平光粉末厚度为 $50\sim70~\mu m$,皱纹粉末厚度为 $60\sim90~\mu m$。

漆膜附着力是涂层的一个重要指标,按 GB/T 9286《色漆和清漆 漆膜的划格试验》的规定进行试验,试验后附着力不低于 2 级,即在切口交叉处/或沿切口边缘有涂层脱落,受影响的交叉切割面积明显大于 5%,但不能明显大于 15%。

漆膜的耐冲击性能按 GB/T 1732《漆膜耐冲击测定法》,以固定质量的重锤落于试板上而不因其漆膜破坏的最大高度表示漆膜耐冲击性,要求不小于 $50~cm \cdot kg$,试验后漆膜无裂纹、皱纹、剥落等现象。

杯突试验是评价涂层在标准条件下使之逐渐变形后的抗干裂或抗与金属底材分离的性能,按 GB/T 9753 规定的方法进行检测,经压陷深度为 6 mm 的杯突试验后,应无开裂或脱落现象。

耐盐雾腐蚀性:按 GB/T 1771 的规定方法进行检测,经 1 000 h 中性盐雾试验后,目视检察试验后的涂层表面,应无起泡、脱落或其他明显变化。

耐湿热性:按 GB/T 1740 的规定方法进行检测,经 1 000 h 湿热试验后,目视检察试验后的涂层表面,应无起泡、脱落或其他明显变化;

耐候性:按 GB/T 1865 进行检测,经 250 h 氙灯照射人工加速老化试验后,不应产生粉化现象,失光率和变色色差应至少达到 1 级。

2)铝型材:铝合金型材材料在建筑中应用较为广泛,一般用于集热器的外壳或者支架。考虑到室外的恶劣环境,表面必须经过处理,采用氧化着色、电泳涂漆、粉末喷涂等几种方式。在该标准中列出了适用于太阳能热水器的技术要求。

阳极氧化型材材料应符合 GB 5237.2 的要求。在耐候性方面,本标准规定采用加速耐候性,对自然耐候性不做要求。

电泳涂漆型材材料应符合 GB 5237.3 的要求。加速耐候性满足 Ⅱ 级耐候性等级即可。

粉末喷涂型材材料应符合 GB 5237.4 的要求。加速耐候性满足 Ⅰ 级耐候性等级即可。

(5)背板

1)镀锌板应符合 GB/T 2518 的要求。

2)镀铝锌板钢基为冷轧钢带,表面镀层为铝锌合金,表面呈特有的光滑、平坦和华丽的星花,基色为银白色。特殊的镀层结构使其具有优良的耐腐蚀性。在 GB/T 14978 中对钢基及镀层有所要求,但对于耐腐蚀性能并没有具体要求,本标准以前规定盐雾试验下,5 500 h 内不允许出现红色锈蚀,试验周期太长,修订为盐雾试验 240 h,缺陷面积不超过表面 1%,保护评级不低于 6 级。

3)彩色涂层钢板是以冷轧钢板,电镀锌钢板、热镀锌钢板或镀铝锌钢板为基板经过表面脱脂、磷化、络酸盐处理后,涂上有机涂料经烘烤而制成的产品。符合 GB/T 12754 的要求,其中要求涂层厚度不小于 $20~\mu m$,试验方法按 GB/T 13448 规定的方法进行检测。

4)密封胶条应符合 GB 12002 的要求。平板集热器上常用的密封胶条为三元乙丙橡胶,性能指标如下:

拉伸断裂强度≥7.5 MPa。

热空气老化性能(100 ℃×72 h):拉伸强度保留率≥85%;伸长率保留率≥70%;加热失重≤3%。

压缩永久变形(压缩率30%,70 ℃×24 h)<75%。

耐臭氧性(50×10^{-8},伸长 20%,40 ℃×96 h),不出现龟裂。

3.4.5.3 水箱内胆材料

考虑到内胆的使用情况长期与水接触,应选用具有良好的耐腐蚀性能、机械性能和卫生安全性能的材料。现在常用内胆材料为不锈钢内胆和搪瓷内胆。

不锈钢材料的技术要求应符合 GB/T 3280 的要求,由于不锈钢种类较多,用于内胆的材料长期和水接触,其耐腐蚀性能、力学性能要有所要求,因此在标准中对主要化学成分及力学性能参照这两种不锈钢提出了一些要求。

在主要化学成分中,铬是决定不锈钢性能的主要元素,因为它添加可促使内部的矛盾运动向有利于抵抗腐蚀破坏的方面发展。钢的性能与组织在很大程度上决定于碳在钢中的含量及其分布的形式,在不锈钢中碳的影响尤为显著。镍是优良的耐腐蚀材料,也是合金钢的重要合金化元素。

目前市场上使用较成熟的不锈钢材料为 SUS304 和 SUS316L,但是考虑到 SUS316L 成本较高,一般用于出口的承压内胆制作,所以标准中的主要化学成分及力学性能的要求主要是针对非承压内胆,以 SUS304 材料为参考定出的。

在标准中对非承压内胆的公称厚度做出了规定,即公称厚度不得小于 0.5 mm,很多厂家对此有异议,建议去掉或者改成不小于 0.4 mm,因为厚度要求与行业市场现状有差距,目前市场上内胆材料的厚度从 0.3~0.6 mm 范围内均有应用,应针对用户有不同档次的产品需求来满足顾客的要求。此外有些厂家提出如果讲自来水对不锈钢内胆的正常腐蚀,0.3 mm 厚度能腐蚀几十年了。但是也发现,这样厚度的产品强度小,发泡时就会变形,耐腐蚀性能差,很快内胆就漏水,而且现在很多地方尤其是农村的水质很差,加速了腐蚀的发生。因此认为厚度的要求是必要的。

不锈钢材料的耐腐蚀性能按照 GB/T 10125 耐中性盐雾试验 240 h,试验结果的评价标准按 GB/T 6461,保护评级为 10 级,即无缺陷。

其卫生性能要满足环境认证的要求,即浸泡水中重金属(铅、镉、铬、镍)的析出量不得大于规定限值。

承压水箱内胆材料近年来以搪瓷为主,搪瓷内胆在电热水器上的应用比较成熟,因此直接参考轻工业行业标准 QB/T 2590《贮水式热水器搪瓷制件》。

现在市场上的内胆材料还有其他的,如工程塑料的、搪塑的,但是鉴于其使用情况还不成熟,在该标准中没有涉及。

3.4.5.4 水箱隔热体

目前除了平板集热器外,太阳热水系统采用的隔热体(保温层)材料一般都为硬质聚氨酯泡沫塑料(聚氨酯)。

2007 年,中国质量认证中心发布公告要求家用电器产品执行禁止生产、销售、进出口以氯氟烃物质为制冷剂、发泡剂,对隔热体增加无氟或微氟的约束,冰箱采用的是无氟的环戊烷,国外也有其他的发泡剂,但成本较高。现在太阳能市场上常用的发泡剂是 141 b,微氟,经济性高,是过渡时期的产品,当时考虑到微氟过渡期 2013 年就要到期,因此将微氟去掉,家用太阳能热水系统在不断地改进发泡剂,采用更加环保的材料。

硬质聚氨酯泡沫塑料实际为黑白料混合后的过程产物,由于黑白料的供货企业对于配方是保密的,而我们完全可以通过工艺的控制来达到所需的要求,因此在标准中是对产物进行了技术要求的规定。

对于太阳能热水系统隔热体的要求,并没有一个完全可以借鉴的标准,标准制订前期要求的是自由泡的密度,但考虑自由泡密度是在加工工艺中控制的,因此要求的是表观芯密度。

参考 GB/T 6343《泡沫塑料及橡胶　表观密度的测定》和 QB/T 2081—1995《冰箱、冰柜用硬质聚氨酯泡沫塑料》采用表观芯密度即去除模制时形成的全部表皮后,单位体积泡沫材料的质量定为 28～37 kg/ m³。因为聚氨酯发泡时的流动性造成内部的密度并不是均匀的,因此规定了一个范围。

对于聚氨酯的其他性能要求有:压缩强度、尺寸稳定性、导热系数和闭孔率。为保证保温层的保温性能,导热系数不大于 0.022 W/(m·K);尺寸稳定性选择高温 70 ℃和低温 −20 ℃按 GB 8811 进行试验,尺寸变化率不大于 1%。闭孔率按照 GB/T 10799 进行试验,用来做绝热材料的泡沫塑料,要求材料有高的闭合泡室体积比,这样可以防止气体溢出,保证材料的低热导性,很多厂家要求该项指标定在 90%,为了客户更好地使用,保温层的闭孔率要求要高,因此闭孔率要求不小于 92%。

3.4.5.5　外壳

外壳材料要考虑到室外的恶劣环境,应选用具有良好的耐腐蚀性能材料或进行表面防腐处理,且外壳表面涂层应具有较强的附着力和耐候性。现太阳能热水系统常用材料主要有粉末静电喷涂镀锌板、镀铝锌板、铝合金型材和不锈钢等几种。在前面已对材料进行过描述介绍。

为了控制光污染,对外壳表面镜面反射做出要求,根据 HJ/T 363—2007 的要求,对可见光的镜面反射比不大于 0.10。

在审定会议上,薛祖庆老师提出,不建议采用不锈钢作为外壳和支架的材料,第一并不美观,第二耐腐蚀性能并不理想,第三价格比较高,不推荐使用。

3.4.5.6　支架

支架在符合 GB/T 19141 强度和刚度的要求同时,也要有良好的耐腐蚀性能,以适应户外恶劣的条件。现市场上常用的材料有镀锌板喷塑、铝型材、不锈钢和角钢等几种形式。一般在大型的热水工程中采用角钢热镀锌或喷塑做为支架材料。

在该标准中支架的厚度并没有做出规定,因为材料可通过结构的设计而增加强度。

在标准制定的初期阶段,认为支架也最好采用 304 的不锈钢,耐腐蚀性能好,但是成本高,所以修订时主要是参考 430 的不锈钢,强度大也有一定的耐腐蚀性能。在审定会议后,不推荐使用不锈钢材料作为支架的材料。

增加了尾架和护托的技术要求。一般尾架和支架的材料是一致的,护托现在市场上常用的是 ABS 和尼龙。做为支撑真空管的部件,要耐温、耐老化、有一定强度,因此在标准中用简支梁冲击强度(缺口)、负荷变形温度、弯曲强度、弯曲模量作为主要性能指标。

3.4.5.7　水箱密封件

可参考 GB/T 24798—2009《太阳能热水系统用橡胶密封件》。

3.4.5.8　辅助电加热器

在 NY/T 513 中的定义是：电辅助热源，用电阻（通常为电热管）加热作为太阳热水器的补充热源，简称为辅助电加热器。辅助电加热器主要由电热管、与贮热水箱连接的密封接口、连接电缆、温度控制与漏电保护装置等 4 部分组成。具体要求符合相关国家标准的规定。

由于为带电装置，其中增加了关于整体安全性、可靠性和加热性能的技术要求检测。此外，与电加热接触的塑料件，比如电加热接线盒也增加相应规定，如阻燃、耐温、耐老化等。但是阻燃与老化是一对矛盾的参数，也需根据具体需要情况来决定阻燃剂及抗老化剂的比例。

3.4.5.9　管路

管材主要有铝塑复合压力管、PE-X 管材、聚丙烯管材；管件主要有铜管接头、卡套式铜制管接头、聚丙烯管件；管材、管件、混水阀等部分均参考对应的相关标准。增加了金属密封球阀的内容。

PE-X 管材、聚丙烯管材、聚丙烯管件在相应的标准中全部适用，直接引用国标。

铝塑复合压力管国标中比如气密性和通气试验、爆破试验等技术要求并不适用于本标准，因此将部分技术要求摘出。

管路部分主要本着上述原则进行编写。

3.4.5.10　管路保温

主要包括保温管和伴热带，主要针对寒冷季节管路冻堵的现象。

保温管符合 GB/T 17794《柔性泡沫橡塑绝热制品》的规定，但该标准对表观密度的规定是 $\leqslant 95$ kg/ m^3，只有上限没有下限，起不到保温的约束作用，因此增加表观密度 $\geqslant 22$ kg/ m^3。

自限温伴热带应符合 GB/T 19835 的要求，该标准对导体、芯带、绝缘与外护套都有说明，且对成品自限温伴热带的各项性能也有详尽的要求，直接引用国标。因此将伴热带内容去除。

3.4.5.11　紧固件

（1）涂塑钢丝绳

在 GB/T 8918《钢丝绳》中，钢丝表面状态与公称抗拉强度、抗拉强度和反复弯曲性能指标是主要的，因此在标准中主要规定了上述三种性能。

（2）钢丝绳夹中的技术要求主要针对材料、外观、基本尺寸，因此直接引用国标。

（3）索具螺旋扣直接引用船舶行业标准 CB/T 3818。

该部分内容去除。

3.4.6　试验方法

每部分的试验方法均按相对应的标准的规定方法进行检测。

3.4.7 检验规则

分为采购部件和自制部件两部分。

采购部件生产厂应制定进货检验文件,确定入厂检验项目,生产厂若没有检测条件,可要求供方提供有关质量检验资料,项目全部合格方可入厂。

生产厂应要求供方提供全部质量认证证明、质量保证书、认证证书、型式试验报告等,需要安全认证时必须提供安全认证证书。

标准中还规定了需要型式检验的情况及抽样方案。

第 **4** 章　《家用太阳能热水系统主要部件选材通用技术条件》国家标准条款详解和释义

4.1　范围

4.1.1　设置目的

标准的本章(以下简称"本章")阐述了 GB/T 25969—2010 的适用范围。告诉了使用者标准主要规定了家用太阳能热水系统主要部件的术语和定义、选材原则、技术要求、检验方法及检验规则等。

4.1.2　条款解释

1　范围

本标准规定了家用太阳能热水系统主要部件的选材原则、技术要求、检验方法、检验规则。

本标准适用于贮热水箱容积不大于 $0.6~m^3$ 家用太阳能热水系统的主要部件。

理解要点：

(1)本章规定了标准的适用范围,即仅适用于贮热水箱容积不大于 $0.6~m^3$ 家用太阳能热水系统的主要部件。

(2)本章还介绍了标准所包含的内容提要。使用者通过对于本章的阅读,可以明确知道制造生产该类家用热水系统所选用材料的要求及检验方法。

4.2　规范性引用文件

4.2.1　设置目的

本章给出了标准中引用的文件清单,便于使用者在使用的过程中参照相关的资料、标准内容进行更深一步的研究。

4.2.2　条款解释

2　规范性引用文件

下列文件中的条款通过本标准的引用而成为本标准的条款。凡是注日期的引用文件,其随后所有的修改单(不包括勘误的内容)或修订版均不适用于本标准,然而,鼓励

根据本标准达成协议的各方研究是否可使用这些文件的最新版本。凡是不注日期的引用文件,其最新版本适用于本标准。

GB/T 706 热轧型钢

GB/T 1043.1 塑料 简支梁冲击性能的测定 第1部分:非仪器化冲击试验

GB/T 1527 铜及铜合金拉制管

GB/T 1634.2 塑料 负荷变形温度的测定 第2部分:塑料、硬橡胶和长纤维增强复合材料

GB/T 1732 漆膜耐冲击性测定法

GB/T 1740 漆膜耐湿热测定法

GB/T 1766 色漆和清漆 涂层老化的评级方法

GB/T 1771 色漆和清漆 耐中性盐雾性能的测定

GB/T 1865 色漆和清漆 人工气候老化和人工辐射暴露 滤过的氙弧辐射

GB/T 2059 铜及铜合金带材

GB/T 2406.2 塑料 用氧指数法测定燃烧行为 第2部分:室温试验

GB/T 2518 连续热镀锌钢板及钢带

GB/T 2828.1 计数抽样检验程序 第1部分:按接收质量限(AQL)检索的逐批检验抽样计划

GB/T 2829 周期检验计数抽样程序及表(适用于对过程稳定性的检验)

GB/T 3280 不锈钢冷轧钢板和钢带

GB/T 3880.1 一般工业用铝及铝合金板、带材 第1部分:一般要求

GB/T 3880.2 一般工业用铝及铝合金板、带材 第2部分:力学性能

GB 4706.12 家用和类似用途电器的安全 储水式热水器的特殊要求

GB 5237.2 铝合金建筑型材 第2部分:阳极氧化型材

GB 5237.3 铝合金建筑型材 第3部分:电泳涂漆型材

GB 5237.4 铝合金建筑型材 第4部分:粉末喷涂型材

GB/T 6343 泡沫塑料及橡胶 表观密度的测定

GB/T 6424 平板型太阳能集热器

GB/T 6461 金属基体上金属和其他无机覆盖层 经腐蚀试验后的试样和试件的评级

GB/T 8811 硬质泡沫塑料 尺寸稳定性试验方法

GB/T 8813 硬质泡沫塑料 压缩性能的测定

GB/T 9286 色漆和清漆 漆膜的划格试验

GB/T 9341 塑料 弯曲性能的测定

GB/T 9753 色漆和清漆 杯突试验

GB/T 10125 人造气氛腐蚀试验 盐雾试验

GB/T 10294 绝热材料稳态热阻及有关特性的测定 防护热板法

GB/T 10799 硬质泡沫塑料 开孔和闭孔体积百分率的测定

GB/T 11618.1 铜管接头 第1部分:钎焊式管件

GB/T 11618.2 铜管接头 第2部分:卡压式管件

GB/T 12002　塑料门窗用密封条

GB/T 12936　太阳能热利用术语

GB/T 13350　绝热用玻璃棉及其制品

GB/T 13448　彩色涂层钢板及钢带试验方法

GB/T 13452.2　色漆和清漆　漆膜厚度的测定

GB/T 13912　金属覆盖层　钢铁制件热浸镀锌层技术要求及试验方法

GB/T 14978　连续热浸镀铝锌硅合金镀层钢带和钢板

GB/T 16422.2　塑料实验室光源暴露试验方法　第 2 部分:氙弧灯

GB/T 17049　全玻璃真空太阳集热管

GB/T 17219　生活饮用水输配水设备及防护材料的安全性评价标准

GB/T 17581　真空管型太阳能集热器

GB/T 17794—2008　柔性泡沫橡塑绝热制品

GB/T 18033—2007　无缝铜水管和铜气管

GB/T 18742.2　冷热水用交联聚丙烯管道系统　第 2 部分:管材

GB/T 18742.3　冷热水用交联聚丙烯管道系统　第 3 部分:管件

GB/T 18992.2　冷热水用交联聚乙烯(PE-X)管道系统　第 2 部分:管材

GB/T 18997.1—2003　铝塑复合压力管　第 1 部分:铝管搭接焊式铝塑管

GB/T 18997.2—2003　铝塑复合压力管　第 2 部分:铝管对接焊式铝塑管

GB/T 19141　家用太阳热水系统技术条件

GB/T 19775　玻璃-金属封接式热管真空太阳集热管

GB/T 21385　金属密封球阀

GB/T 21558　建筑绝热用硬质聚氨酯泡沫塑料

GB/T 23150　热水器用管状加热器

GB/T 24798　太阳能热水系统用橡胶密封件

CJ/T 111　铝塑复合管用卡套式铜制管接头

HJ/T 363　环境标志产品技术要求　家用太阳能热水系统

NY/T 513　家用太阳热水器电辅助热源

QB/T 2590　贮水式热水器搪瓷制件

理解要点:

(1) 使用或引用标准时应确定是否为有效版本。

(2) 目录中没有年代号的引用标准适用最新版本。

4.3　术语和定义

4.3.1　设置目的

本章对在标准中使用的非通用名词、术语给出了明确的含义,目的是使标准结构简单,避免混淆概念。这些定义在没有特殊说明的情况下只在本标准内使用。

4.3.2　条款解释

> **3　术语和定义**
>
> GB/T 12936 确立的以及下列术语和定义适用于本标准。

理解要点：

（1）除标准中所提及的一些名词术语外，其余的术语与定义均参考 GB/T 12936《太阳能热利用术语》。

（2）引用标准中的术语在后续章节中会随章节需要列出，这里不做赘述。未提及的术语，参见相关标准。

> **3.1**
>
> **家用太阳能热水系统主要部件　main parts of domestic solar water heating system**
> 包括集热器、贮热水箱、支架、管路等家用太阳能热水系统的主要组成部件。

理解要点：

（1）家用太阳能热水系统主要部件，一般由集热器、贮热水箱、支架、管路等部分组成。

（2）该标准仅适用于家用太阳能热水系统，而不适用于贮热水箱容积大于 0.6 m³ 的工业或其他用途的太阳能热水系统。

> **3.2**
>
> **护托　protection bracket**
> 集热器中保护并支撑真空管尾部的元件。

理解要点：

家用太阳能热水系统主要部件集热器中含有护托，其作用为保护并支撑真空管尾部，防止真空管脱落，保护真空管底部尾管不受损坏。

> **3.3**
>
> **尾架　tailstock**
> 集热器中固定护托以达到支撑真空管作用的部件，是支架的一部分。

理解要点：

尾架是集热器中支架的一部分，用于固定护托，起到支撑真空管的作用。

4.4　选材原则

4.4.1　设置目的

本章提出了家用太阳能热水系统需充分考虑的条件，同时还给出了材料选择的原则。

其目的是确定材料应满足的条件,以便于市场监管与厂家材料的挑选。

4.4.2 条款解释

> **4 选材原则**
>
> 　　家用太阳能热水系统首先应符合 GB/T 19141 的规定,应充分考虑家用太阳能热水系统恶劣的室外工作条件,安全性及使用寿命,应遵循下列选材原则:
> **4.1** 应优先选用具有成熟使用经验的材料,使用新材料前应对其性能进行全面严格的鉴定。
> **4.2** 家用太阳能热水系统主要部件选材时应综合考虑各材料之间物理、化学和力学性能的相容性和匹配性。
> **4.3** 内胆材料应具有良好的卫生、安全性和耐腐蚀性。
> **4.4** 支架材料应具有良好的机械强度和耐候性。
> **4.5** 焊接材料应使焊缝熔敷金属与母材强度和塑韧性相适应。
> **4.6** 在满足上述各原则的基础上,应优先选用性价比高的材料。

理解要点:

　　(1)家用太阳能热水系统应符合 GB/T 19141《家用太阳热水系统技术条件》的规定。

　　(2)家用太阳能热水系统一般放置在屋顶等室外场地,材料选择要能适应恶劣的工作条件。

　　(3)应优先选用具有成熟使用经验的材料,新材料选择应十分慎重,应用前必须进行全面严格的鉴定。

　　(4)家用太阳能热水系统设计的材料品种较多,设计选材时综合考虑材料之间物理、化学和力学性能的相容性和匹配性。各部分材料在满足使用要求的基础上应优先选择性价比高的材料。

4.5 技术要求

4.5.1 设置目的

　　本章提供了一系列的家用太阳能热水系统主要部件材料选择的要求,生产企业可以通过本章的内容了解各部分材料的主要性能及所需检验的项目内容。

4.5.2 条款解释

> **5 技术要求**
>
> **5.1 集热器**
> **5.1.1 真空管集热器**
> 　　真空管集热器技术要求应符合 GB/T 17581 的要求。
> **5.1.1.1** 全玻璃真空太阳集热管应符合 GB/T 17049 的要求。
> **5.1.1.2** 玻璃-金属封接式热管真空太阳集热管应符合 GB/T 19775 的要求。

理解要点：

（1）集热器主要分为真空管集热器和平板集热器两种。按照 GB/T 12936—2007《太阳能热利用术语》，真空管集热器是采用透明管（通常为玻璃管）并在管壁和吸热体之间有真空空间的太阳集热器。平板集热器是吸热体表面基本上为平板形状的非聚光型集热器。

（2）真空管型太阳能集热器技术要求应参照 GB/T 17581《真空管型太阳能集热器》，见表 4-1。

表 4-1　真空管型太阳能集热器技术要求

序号	项目	技 术 要 求
1	外观	应对真空管型太阳能集热器主要部件外观存在问题进行判定；真空太阳集热管外观应符合 GB/T 17049 和 GB/T 17995 的规定要求，联集管、尾架外表面平整、无划痕、污垢和其他缺陷；集热器产品标记应符合 GB/T 17581 的规定
2	耐压	传热工质应无渗漏，非承压式集热器应承受 0.06 MPa 的工作压力，承压式集热器应承受 0.6 MPa 的工作压力
3	刚度	应无损坏和明显变形
4	强度	应无损坏和明显变形
5	闷晒	应无泄漏、开裂、破损、变形或其他损坏
6	空晒	应无开裂、破损、变形或其他损坏
7	外热冲击	不允许有裂纹、变形、水凝结或浸水
8	内热冲击	不允许损坏（全玻璃真空管型太阳能集热器不做内热冲击要求）
9	淋雨	应无渗水和损坏
10	耐冻	不允许有泄漏和破损，部件与工质不允许有冻结
11	热性能	a) 无反射器的真空管型太阳能集热器的瞬时效率截距 η_0，a 应不低于 0.62；有反射器的真空管型太阳能集热器的瞬时效率截距 η_0，a 应不低于 0.52；无反射器的真空管型太阳能集热器总热损系数 U 应不大于 3.0 W/(m²·℃)；有反射器的真空管型太阳能集热器总热损系数 U 应不低于 2.5 W/(m²·℃)。其中：η_0，a 为集热器基于采光面积、进口温度的瞬时效率截距；U 为以 T_i^* 为参考的集热器总热损系数。 b) 应作出 $(t_e\text{-}t_a)$ 随时间的变化曲线，并给出真空管型太阳能集热器的时间常数 τ_c。 c) 应给出真空太阳集热管南北向排列与东西向排列时的入射角修正系数 $K_{\theta,\text{N-S}}$ 与 $K_{\theta,\text{W-E}}$ 随入射角 θ 的变化曲线和 $\theta=50°$ 时的 $K_{\theta,\text{N-S}}$ 与 $K_{\theta,\text{W-E}}$ 值，热管式真空管型太阳能集热器只需给出真空太阳集热管南北向排列时的入射角修正系数 $K_{\theta,\text{N-S}}$ 随入射角 θ 的变化曲线和 $\theta=50°$ 时的 $K_{\theta,\text{N-S}}$ 值
12	压力降落	应做出真空管型太阳能集热器压力降落特性曲线 $\Delta p \sim m$
13	耐撞击	不允许损坏

（3）全玻璃太阳集热管技术要求应参照 GB/T 17049《全玻璃真空太阳集热管》，见表 4-2。

（4）玻璃-金属封接式热管真空太阳集热管技术要求应参照 GB/T 19775《玻璃-金属封接式热管真空太阳集热管》，见表 4-3。

表 4-2　GB/T 17049 中全玻璃真空太阳集热管技术要求一览表

序号	项　　目	技　术　要　求
1	材料	1）玻璃管材料应采用硼硅玻璃 3.3。 　　a）其理化性能应符合 ISO 3585：1998 与 QB/T 2436 的要求，以及玻璃管太阳透射比 $\tau \geqslant 0.89$； 　　b）玻璃管上不大于 1 mm 的结石不得密集，即 10 mm×10 mm 范围内不得多于一个，整支管子上不得多于 5 个，结石周围不得有裂纹，大于 1 mm 的结石不允许存在； 　　c）玻璃管上不大于 1.5 mm 的节瘤不得密集，即 10 mm×10 mm 范围内不得多于两个，整支管子上，不大于 2.5 mm 的节瘤不得多于 5 个，大于2.5 mm 的节瘤不允许存在。 2）太阳选择性吸收涂层的太阳吸收比 $\alpha \geqslant 0.86$（AM1.5）。 3）太阳选择性吸收涂层的半球发射比 $\varepsilon_h \leqslant 0.080$（80 ℃±5 ℃）。 4）吸气剂应符合 GB/T 9505 的规定
2	空晒性能参数	太阳辐照度 $G \geqslant 800$ W/m²，环境温度 8 ℃$\leqslant t_a \leqslant$30 ℃，全玻璃真空太阳集热管以空气为传热工质，空晒温度 t_s，空晒性能参数 $Y = (t_s - t_a)/G$，$Y \geqslant 190$ m²℃/kW
3	闷晒太阳辐照量	1）罩玻璃管外径为 47 mm，太阳辐照度 $G \geqslant 800$ W/m²，环境温度 8 ℃$\leqslant t_a \leqslant$30 ℃，全玻璃真空太阳集热管以水为传热介质，初始温度不低于环境温度，闷晒至水温升高 35 ℃所需的太阳辐照量 $H \leqslant 3.7$ MJ/m²。 2）罩玻璃管外径为 58 mm，太阳辐照度 $G \geqslant 800$ W/m²，环境温度 8 ℃$\leqslant t_a \leqslant$30 ℃，全玻璃真空太阳集热管以水为传热工质，初始温度不低于环境温度，闷晒至水温升高 35 ℃所需的太阳辐照量 $H \leqslant 4.7$ MJ/m²
4	平均热损系数	全玻璃真空太阳集热管的平均热损系数 $U_{LT} \leqslant 0.85$ W/(m²·℃)
5	真空性能	1）全玻璃真空太阳集热管真空夹层内的气体压强 $p \leqslant 5.0 \times 10^{-2}$ Pa。 2）真空品质：全玻璃真空太阳集热管的内玻璃管于 350 ℃下，保持 48 h，吸气镜面轴向长度消失率不大于 50%
6	耐热冲击	全玻璃真空太阳集热管应能承受不高于 0 ℃的冰水混合体与不低于 90 ℃热水交替反复冲击 3 次而不损坏
7	耐压	全玻璃真空太阳集热管内应能承受 0.6 MPa 的压强
8	抗机械冲击	钢球试验：全玻璃真空太阳集热管应能承受直径为 30 mm 的钢球，于高度 450 mm 处自由落下，垂直撞击集热器管中部而无损坏

续表 4-2

序号	项 目	技 术 要 求
9	外观与尺寸	1）全玻璃真空太阳集热管罩玻璃管表面轻微划伤累计长度不大于管长的 1/3。 2）全玻璃真空太阳集热管的选择性吸收涂层不得有污渍、起皮或脱落。 3）距离全玻璃真空太阳集热管开口端的选择性吸收涂层颜色明显变浅区应不大于 50 mm。 4）支承内玻璃管自由端或其他部位的支承件应不得明显变色,放置端正,不松动。 5）全玻璃真空太阳集热管开口端内、罩管过渡圆滑,无黏连,无玻璃堆积,端面和内、罩管表面应平整,厚度均匀,无喇叭状和明显变形。 6）全玻璃真空太阳集热管的长度是从环状开口端至另一端玻璃管直径 ϕ15 mm 处的距离,其长度允差应不大于长度标称尺寸 L 的 $\pm0.5\%$。罩玻璃管直径允差应符合 ISO 4803:1978 的要求。 7）全玻璃真空太阳集热管的弯曲度不大于 0.2%。 8）全玻璃真空太阳集热管开口端正距端口 10～30 mm 处玻璃管的横断面呈圆管形,罩玻璃管的径向最大尺寸与最小尺寸之比不大于 1.02。 9）排气管的封离部分长度 $S\leqslant15$ mm

表 4-3　GB/T 19775 中玻璃-金属封接式热量真空太阳集热度技术要求一览表

序号	项 目	技 术 要 求
1	玻璃管	1）太阳透射比(τ)应不小于 0.89; 2）应力:双折射光程差(δ)应不大于 120 nm/cm; 3）玻璃管上 1 mm 以上的结石不允许存在,不大于 1 mm 的结石不得密集,即 10 mm×10 mm 范围内不得多于 1 个;整根玻璃管上,结石不得多于 5 个; 4）玻璃管上节瘤大于 2.5 mm 不允许存在,1 mm 以下的节瘤不得密集,即 10 mm×10 mm 范围内不得多于 2 个;整根玻璃管上,1～2.5 mm 节瘤不得多于 7 个; 5）玻璃管上气线长度大于 100 mm 的不允许存在;小气线不得密集,即 10 mm×10 mm 范围内不得多于 2 条;整根玻璃管上宽度不大于 0.5 mm、长度在 20～10 mm 范围内的气线不允许超过 2 条
2	热管	1）热管启动温度 　热管启动温度应不大于 30 ℃。在热源温度为 30 ℃±0.5 ℃的状况下,热管冷凝段温度(T_q)应不小于 23 ℃。 2）热管抗冻温度 　热管在温度为 -25 ℃的环境中无冻损现象

61

续表 4-3

序号	项 目	技 术 要 求
3	吸热板	涂层的太阳吸收比(α)应不小于 0.86(AM1.5); 涂层的红外发射率(ε)应不大于 0.10
4	金属与玻璃管封接漏率	应小于 1.0×10^{-10} Pa·m³/s
5	玻璃-金属封接式热管真空太阳集热管内的气体压强	玻璃-金属封接式热管真空太阳集热管玻璃管内的气体压强(P)应不大于5×10^{-2} Pa
6	空晒性能参数	太阳辐照度(G)≥800 W/m²,环境温度(T_a)在 0 ℃~30 ℃范围内,风速不大于 4 m/s,空晒性能参数(Y)应满足下式的要求。 $$Y=(T_s-T_a)/G\geqslant0.195 \text{ m}^2\cdot℃/W$$ 式中: T_s——玻璃-金属封接式热管真空太阳集热管空晒温度,℃; T_a——环境温度,℃; G——太阳辐照度,W/m²。
7	抗机械冲击	玻璃-金属封接式热管真空太阳集热管应能承受直径为 30 mm 实心钢球从不低于 0.5 m 高度的冲击
8	外观与尺寸	1)吸热板无明显变形; 2)吸热板涂层颜色均匀,无明显划伤; 3)吸热板涂层无明显起皮或脱落; 4)吸热板支撑可靠,不松动; 5)玻璃管的直线度应不大于玻璃管长度的 0.3%; 6)玻璃管外径公差带不大于其公称尺寸的 5%; 7)玻璃管长度公差带不大于其公称尺寸的 0.6%; 8)玻璃-金属封接式热管真空太阳集热管长度公差带不大于其公称尺寸的 0.8%; 9)热管冷凝段外径公差带不大于其公称尺寸的 1%; 10)热管冷凝段探出长度公差带不大于其公称尺寸的 7%

5.1.2 平板集热器

平板集热器技术要求应符合 GB/T 6424 的要求。

理解要点:

平板集热器主要由吸热板、透明盖板、隔热层、壳体等几部分组成。其技术要求应参照 GB/T 6424—2007《平板型太阳能集热器》,见表 4-4。

表 4-4　GB/T 6424 中平板型太阳能集热器技术要求一览表

序号	项目	技术要求
1	外观	集热器零部件易于更换、维护和检查,易固定,吸热体在壳体内应安装平整,间隙均匀。透明盖板若有拼接,必须密封,透明盖板与壳体应密封接触,考虑热胀情况,透明盖板无扭曲、划痕。壳体应耐腐蚀,外表面涂层应无剥落,隔热体应填塞严实,不应有明显萎缩或膨胀隆起现象。产品标记应符合标准规定
2	耐压	传热工质应无泄漏,非承压集热器应承受 0.06 MPa 的工作压力,承压集热器应承受 0.6 MPa 的工作压力
3	刚度	应无损坏及明显变形
4	强度	应无损坏及明显变形,透明盖板应不与吸热体接触
5	闷晒	应无泄漏、开裂、破损、变形或其他损坏
6	空晒	应无开裂、破损、变形或其他损坏
7	外热冲击	不允许有裂纹、变形、水凝结或浸水
8	内热冲击	不允许损坏
9	淋雨	应无渗水和破坏
10	耐冻试验	集热器应无泄漏、损坏、变形、扭曲,部件与工质不允许有冻结
11	热性能	a) 平板型太阳能集热器的瞬时效率截距 $\eta_{0,a}$ 应不低于 0.72; 　　平板型太阳能集热器的总热损系数 U 应不大于 6.0 W/(m² · ℃); 　　其中 $\eta_{0,a}$ 为集热器基于采光面积、进口温度的瞬时效率截距; 　　U 为以 T_i^* 为参考的集热器总热损系数; b) 应作出 (t_c-t_a) 随时间的变化曲线,并给出平板型太阳能集热器的时间常数 τ_c; c) 应给出平板型太阳能集热器的入射角修正系数 K_θ 随入射角 θ 的变化曲线和 $\theta=50°$ 时的 K_θ 值
12	压力降落	应作出平板型太阳能集热器压力降落特性曲线 $\Delta p \sim m$
13	耐撞击	应无划痕、翘曲、裂纹、破裂或穿孔
14	涂层	吸热体与壳体的涂层无剥落、反光和发白现象,应给出吸热体涂层的红外发射比,吸热体涂层的吸收比应不低于 0.92
15	透射比	应给出透明盖板的透射比

5.1.2.1　吸热体

理解要点:

(1) 对吸热体有以下主要技术要求:

1) 太阳吸收比高。吸热体可以最大限度地吸收太阳辐射能。

2）热传递性能好。吸热体产生的热量可以最大限度地传递给传热工质。

3）与传热工质的相容性好,吸热体不会被传热工质腐蚀。

4）一定的承压能力。便于将集热器与其他部件连接组成太阳能系统。

5）加工工艺简单。便于批量生产及推广应用。

（2）吸热体的结构型式

在平板形状的吸热体上,通常都布置有排管和集管。排管是指吸热板纵向排列并构成流体通道的部件;集管是指吸热板上下两端横向连接若干根排管并构成流体通道的部件。

吸热体主要有管板式、翼管式、扁盒式、蛇管式四种结构类型,见图4-1。

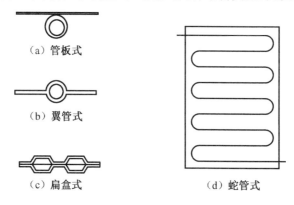

（a）管板式

（b）翼管式

（c）扁盒式

（d）蛇管式

图 4-1 吸热体结构类型

1）管板式:将排管与平板以一定的结合方式连接构成吸热条带（如图4-2）,然后再与上下集管焊接成吸热板。这是目前国内外使用比较普遍的吸热板结构类型。现常用为铜铝复合和全铜吸热板。铜铝复合技术是将一根铜管置于两条铝板之间热碾压在一起,然后再用高压空气将它吹胀成型;全铜吸热板是将铜管和铜板通过高频焊接或超声焊接工艺而连接在一起。

图 4-2 管板式吸热体

2）翼管式:利用模子积压拉伸工艺制成金属管两侧连有翼片的吸热条带（如图4-3）,然后再与上下集管焊接成吸热板。吸热板材料一般采用铝合金。翼管式吸热板的优点是:热效率高,管子和平板是一体,无结合热阻;耐压能力强,铝合金管可以承受较高的压力。其缺点是:水质不易保证,铝合金会被腐蚀;材料用量大,工艺要求管壁和翼片都有较大的厚度;动态特性差,吸热板有较大的热容量。

3)扁盒式。扁盒式吸热板是将两块金属板分别模压成型,然后再焊接成一体构成吸热板吸热板材料可采用不锈钢、铝合金、镀锌钢等。通常,流体通道之间采用点焊工艺,吸热板四周采用滚焊工艺。扁盒式吸热板的优点:热效率高,管子和平板是一体,无结合热阻;不需要焊接集管,流体通道和集管采用一次模压成型。缺点:焊接工艺难度大,容易出现焊接穿透或者焊接不牢的问题;耐压能力差,焊点不能承受较高的压力;动态特性差,流体通道的横截面大,吸热板有较大的热容量;有时水质不易保证,铝合金和镀锌钢都会被腐蚀。

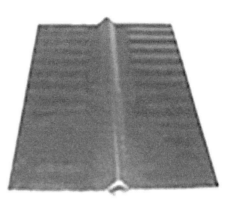

图 4-3　翼管式吸热板

4)蛇管式:蛇管式吸热板是将金属管弯曲成蛇形(图 4-4),然后再与平板焊接构成吸热板。这种结构类型在国外使用较多。吸热板材料一般采用铜,焊接工艺可采用高频焊接或超声焊接。蛇管式吸热板的优点:不需要另外焊接集管,减少泄漏的可能性;热效率高,无结合热阻;水质清洁,铜管不会被腐蚀;保证质量,整个生产过程实现机械化;耐压能力强,铜管可以承受较高的压力。缺点:流动阻力大,流体通道不是并联而是串联;焊接难度大,焊缝不是直线而是曲线。

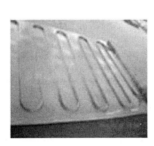

图 4-4　蛇管式吸热板

5.1.2.1.1　紫铜管应符合 GB/T 1527 的要求。

理解要点:

(1)吸热体材料与工质接触部位不应溶解出有碍人体健康的物质。平板集热器吸热体集管和支管采用 TP2 铜 TP2 铜磷脱氧铜是熔解高纯度的原材料,把熔化铜中产生的氧气用亲氧性的磷(P)脱氧,使其氧含量降低到 100×10^{-6} 以下,从而提高其延展性、耐蚀性、热传导性、焊接性、抽拉加工性,在高温中也不发生氢脆现象。条带(整板)采用铜或铝,TU1

无氧紫铜,氧的含量极低,纯度高,导电导热性极好,延展性极好,透气率低,无"氢病"或极少"氢病";加工性能和焊接、耐蚀耐寒性均好。

(2)紫铜管紫铜管应符合 GB/T 1527《铜及铜合金拉制管》的要求。

1)表面质量:

——管材的内外表面应光滑、清洁,不应有分层、针孔、裂纹、起皮、气泡、粗拉道和夹杂等影响使用的缺陷;

——管材表面允许有轻微的、局部的、不使管材外径和壁厚超出允许偏差的细划纹、凹坑、压入物和斑点等缺陷。轻微的矫直和车削痕迹、环状痕迹、氧化色、发暗、水迹、油迹不作报废依据;

——如对管材的表面质量有特殊要求(如酸洗、除油等),由供需双方协商确定,并在合同中注明。

2)外形尺寸及允许偏差见表 4-5,力学性能见表 4-6。

表 4-5 紫铜管外形尺寸允许偏差

牌　号	状　态	规格/mm			
		圆形		矩(方)形	
		外径	壁厚	对边距	壁厚
T2、T3、TU1、TU2、TP1、TP2	软(M)、轻软(M_2)、硬(Y)、特硬(T)	3～360	0.5～15	3～100	1～10
	半硬(Y_2)	3～100			

表 4-6 紫铜管的力学性能

牌号	状态	壁厚/mm	拉伸试验		硬度试验	
			抗拉强度 R_m/MPa 不小于	伸长率 A/% 不小于	维氏硬度[b]/ HV	布氏硬度[c]/ HB
T2、T3、TU1、TU2、TP1、TP2	软(M)	所有	200	40	40～65	35～60
	轻软(M_2)	所有	220	40	45～75	40～70
	半硬(Y_2)	所有	250	20	70～100	65～95
	硬(Y)	≤6	290	—	95～120	90～115
		>6～10	265	—	75～110	70～105
	特硬[a](T)	>10～15	250	—	70～100	55～95
		所有	360	—	≥110	≥150

a 特硬(T)状态的抗拉强度仅适用于壁厚≤3 mm 的管材;壁厚≥3 mm 的管材,其性能由供需双方协商确定。

b 维氏硬度试验负荷由供需双方协商确定。软(M)状态的维氏硬度试验仅适用于壁厚≥1 mm 的管材。

c 布氏硬度试验仅适用于壁厚≥3 mm 的管材。

5.1.2.1.2　紫铜带材料应符合 GB/T 2059 的要求。

理解要点：

（1）紫铜带牌号、状态、规格见表 4-7。

表 4-7　紫铜带牌号、状态、规格

牌　号	状　态	厚度/mm	宽度/mm
T2、T3、TU1、TU2、TP1、TP2	软（M）、1/4 硬（Y_4）、半硬（Y_2）、硬（Y）、特硬（T）	>0.15～<0.5	≤600
		0.5～3.0	≤1 200

（2）紫铜带力学性能见表 4-8。

表 4-8　紫铜带力学性能

牌号	状态	拉伸试验			硬度试验	
		厚度/mm	抗拉强度 R_m/(N/mm^2)	断后伸长率 $A_{11.3}$/%	维氏硬度 HV	洛氏硬度 HRB
T2、T3、TU1、TU2、TP1、TP2	M	≥0.2	≥195	≥30	≤70	—
	Y_4		215～275	≥25	60～90	
	Y_2		245～345	≥8	80～110	
	Y		295～380	≥3	90～120	
	T		≥350	—	≥110	

（3）表面质量

1）带材的表面应光滑、清洁，不允许有分层、裂纹、起皮、起刺、起泡、压折、夹杂和绿锈；

2）带材的表面允许有轻微的、局部的、不使带材厚度超出其允许偏差的划伤、斑点、凹坑、压入物、辊印、氧化色、油迹和水迹等缺陷。

5.1.2.1.3　防锈铝板材料应符合 GB/T 3880.1、GB/T 3880.2 的要求。

理解要点：

（1）吸热体中所用铝板、铝带材料一般为纯铝，1×××系列铝板材：代表 1050、1060、1100。在所有系列中 1×××系列属于含铝量最多的一个系列。纯度可以达到 99.00% 以上。1000 系列铝板根据最后两位阿拉伯数字来确定这个系列的最低含铝量，如 1050 系列最后两位阿拉伯数字为 50，根据国际牌号命名原则，含铝量必须达到 99.5% 以上方为合格产品。我国的铝合金技术标准（GB/T 3880—2006）中也明确规定 1050 含铝量达到 99.5%。

板、带材的牌号、相应的铝及铝合金类别、状态及厚度应符合表 4-9 的规定。

表 4-9 带材的牌号、相应的铝及铝合金类别、状态及厚度表

牌号	类别	状　态	板材厚度/mm	带材厚度/mm
1A97、1A93、 1A90、1A85	A	F	>4.50～150.00	—
		H112	>4.50～80.00	—
1235	A	H12、H22	>0.20～4.50	>0.20～4.50
		H14、H24	>0.20～3.00	>0.20～3.00
		H16、H26	>0.20～4.00	>0.20～4.00
		H18	>0.20～3.00	>0.20～3.00
1070	A	F	>4.50～150.00	>2.50～8.00
		H112	>4.50～75.00	—
		O	>0.20～50.00	>0.20～6.00
		H12、H22、H14、H24	>0.20～6.00	>0.20～6.00
		H16、H26	>0.20～4.00	>0.20～4.00
		H18	>0.20～3.00	>0.20～3.00
1060	A	F	>4.50～150.00	>2.50～8.00
		H112	>4.50～80.00	—
		O	>0.20～80.00	>0.20～6.00
		H12、H22	>0.50～6.00	>0.50～6.00
		H14、H24	>0.20～6.00	>0.20～6.00
		H16、H26	>0.20～4.00	>0.20～4.00
		H18	>0.20～3.00	>0.20～3.00
1145	A	F	>4.50～150.00	>2.50～8.00
		H112	>4.50～25.00	—
		O	>0.20～10.00	>0.20～6.00
		H12、H22、H14、H24、H16、H26、H18	>0.20～4.50	>0.20～4.50
1050、1050A	A	F	>4.50～150.00	>2.50～8.00
		H112	>4.50～75.00	—
		O	>0.20～50.00	>0.20～6.00
		H12、H22、H14、H24	>0.20～6.00	>0.20～6.00
		H16、H26	>0.20～4.00	>0.20～4.00
		H18	>0.20～3.00	>0.20～3.00

续表 4-9

牌号	类别	状 态	板材厚度/mm	带材厚度/mm
1100	A	F	>4.50~150.00	>2.50~8.00
		H112	>6.00~80.00	—
		O	>0.20~80.00	>0.20~6.00
		H12、H22	>0.20~6.00	>0.20~6.00
		H14、H24、H16、H26	>0.20~4.00	>0.20~4.00
		H18	>0.20~3.00	>0.20~3.00
1200	A	F	>4.50~150.00	>2.50~8.00
		H112	>6.00~80.00	—
		O	>0.20~50.00	>0.20~6.00
		H111	>0.20~50.00	—
		H12、H22、H14、H24	>0.20~6.00	>0.20~6.00
		H16、H26	>0.20~4.00	>0.20~4.00
		H18	>0.20~3.00	>0.20~3.00

（2）板、带材化学成分符合表 4-10 的规定。

表 4-10　板、带材化学成分表

牌号	质量分数/%													
	Si	Fe	Cu	Mn	Mg	Cr	Ni	Zn	Ti	Zr	其他		Al
											单个	合计	
1035	0.35	0.6	0.10	0.05	0.05	—	—	0.10	0.03	—	0.03	—	99.35
1040	0.30	0.50	0.10	0.05	0.05	—	—	0.10	0.03	—	0.03	—	99.40
1045	0.30	0.45	0.10	0.05	0.05	—	—	0.05	0.03	—	0.03	—	99.45
1050	0.25	0.40	0.05	0.05	0.05	—	—	0.05	0.03	—	0.03	—	99.50
1050A	0.25	0.40	0.05	0.05	0.05	—	—	0.07	0.05	—	0.03	—	99.50
1060	0.25	0.35	0.05	0.03	0.03	—	—	0.05	0.03	—	0.03	—	99.60

续表 4-10

牌号	质量分数/%												
	Si	Fe	Cu	Mn	Mg	Cr	Ni	Zn	Ti	Zr	其他		Al
											单个	合计	
1060	0.25	0.30	0.05	0.03	0.03	—	—	0.05	0.03	—	0.03	—	99.65
1070	0.20	0.25	0.04	0.03	0.03	—	—	0.04	0.03	—	0.03	—	99.70
1070A	0.20	0.25	0.03	0.03	0.03	—	—	0.07	0.03	—	0.03	—	99.70
1080	0.15	0.15	0.03	0.02	0.02	—	—	0.03	0.03	—	0.02	—	99.80
1080A	0.15	0.15	0.03	0.02	0.02	—	—	0.06	0.02	—	0.02	—	99.80
1085	0.10	0.12	0.03	0.02	0.02	—	—	0.03	0.02	—	0.01	—	99.85
1100	0.95Si+Fe		0.05~0.20	0.05	—	—	—	0.10	—	—	0.05	0.15	99.00
1200	1.00Si+Fe		0.05	0.05	—	—	—	0.10	0.05	—	0.05	0.15	99.00
1200A	1.00Si+Fe		0.10	0.30	0.30	0.10	—	0.10	—	—	0.05	0.15	99.00
1235	0.65Si+Fe		0.05	0.05	0.05	—	—	0.10	0.06	—	0.03	—	99.35
1435	0.15	0.30~0.50	0.30~0.50	0.02	0.05	—	—	0.10	0.03	—	0.03	—	99.35
1145	0.55Si+Fe		0.05	0.05	0.05	—	—	0.05	—	—	0.05	—	99.45
1345	0.30	0.40	0.10	0.05	0.05	—	—	0.05	0.03	—	0.03	—	99.45
1350	0.10	0.40	0.05	0.01	—	0.01	—	0.05	—	—	0.03	0.10	99.50
1370	0.10	0.25	0.02	0.01	0.02	0.01	—	0.04	—	—	0.02	0.1	99.70
1275	0.08	0.12	0.05~0.10	0.02	0.02	—	—	0.03	0.02	—	0.01	—	99.75
1185	0.15Si+Fe		0.01	0.02	0.02	—	—	0.03	0.02	—	0.01	—	99.85

（3）板、带材的室温拉伸性能应符合表 4-11 的规定。弯曲性能试验执行的弯曲半径参见表 4-11。

表 4-11

牌号	包铝分类	供应状态	试样状态	厚度/mm	抗拉强度 R_m/MPa	规定非比例延伸强度 $R_{P0.2}$/MPa	断后伸长率/%		弯曲半径
							$A_{50\,mm}$	$A_{5.65}$	
					不　　小　　于				
1A97 1A93	—	H112	H112	>4.50~80.00	附实测值				—
		F	—	>4.50~150.00	—				
1A90 1A85	—	H112	H112	>4.50~12.50	60	—	21	—	
				>12.50~20.00			—	19	
				>20.00~80.00	附实测值				
		F		>4.50~150.00	—				
1235	—	H12 H22	H12 H22	>0.20~0.30	95~130	—	2	—	—
				>0.30~0.50			3	—	—
				>0.50~1.50			6	—	—
				>1.50~3.00			8	—	—
				>3.00~4.50			9	—	—
		H14 H24	H14 H24	>0.20~0.30	115~150	—	1	—	—
				>0.30~0.50			2	—	—
				>0.50~1.50			3	—	—
				>1.50~3.00			4	—	—
		H16 H26	H16 H26	>0.20~0.50	130~165	—	1	—	—
				>0.50~1.50			2	—	—
				>1.50~4.00			3	—	—
		H18	H18	>0.20~0.50	145	—	1	—	—
				>0.50~1.50			2	—	—
				>1.50~3.00			3	—	—

续表 4-11

牌号	包铝分类	供应状态	试样状态	厚度/mm	抗拉强度 R_m/MPa	规定非比例延伸强度 $R_{P0.2}$/MPa	断后伸长率/% $A_{50\ mm}$	断后伸长率/% $A_{5.65}$	弯曲半径
						不　小　于			
1070	—	0	0	>0.20~0.30	55~95	—	15	—	0t
				>0.30~0.50		—	20	—	0t
				>0.50~0.80			25	—	0t
				>0.80~1.50			30	—	0t
				>1.50~6.00		15	35	—	0t
				>6.00~12.50			35	—	—
				>12.50~50.00			—	30	—
		H12 H22	H12 H22	>0.20~0.30	70~100	—	2	—	0t
				>0.30~0.50		—	3	—	0t
				>0.50~0.80			4	—	0t
				>0.80~1.50			6	—	0t
				>1.50~3.00		55	8	—	0t
				>3.00~6.00			9	—	0t
		H14 H24	H14 H24	>0.20~0.30	85~120	—	1	—	0.5t
				>0.30~0.50		—	2	—	0.5t
				>0.50~0.80			3	—	0.5t
				>0.80~1.50			4	—	1.0t
				>1.50~3.00		65	5	—	1.0t
				>3.00~6.00			6	—	1.0t
		H16 H26	H16 H26	>0.20~0.30	100~135	—	1	—	1.0t
				>0.50~0.80			2	—	1.0t
				>0.80~1.50			3	—	1.5t
				>1.50~4.00		75	4	—	1.5t
		H18	H18	>0.20~0.50	120	—	1	—	—
				>0.50~0.80			2	—	—
				>0.80~1.50			3	—	—
				>1.50~3.00			4	—	—
		H112	H112	>4.50~6.00	75	35	13	—	—
				>6.00~12.50	70	35	15	—	—
				>12.50~25.00	60	25	—	20	—
				>25.00~75.00	55	15	—	25	—
		F	—	>2.50~150.00	—				

续表 4-11

牌号	包铝分类	供应状态	试样状态	厚度/mm	抗拉强度 R_m/MPa	规定非比例延伸强度 $R_{P0.2}$/MPa	断后伸长率/%		弯曲半径
							A_{50mm}	$A_{5.65}$	
					不　　小　　于				
1060	—	0	0	>0.20~0.30	60~100	15	15	—	—
				>0.30~0.50			18	—	—
				>0.50~1.50			23	—	—
				>1.50~6.00			25	—	—
				>6.00~80.00			25	22	—
		H12 H22	H12 H22	>0.50~1.50	80~120	60	6	—	—
				>1.50~6.00			12	—	—
		H14 H24	H14 H24	>0.20~0.30	95~135	70	1	—	—
				>0.30~0.50			2	—	—
				>0.50~0.80			2	—	—
				>0.80~1.50			4	—	—
				>1.50~3.00			6	—	—
				>3.00~6.00			10	—	—
		H16 H26	H16 H26	>0.20~0.30	110~155	75	1	—	—
				>0.30~0.50			2	—	—
				>0.50~0.80			2	—	—
				>0.80~1.50			3	—	—
				>1.50~4.00			5	—	—
		H18	H18	>0.20~0.30	125	8	1	—	—
				>0.30~0.50			2	—	—
				>0.50~1.50			3	—	—
				>1.50~3.00			4	—	—
		H112	H112	>4.50~6.00	75	—	10	—	—
				>6.00~12.50	75		10	—	—
				>12.50~40.00	70		—	18	—
				>40.00~80.00	60		—	22	—
		F	—	>2.50~150.00	—				—

续表 4-11

牌号	包铝分类	供应状态	试样状态	厚度/mm	抗拉强度 R_m/MPa	规定非比例延伸强度 $R_{P0.2}$/MPa	断后伸长率/% $A_{50\,mm}$	断后伸长率/% $A_{5.65}$	弯曲半径
						不 小 于			
1050	—	0	0	>0.20~0.50	60~100	—	15	—	0t
				>0.50~0.80			20	—	0t
				>0.80~1.50			25	—	0t
				>1.50~6.00		20	30	—	0t
				>6.00~50.00			28	28	—
		H12 H22	H12 H22	>0.20~0.30	80~120	—	2	—	0t
				>0.30~0.50			3	—	0t
				>0.50~0.80			4	—	0t
				>0.80~1.50		65	6	—	0.5t
				>1.50~3.00			8	—	0.5t
				>3.00~6.00			9	—	0.5t
		H14 H24	H14 H24	>0.20~0.30	95~130	—	1	—	0.5t
				>0.30~0.50			2	—	0.5t
				>0.50~0.80			3	—	0.5t
				>0.80~1.50		75	4	—	1.0t
				>1.50~3.00			5	—	1.0t
				>3.00~6.00			6	—	1.0t
		H16 H26	H16 H26	>0.20~0.50	120~150	—	1	—	2.0t
				>0.50~0.80			2	—	2.0t
				>0.80~1.50		85	3	—	2.0t
				>1.50~4.00			4	—	2.0t
		H18	H18	>0.20~0.50	130	—	1	—	—
				>0.50~0.80			2	—	—
				>0.80~1.50			3	—	—
				>1.50~3.00			4	—	—
		H112	H112	>4.50~6.00	85	45	10	—	—
				>6.00~12.50	80	45	10	—	—
				>12.50~25.00	70	35	—	16	—
				>25.00~50.00	65	30	—	22	—
				>50.00~75.00	65	30	—	22	—
		F	—	>2.50~150.00			—		—

续表 4-11

牌号	包铝分类	供应状态	试样状态	厚度/mm	抗拉强度 R_m/MPa	规定非比例延伸强度 $R_{P0.2}$/MPa	断后伸长率/% A_{50mm}	断后伸长率/% $A_{5.65}$	弯曲半径
					不	小	于		
1050A	—	O	O	>0.20~0.50	>65~95	20	20	—	0t
				>0.50~1.50			22	—	0t
				>1.50~3.00			26	—	0t
				>3.00~6.00			29	—	0.5t
				>6.00~12.50			35	—	—
				>6.00~50.00				32	—
		H12	H12	>0.20~0.50	>85~125	65	2	—	0t
				>0.50~1.50			4	—	0t
				>1.50~3.00			5	—	0.5t
				>3.00~6.00			7	—	1.0t
		H22	H22	>0.20~0.50	>85~125	55	4	—	0t
				>0.50~1.50			5	—	0t
				>1.50~3.00			6	—	0.5t
				>3.00~6.00			11	—	1.0t
		H14	H14	>0.20~0.50	>105~145	85	2	—	0t
				>0.50~1.50			3	—	0.5t
				>1.50~3.00			4	—	1.0t
				>3.00~6.00			5	—	1.5t
		H24	H24	>0.20~0.50	>105~145	75	3	—	0t
				>0.50~1.50			4	—	0.5t
				>1.50~3.00			5	—	1.0t
				>3.00~6.00			8	—	1.5t
		H16	H16	>0.20~0.50	>120~160	100	1	—	0.5t
				>0.50~1.50			2	—	1.0t
				>1.50~4.00			3	—	1.5t
		H26	H26	>0.20~0.50	>120~160	90	2	—	0.5t
				>0.50~1.50			3	—	1.0t
				>1.50~4.00			4	—	1.5t
		H18	H18	>0.20~0.50	140	120	1	—	1.0t
				>0.50~1.50			2	—	2.0t
				>1.50~3.00			2	—	3.0t
		H112	H112	>4.50~12.50	75	30	20	—	—
				>12.50~75.00	70	25	—	20	—
		F	—	>2.50~150.00	—				—

续表 4-11

牌号	包铝分类	供应状态	试样状态	厚度/mm	抗拉强度 R_m/MPa	规定非比例延伸强度 $R_{P0.2}$/MPa	断后伸长率/% $A_{50\,mm}$	断后伸长率/% $A_{5.65}$	弯曲半径
					不　　小　　于				
1145	—	0	0	>0.20~0.50	600~100	—	15	—	—
				>0.50~0.80			20	—	—
				>0.80~1.50			25	—	—
				>1.50~6.00		20	30	—	—
				>6.00~10.00			28	—	—
		H12 H22	H12 H22	>0.20~0.30	80~120	—	2	—	—
				>0.30~0.50			3	—	—
				>0.50~0.80			4	—	—
				>0.80~1.50			6	—	—
				>1.50~3.00		65	8	—	—
				>3.00~4.50			9	—	—
		H14 H24	H14 H24	>0.20~0.30	95~125	—	1	—	—
				>0.30~0.50			2	—	—
				>0.50~0.80			3	—	—
				>0.80~1.50			4	—	—
				>1.50~3.00		75	5	—	—
				>3.00~4.50			6	—	—
		H16 H26	H16 H26	>0.20~0.50	120~145	—	1	—	—
				>0.50~0.80			2	—	—
				>0.80~1.50		85	3	—	—
				>1.50~4.50			4	—	—
		H18	H18	>0.20~0.50	125	—	1	—	—
				>0.50~0.80			2	—	—
				>0.80~1.50			3	—	—
				>1.50~4.50			4	—	—
		H112	H112	>4.50~6.50	85	45	10	—	—
				>6.50~12.50	85	45	10	—	—
				>12.50~25.00	70	35	—	16	—
		F	—	>2.50~150.00					—

续表 4-11

牌号	包铝分类	供应状态	试样状态	厚度/mm	抗拉强度 R_m/MPa	规定非比例延伸强度 $R_{P0.2}$/MPa	断后伸长率/%		弯曲半径
							A_{50mm}	$A_{5.65}$	
					不 小 于				
1100	—	0	0	>0.20~0.30	75~105	25	15	—	0t
				>0.30~0.50			17	—	0t
				>0.50~1.50			22	—	0t
				>1.50~6.00			30	—	0t
				>6.00~80.00			28	25	0t
		H12 H22	H12 H22	>0.20~0.50	95~130	75	3	—	0t
				>0.50~1.50			5	—	0t
				>1.50~6.00			8	—	—
		H14 H24	H14 H24	>0.20~0.30	110~145	95	1	—	0t
				>0.30~0.50			2	—	0t
				>0.50~1.50			3	—	0t
				>1.50~4.00			5	—	0t
		H16 H26	H16 H26	>0.20~0.30	130~165	115	1	—	2t
				>0.30~0.50			2	—	2t
				>0.50~1.50			3	—	2t
				>1.50~4.00			4	—	2t
		H18	H18	>0.20~0.50	150	—	1	—	—
				>0.50~1.50			2	—	—
				>1.50~3.00			4	—	—
		H112	H112	>6.00~12.50	90	50	9	—	—
				>12.50~40.00	85	40	—	12	—
				>40.00~80.00	80	30	—	18	—
		F	—	>2.50~150.00	—				

77

续表 4-11

牌号	包铝分类	供应状态	试样状态	厚度/mm	抗拉强度 R_m/MPa	规定非比例延伸强度 $R_{P0.2}$/MPa	断后伸长率/% $A_{50\ mm}$	$A_{5.65}$	弯曲半径
					不　　小　　于				
1200	—	0 H111	0 H111	>0.20~0.50	75~105	25	19	—	$0t$
				>0.50~1.50			21	—	$0t$
				>1.50~3.00			24	—	$0t$
				>3.00~6.00			28	—	$0.5t$
				>6.00~12.50			33	—	$1.0t$
				>12.50~50.00			—	30	—
		H12	H12	>0.20~0.50	95~135	75	2	—	$0t$
				>0.50~1.50			4	—	$0t$
				>1.50~3.00			5	—	$0.5t$
				>3.00~6.00			6	—	$1.0t$
		H14	H14	>0.20~0.50	115~155	95	2	—	$0t$
				>0.50~1.50			3	—	$0.5t$
				>1.50~3.00			4	—	$1.0t$
				>3.00~6.00			5	—	$1.5t$
		H16	H16	>0.20~0.50	130~170	115	1	—	$0.5t$
				>0.50~1.50			2	—	$1.0t$
				>1.50~4.00			3	—	$1.5t$
		H18	H18	>0.20~0.50	150	130	1	—	$1.0t$
				>0.50~1.50			2	—	$2.0t$
				>1.50~3.00			2	—	$3.0t$
		H22	H22	>0.20~0.50	95~135	65	4	—	$0t$
				>0.50~1.50			5	—	$0t$
				>1.50~3.00			6	—	$0.5t$
				>3.00~6.00			10	—	$1.0t$
		H24	H24	>0.20~0.50	115~155	90	3	—	$0t$
				>0.50~1.50			4	—	$0.5t$
				>1.50~3.00			5	—	$1.0t$
				>3.00~6.00			7	—	$1.5t$
		H26	H26	>0.20~0.50	130~170	105	2	—	$0.5t$
				>0.50~1.50			3	—	$1.0t$
				>1.50~4.00			4	—	$1.5t$
		H112	H112	>6.00~12.50	85	35	16	—	—
				>12.50~80.00	80	30	—	16	—
		F	—	>2.50~150.00	—				—

5.1.2.2 透明盖板

5.1.2.2.1 太阳透射比 $\tau \geqslant 0.78$。

5.1.2.2.2 耐冲击性:经冲击试验后,透明盖板应无划痕、翘曲、裂纹、破裂、断裂或穿孔等现象。

理解要点:

(1) 透明盖板的主要功能:一是透过太阳辐射,使其投射在吸热板上;二是保护吸热板,使其不受灰尘及雨雪的侵蚀;三是形成温室效应,阻止吸热板在温度升高后通过对流和辐射向周围环境散热。

(2) 目前常用的透明盖板材料是厚度为 3～5 mm 的平板玻璃,超白低铁钢化玻璃或超白低铁布纹钢化玻璃,透过率高,能够抗冰雹,抗击打,安全可靠。

(3) 参考 GB 11614—2009《平板玻璃》,其中规定无色透明平板玻璃可见光投射比最小值,厚度 4 mm 时为 87%,厚度 5 mm 时为 86%。在讨论会议时何梓年老师提出不应该采用可见光总透过率这个指标,而应是太阳透射比,两个是不同的概念,可见光波长范围是 380～780 nm,而我们要求的波长范围在 250～2 500 nm,规定太阳透射比 $\tau \geqslant 0.78$。

(4) 透明盖板应有一定的耐冲击性能,因此要求经冲击试验后,盖板应无划痕、翘曲、裂纹、破裂、断裂或穿孔等现象。

5.1.2.3 隔热体

不允许使用石棉和含有氯氟烃化合物(CFCs)类的发泡物质。

理解要点:

(1) 隔热体不允许使用石棉和含有氯氟烃化合物(CFCs)类的发泡物质,石棉由于能引起很多疾病,已被国际癌症研究中心肯定为致癌物,很多国家全面禁止使用。氯氟烃化合物破坏臭氧层,不环保,也不允许使用。

(2) 在 GB/T 6424—2007《平板型太阳能集热器》中,推荐用于隔热体的材料有聚氨酯泡沫塑料、岩棉、玻璃棉、聚苯乙烯泡沫塑料。聚苯乙烯的导热系数虽然很小,但在温度高于 70℃时就会变形收缩,影响它在集热器中的隔热效果。在实际使用时,往往需要在底部隔热层与吸热板之间放置一层薄薄的岩棉或矿棉,在四周隔热层的表面贴一层薄的镀铝聚酯薄膜,使隔热层在较低的温度条件下工作。即便如此,时间长久后,仍会有一定的收缩。而岩棉在操作时对操作人员的皮肤有损害,所以在本标准中没有推荐使用这两种材料。

5.1.2.3.1 聚氨酯泡沫塑料材料物理机械性能应符合 GB/T 21558 的要求。

理解要点:

(1) 聚氨酯泡沫塑料产品物理机械性能参考 GB/T 21558《建筑绝热用硬质聚氨酯泡沫塑料》,其性能应符合表 4-12 的规定。其中 Ⅰ 类适用于无承载要求的场合;Ⅱ 类适用于有一定承载要求,且有抗高温和抗压缩蠕变要求的场合;Ⅲ类适用于有更高承载要求,且有抗压、抗压缩蠕变的场合。

(2)表观芯密度指去除模制时形成的全部表皮后,单位体积泡沫材料的质量。

(3)导热系数是指在稳定传热条件下,1 m 厚的材料,两侧表面的温差为 1 度(K,℃),在 1 s 内,通过 1 m² 面积传递的热量,通常把导热系数较低的材料称为保温材料。

(4)尺寸稳定性是指试样在特定温度和相对湿度条件下放置一定时间后,互相垂直的三维方向上产生的不可逆尺寸变化。

(5)压缩蠕变原理是在规定的不同负荷和温度下产生压缩变形,测定其压缩应变随时间的变化。

(6)水蒸气透过率指试样水蒸气透过量与试验时试样两侧的蒸汽压力差之比值,水蒸气透过系数是单位厚度试样的水蒸气透过率。用以评定保温材料水蒸气的阻隔性能。

绝大多数的保温绝热材料都具有多孔结构,容易吸湿。材料吸湿受潮后,其导热系数增大。当含湿率大于 5%～10%时,导热系数的增大在多孔材料中表现得最为明显。

表 4-12　物理力学性能

项　目		单位	性　能　指　标		
			Ⅰ类	Ⅱ类	Ⅲ类
芯密度	≥	kg/m²	25	30	35
压缩强度或形变10%压缩应力	≥	kPa	80	120	180
导热系数 　初期导热系数 　　平均温度 10 ℃、28 d 或 　　平均温度 23 ℃、28 d 　长期热阻 180 d	 ≤ ≤ ≥	 W/(m·K) W/(m·K) (m²·K)/W	 — 0.026 供需双方协商	 0.022 0.024 供需双方协商	 0.022 0.024 供需双方协商
尺寸稳定性 　高温尺寸稳定性 70 ℃,48 h 长、宽、厚 　低温尺寸稳定性−30 ℃、48 h 长、宽、厚	 ≤ ≤	 % %	 3.0 2.5	 2.0 1.5	 2.0 1.5
压缩蠕变 　80 ℃、20 kPa、48 h 压缩蠕变 　70 ℃、40 kPa、7 d 压缩蠕变	 ≤ ≤	 % %	 — —	 5 —	 — 5
水蒸汽透过系数 (23 ℃/相对湿度梯度 0～50%)	≤	ng/(Pa·m·s)	6.5	6.5	6.5
吸水率	≤	%	4	4	3

5.1.2.3.2　玻璃棉材料应符合附录 A 中表 A.1 的规定。

理解要点：

表 A.1 玻璃棉材料技术要求

项　目	性能指标
密度/(kg/m³)	≥32
导热系数/[W/(m·K)]	≤0.046
质量吸湿率/%	≤5
憎水率/%	≥98
燃烧性能级别	A级(不燃材料)

　　玻璃棉是将熔融玻璃纤维化,形成棉状的材料,化学成分属玻璃类,是一种无机质纤维,具有成型好、体积密度小、热导率低、保温绝热、吸音性能好、耐腐饰、化学性能稳定。玻璃棉有良好的憎水性能,不会因为浸水和淋雨而破裂,被水浸泡后易自行干燥,性能稳定。A级不燃材料,安全防火。其性能主要参考 GB/T 13350《绝热用玻璃棉及其制品》。

5.1.2.4 边框
5.1.2.4.1 粉末静电喷涂镀锌板应符合附录 A 中表 A.2 的规定。

理解要点：

表 A.2 粉末静电喷涂镀锌板材料技术要求

项　目		性　能　指　标
镀锌板		GB/T 2518[a]
涂层性能	涂层厚度	平光粉末:50~70 μm,皱纹粉末:60~90 μm
	附着性	不低于 2 级
	耐冲击性	经冲击试验,涂层无开裂或脱落现象
	抗杯突性	经杯突试验,涂层无开裂或脱落现象
	耐盐雾腐蚀性	经 1 000 h 中性盐雾试验后,目视检查试验后的涂层表面,应无起泡、脱落或其他明显变化
	耐湿热性	经 1 000 h 湿热试验后,目视检查试验后的涂层表面,应无起泡、脱落或其他明显变化
	耐候性	经 250 h 氙灯照射人工加速老化试验后,粉化程度 0 级,失光率和变色色差值至少达到 1 级
[a] 镀锌板材料符合 GB/T 2518 的要求,表面处理采用非钝化的方式。		

镀锌板材料符合 GB/T 2518 的要求,表面处理采用非钝化的方式。

(1) 镀锌板牌号命名方法:由产品用途代号、钢级代号(或序列号)、钢种特性(如有)、热镀代号(D)和镀层种类代号五部分构成,其中热镀代号(D)和镀层种类代号之间用加号"+"连接,具体规定如下:

1) 用途代号

a) DX:第一位字母 D 表示冷成形用扁平钢材。第二位字母如果为 X,代表基板的轧制状态不规定;第二位字母如果为 C,则代表基板规定为冷轧基板;第二位字母如果为 D,则代表基板规定为热轧基板。

b) S:表示为结构用钢。

c) HX:第一位字母 H 代表冷成形用高强度扁平钢材。第二位字母如果为 X,代表基板的轧制状态不规定;第二位字母如果为 C,则代表基板规定为冷轧基板;第二位字母如果为 D,则代表基板规定为热轧基板。

2) 钢级代号(或序列号)

a) 51~57:2 位数字,用以代表钢级序列号;

b) 180~980:3 位数字,用以代表钢级代号;根据牌号命名方法的不同,一般为对顶的最小屈服强度或最小屈服强度和最小抗拉强度,单位为 MPa。

3) 钢种特性

a) Y 表示钢种类型为无间隙原子钢;

b) LA 表示钢种类型为低合金钢;

c) B 表示钢种类型为烘烤硬化钢;

d) DP 表示钢种类型为双相钢;

e) TR 表示钢种类型为相变诱导塑性刚;

f) CP 表示钢种类型为复相钢;

g) G 表示钢种特性不规定。

4) 热镀代号表示为 D。

5) 镀层代号

纯锌表示为 Z,锌铁合金镀层表示为 ZF。

(2) 化学成分见表 4-13~表 4-16。

表 4-13　化学成分表(1)

牌　　号	钢的化学成分(熔炼分析,质量分数)/%					
	不大于					
	C	Si	Mn	P	S	Ti
DX51D，DX51D＋ZF						
DX52D，DX52D＋ZF						
DX53D，DX53D＋ZF	0.12	0.50	0.60	0.10	0.045	0.30
DX54D，DX54D＋ZF						
DX56D，DX56D＋ZF						
DX57D，DX57D＋ZF						

表 4-14 化学成分表（2）

牌　号	钢的化学成分（熔炼分析,质量分数）/% 不大于				
	C	Si	Mn	P	S
S220GD，S220GD＋ZF	0.20	0.60	1.70	0.10	0.045
S250GD，S250GD＋ZF					
S280GD，S280GD＋ZF					
S320GD，S320GD＋ZF					
S350GD，S350GD＋ZF					
S550GD，S550GD＋ZF					

表 4-15 化学成分表（3）

牌　号	钢的化学成分（熔炼分析,质量分数）/% 不大于							
	C 不大于	Si 不大于	Mn 不大于	P 不大于	S 不大于	Alt 不大于	Ti[a] 不大于	Nb[a] 不大于
HX180YD＋Z，HX180YD＋ZF	0.01	0.10	0.70	0.06	0.025	0.02	0.12	—
HX220YD＋Z，HX220YD＋ZF	0.01	0.10	0.90	0.08	0.025	0.02	0.12	—
HX260YD＋Z，HX260YD＋ZF	0.01	0.10	1.60	0.10	0.025	0.02	0.12	—
HX180BD＋Z，HX180BD＋ZF	0.04	0.50	0.70	0.06	0.025	0.02	—	—
HX220BD＋Z，HX220BD＋ZF	0.06	0.50	0.70	0.08	0.025	0.02	—	—
HX260BD＋Z，HX260BD＋ZF	0.11	0.50	0.70	0.10	0.025	0.02	—	—
HX300BD＋Z，HX300BD＋ZF	0.11	0.50	0.70	0.12	0.025	0.02	—	—
HX260LAD＋Z，HX260LAD＋ZF	0.11	0.50	0.60	0.025	0.025	0.015	0.15	0.09
HX300LAD＋Z，HX300LAD＋ZF	0.11	0.50	1.00	0.025	0.025	0.015	0.15	0.09
HX340LAD＋Z，HX340LAD＋ZF	0.11	0.50	1.00	0.025	0.025	0.015	0.15	0.09
HX380LAD＋Z，HX380LAD＋ZF	0.11	0.50	1.40	0.025	0.025	0.015	0.15	0.09
HX420LAD＋Z，HX420LAD＋ZF	0.11	0.50	1.40	0.025	0.025	0.015	0.15	0.09
[a] 可以单独或复合添加 Ti 和 Nb。也和添加 V 和 B,但是这些合金材料的总含量不大于 0.22%。								

表 4-16 化学成分表(4)

牌 号	钢的化学成分(熔炼分析,质量分数)/% 不大于									
	C	Si	Mn	P	S	Alt	Cr+Mo	Nb+Ti	V	B
HC260/450DPD+Z、HC260/450DPD+ZF	0.14		2.0							
HC300/500DPD+Z、HC300/500DPD+ZF										
HC340/600DPD+Z、HC340/600DPD+ZF	0.01	0.80	2.2	0.080	0.015	2.00	1.00	0.15	0.20	0.005
HC450/780DPD+Z、HC450/780DPD+ZF	0.04		2.5							
HC600/980DPD+Z、HC600/980DPD+ZF	0.06									
HC430/690TRD+Z、HC430/690TRD+ZF	0.32	2.20	2.50	0.120	0.015	2.00	0.60	0.20	0.20	0.005
HC470/780TRD+Z、HC470/780TRD+ZF										
HC350/600CPD+Z、HC350/600CPD+ZF	0.18						1.00		0.20	
HC500/780CPD+Z、HC500/780CPD+ZF		0.80	2.20	0.080	0.015	2.00		0.15		0.005
HC700/980CPD+Z、HC700/980CPD+ZF	0.23						1.20		0.22	

(3) 力学性能

1) 钢板及钢带的力学性能应分别符合表 4-17~表 4-24 的规定,除非另行规定,拉伸试样为带镀层试样。

2) 由于时效的影响,钢板及钢带的力学性能会随着储存时间的延长而改变,如屈服强度和抗拉强度的上升,断后伸长率的下降,成形性能变差等,建议用户尽早使用。

3) 对于表 4-17 中牌号为 DX51D+Z、DX51D+ZF、DX52D+Z、DX52D+ZF 的钢板及钢带,应保证在制造后 1 个月内,钢板及钢带的力学性能符合表 4-17 的规定;对于表 4-17 中其他牌号的钢板及钢带,应保证在制造后 6 个月内,钢板及钢带的力学性能符合相应的规定。对于表 4-20 中规定牌号的钢板及钢带,应保证在产品制造后 3 个月内,钢板及钢带的力学性能符合表 4-20 的规定。对于表 4-19 和表 4-21 中规定牌号的钢板及钢带,应保证在制造后 6 个月内,钢板及钢带的力学性能符合相应的规定,对于表 4-18、表 4-22、表 4-23 和表 4-24 中规定牌号的钢板及钢带,其力学性能的时效不作规定。

表 4-17 力学性能表（1）

牌　　号	屈服强度[a, b] R_{eL} 或 $R_{P0.2}$/ MPa	抗拉强度 R_m/ MPa	断后伸长率[c] A_{80}/% 不小于	r_{90} 不小于	n_{90} 不小于
DX51D+Z,DX51D+ZF	—	270～500	22	—	—
DX52D+Z[f],DX52D+ZF[f]	140～300	270～420	26	—	—
DX53D+Z,DX53D+ZF	140～260	270～380	30	—	—
DX54D+Z	120～220	260～350	36	1.6	0.18
DX54D+ZF	120～220	260～350	34	1.4	0.18
DX56D+Z	120～180	260～350	39	1.9[d]	0.21
DX56D+ZF	120～180	260～350	37	1.7[d,e]	0.20[e]
DX57D+Z	120～170	260～350	41	2.1[d]	0.22
DX57D+ZF	120～170	260～350	39	1.9[d,e]	0.21[e]

[a] 无明显屈服时采用 $R_{P0.2}$，否则采用 R_{eL}。

[b] 试样为 GB/T 228 中的 P6 试样，试样方向为横向。

[c] 当产品公称厚度大于 0.5 mm，但不大于 0.7 mm 时，断后伸长率允许下降 2%；当产品公称厚度不大于 0.5 mm 时，断后伸长率允许下降 4%。

[d] 当产品公称厚度大于 1.5 mm，r_{90} 允许下降 0.2。

[e] 当产品公称厚度小于等于 0.7 mm 时，r_{90} 允许下降 0.2。n_{90} 允许下降 0.01。

[f] 屈服强度值仅适用于光整的 FB、FC 级表面的钢板及钢带。

表 4-18 力学性能表（2）

牌　　号	屈服强度[a, b] R_{eH} 或 $R_{P0.2}$/MPa 不小于	抗拉强度[c] R_m/MPa 不小于	断后延长率[d] A_{80}/% 不小于
S220GD+Z,S220GD+ZF	220	300	20
S250GD+Z,S250GD+ZF	250	330	19
S280GD+Z,S280GD+ZF	280	360	18
S320GD+Z,S320GD+ZF	320	390	17
S350GD+Z,S350GD+ZF	350	420	16
S550GD+Z,S550GD+ZF	550	560	—

[a] 无明显屈服时采用 $R_{P0.2}$，否则采用 R_{eH}。

[b] 试样为 GB/T 228 中的 P6 试样，试样方向为纵向。

[c] 除 S550GD+Z 和 S550GD+ZF 外，其他牌号的抗拉强度可要求 140 MPa 的范围值。

[d] 当产品公称厚度大于 0.5 mm，但不大于 0.7 mm 时，断后伸长率允许下降 2%；当产品公称厚度不大于 0.5 mm 时，断后伸长率允许下降 4%。

表 4-19 力学性能表（3）

牌　　号	屈服强度[a,b] R_{eL} 或 $R_{P0.2}$/ MPa	抗拉强度 R_m/ MPa	断后延长率[c] A_{80}/% 不小于	r_{90}^d 不小于	n_{90} 不小于
HX180YD+Z	180～240	340～400	34	1.7	0.18
HX180YD+ZF			32	1.5	0.18
HX220YD+Z	220～280	340～410	32	1.5	0.17
HX220YD+ZF			30	1.3	0.17
HX260YD+Z	260～320	380～440	30	1.4	0.16
HX260YD+ZF			28	1.2	0.16

[a] 无明显屈服时采用 $R_{P0.2}$，否则采用 R_{eL}。

[b] 试样为 GB/T 228 中的 P6 试样，试样方向为横向。

[c] 当产品公称厚度大于 0.5 mm，但不大于 0.7 mm 时，断后伸长率（A_{80}）允许下降 2%；当产品公称厚度不大于 0.5 mm 时，断后伸长率（A_{80}）允许下降 4%。

[d] 当产品公称厚度大于 1.5 mm 时，r_{90} 允许下降 0.2。

表 4-20 力学性能表（4）

牌　　号	屈服强度[a,b] R_{eL} 或 $R_{P0.2}$/ MPa	抗拉强度 R_m/MPa	断后伸长率[c] A_{80}/% 不小于	r_{90}^d 不小于	n_{90} 不小于	烘烤硬化值 BH_2/MPa 不小于
HX180BD+Z	180～240	300～360	34	1.5	0.16	30
HX180BD+ZF			32	1.3	0.16	30
HX220BD+Z	220～280	340～400	32	1.2	0.15	30
HX220BD+ZF			30	1.0	0.15	30
HX260BD+Z	260～320	360～440	28	—	—	30
HX260BD+ZF			26	—	—	30
HX300BD+Z	300～360	400～480	26	—	—	30
HX300BD+ZF			24	—	—	30

[a] 无明显屈服时采用 $R_{P0.2}$，否则采用 R_{eL}。

[b] 试样为 GB/T 228 中的 P6 试样，试样方向为横向。

[c] 当产品公称厚度大于 0.5 mm，但不大于 0.7 mm 时，断后伸长率允许下降 2%；当产品公称厚度不大于 0.5 mm 时，断后伸长率允许下降 4%。

[d] 当产品公称厚度大于 1.5 mm 时，r_{90} 允许下降 0.2。

表 4-21 力学性能表（5）

牌 号	屈服强度[a,b] R_{eL} 或 $R_{P0.2}$ /MPa	抗拉强度 R_m /MPa	断后延长率[c] A_{80} /% 不小于
HX260LAD+Z	260～330	350～430	26
HX260LAD+ZF			24
HX300LAD+Z	300～380	380～480	23
HX300LAD+ZF			21
HX340LAD+Z	340～420	410～510	21
HX340LAD+ZF			19
HX380LAD+Z	380～480	440～560	19
HX380LAD+ZF			17
HX420LAD+Z	420～520	470～590	17
HX420LAD+ZF			15

[a] 无明显屈服时采用 $R_{P0.2}$，否则采用 R_{eL}。

[b] 试样为 GB/T 228 中的 P6 试样，试样方向为横向。

[c] 当产品公称厚度大于 0.5 mm，但小于等于 0.7 mm 时，断后伸长率允许下降 2%；当产品公称厚度不大于 0.5 mm 时，断后伸长率允许下降 4%。

表 4-22 力学性能表（6）

牌 号	屈服强度[a,b] R_{eL} 或 $R_{P0.2}$ /MPa	抗拉强度 R_m /MPa 不小于	断后伸长率[c] A_{80} /% 不小于	n_0 不小于	烘烤硬化值 BH_2 /MPa 不小于
HC260/450DPD+Z	260～340	450	27	0.16	30
HC260/450DPD +ZF			25		30
HC300/500DPD+Z	300～380	500	23	0.15	30
HC300/500DPD+ZF			21		30
HC340/600DPD+Z	340～420	600	20	0.14	30
HC340/600DPD+ZF			18		30
HC450/780DPD+Z	450～560	780	14	—	30
HC450/780DPD+ZF			12		30
HC600/980DPD+Z	600～750	980	10	—	30
HC600/980DPD+ZF			8		30

[a] 无明显屈服时采用 $R_{P0.2}$，否则采用 R_{eL}。

[b] 试样为 GB/T 228 中的 P6 试样，试样方向为纵向。

[c] 当产品公称厚度大于 0.5 mm，但小于等于 0.7 mm 时，断后伸长率允许下降 2%；当产品公称厚度不大于 0.5 mm 时，断后伸长率允许下降 4%。

表 4-23　力学性能表（7）

牌　号	屈服强度[a,b] R_{eL} 或 $R_{P0.2}$/ MPa	抗拉强度 R_m/MPa 不小于	断后伸长率[c] A_{80}/% 不小于	n_0 不小于	烘烤硬化值 BH_2/MPa 不小于
HC430/690TRD＋Z	430～550	690	23	0.18	40
HC430/690TRD＋ZF			21		40
HC470/780TRD＋Z	470～600	780	21	0.16	40
HC470/780TRD＋ZF			18		40

^a 无明显屈服时采用 $R_{P0.2}$，否则采用 R_{eL}。

^b 试样为 GB/T 228 中的 P6 试样，试样方向为纵向。

^c 当产品公称厚度大于 0.5 mm，但小于等于 0.7 mm 时，断后伸长率允许下降 2%；当产品公称厚度不大于 0.5 mm 时，断后伸长率允许下降 4%。

表 4-24　力学性能表（8）

牌　号	屈服强度[a,b] R_{eL} 或 $R_{P0.2}$/ MPa	抗拉强度 R_m/MPa 不小于	断后伸长率[c] A_{80}/% 不小于	烘烤硬化值 BH_2/MPa 不小于
HC350/600CPD＋Z	350～500	600	16	30
HC350/600CPD＋ZF			14	
HC500/780CPD＋Z	500～700	780	10	30
HC500/780CPD＋ZF			8	
HC700/980CPD＋Z	700～900	980	7	30
HC700/980CPD＋ZF			5	

^a 无明显屈服时采用 $R_{P0.2}$，否则采用 R_{eL}。

^b 试样为 GB/T 228 中的 P6 试样，试样方向为纵向。

^c 当产品公称厚度大于 0.5 mm，但小于等于 0.7 mm 时，断后伸长率允许下降 2%；当产品公称厚度不大于 0.5 mm 时，断后伸长率允许下降 4%。

（4）拉伸应变痕

1）对于表 4-17 牌号为 DX51D＋Z、DX51D＋ZF、DX52D＋Z、DX52D＋ZF 的钢板及钢带，应保证在制造后 1 个月内使用时不出现拉伸应变痕；对于表 4-17 其他牌号的钢板及钢带、应保证其在制造后 6 个月使用时不出现拉伸应变痕。对于表 4-20 中规定牌号的钢板及钢带，应保证在制造后 3 个月内使用时不出现拉伸应变痕。对于表 4-19 和表 4-21 中规定牌号的钢板及钢带，应保证在制造后 6 个月内使用时不出现拉伸应变痕。对于表 4-18、表 4-22、表 4-23 和表 4-24 中规定牌号的钢板及钢带，其拉伸变痕不作规定。

2）随着存储时间的延长，受时效的影响，所有牌号的钢均可能产生拉伸应变痕，建议用户尽快使用。

3）如对拉伸应变痕有特殊要求，应在订货时协商并在合同中注明。

（5）镀层重量

1）可供的公称镀层重量范围应符合表 4-25 的规定。经供需双方协商，亦可提供其他镀层重量。

2）推荐的公称镀层重量及相应的镀层代号应符合表 4-26 的规定。经供需双方协商，等厚公称镀层重量也可用单面镀层重量进行表示。

例如：热镀锌镀层 Z250 可表示为 Z125/125，热镀锌铁合金镀层 ZF180 可表示为 ZF90/90。

3）对于等厚镀层，镀层重量三点试验平均值应不小于规定公称镀层重量的 34%。

4）对于差厚镀层，公称镀层重量及镀层重量试验值应符合表 4-27 的规定。

表 4-25　公称镀层重量范围

镀层形式	使用的镀层表面结构	下列镀层种类的公称镀层重量范围[a]/(g/m²)	
		纯镀锌层（Z）	锌铁合金镀层（ZF）
等厚镀层	N、M、F、R	50～600	60～180
差厚镀层[b]	N、M、F	25～150（每面）	—

[a] 50 g/m² 镀层（纯锌和锌铁合金）的厚度约为 7.1 μm。

[b] 对于差厚镀层形式，镀层较重面的镀层重量与另一面的镀层重量比值应不大于 3。

表 4-26　公称镀层重量及相应的镀层代号

镀层种类	镀层形式	推荐的公称镀层重量/(g/m²)	镀层代号
Z	等厚镀层	60	60
		80	80
		100	100
		120	120
		150	150
		180	180
		200	200
		220	220
		250	250
		275	275
		350	350
		450	450
		600	600
ZF	等厚镀层	60	60
		90	90
		120	120
		140	140
		30/40	30/40
		40/60	40/60
		40/100	40/100

表4-27 公称镀层重量及镀层重量试验值

镀层种类	镀层形式	镀层代号	公称镀层重量/(g/m²) 不小于	
			单面三点平均值	单面单点值
Z	差厚镀层	A/Bᵃ	A/Bᵃ	$(0.85×A)/(0.85×B)$

ᵃ A、B分别为钢板及钢带上、下表面(或内或外表面)对应的公称镀层重量(g/m²)。

(6)镀层表面结构

1)钢板及钢带的镀层表面结构应符合表4-28的规定。

2)对于纯锌镀层,如要求表面结构为明显锌花时,应在订货时注明。当普通锌花镀层表面结构的产品不能满足用户表面外观的质量要求时,可订购小锌花镀层表面结构或无锌花镀层表面结构的产品。

表4-28 钢板及钢带的镀层表面结构

镀层种类	镀层表面结构	代 号	特 征
Z	普通锌花	N	锌层在自然条件下凝固得到的肉眼可见的锌花结构
	小锌花	M	通过特殊控制方法得到的肉眼可见的细小锌花结构
	无锌花	F	通过特殊控制方法得到的肉眼不可见的细小锌花结构
ZF	普通锌花	R	通过对纯锌镀层的热处理后获得的镀层表面结构,该表面结构通常灰色无光

(7)表面处理

钢板及钢带通常进行以下表面处理。

1)铬酸钝化(C)和无铬钝化(C5)

该表面处理可减少产品在运输和储存期间表面产生白锈。采用铬酸钝化处理方式,存在表面产生摩擦黑点的风险。无铬钝化处理时,应限制钝化膜中对人体健康有害的六价铬成分。

2)铬酸钝化+涂油(CO)和无铬钝化+涂油(CO5)

该表面处理可进一步减少产品在运输和储存期间表面产生白锈。无铬钝化处理时,应限制钝化膜中对人体健康有害的六价铬成分。

3)磷化(P)和磷化+涂油(PO)

该表面处理可减少产品在运输和储存期间表面产生白锈,并可改善钢板的成型性能。

4)耐指纹膜(AF)和无铬耐指纹膜(AF5)

该表面处理可减少产品在运输和储存期间表面产生白锈。无铬耐指纹膜处理时,应限制耐指纹膜中对人体健康有害的六价铬成分。

5）滋润滑膜（SL）和无铬滋润滑膜（SL5）

该表面处理可减少产品在运输和储存期间表面产生白锈，并可较好改善钢板的成型性能。无铬滋润膜处理时，应限制滋润膜中对人体有害的六价铬成分。

6）涂油处理（O）

该表面处理仅适用于需方在订货期间明确提出不进行表面处理的情况，并需在合同中注明。这种情况下，钢板及钢带在运输和储存期间表面交易产生白锈和黑点，用户在选用该处理方式时应慎重。

（8）表面质量

1）钢板及钢带表面不应有漏镀、镀层脱落、肉眼可见裂纹等影响用户使用缺陷。不切边钢带边部允许存在微小锌层裂纹和白边。

2）钢板及钢带各级别表面质量特征应符合表 4-29 的规定。

3）由于在连续生产过程中钢带表面的局部缺陷不易发现和去除，因此，钢带允许带缺陷交货，但有缺陷的部分应不超过每卷总长度的 6%。

表 4-29　钢板及钢带各级别表面质量特征

级别	表 面 质 量 特 征
FA	表面允许有缺欠，例如小锌粒、压印划伤、凹坑、色泽不均、墨点、条纹、轻微钝化班、锌起伏等。该表面通常不进行平整（光整）处理
FB	较好的一面允许有小缺欠，例如光整压印、轻微划伤、细小锌花、锌起伏和轻微钝化班。另一面至少为表面质量 FA，该表面通常进行平整（光整）处理
FC	较好的一面必须对缺欠进一步限制，即较好的一面不应该有影响高级涂漆表面外观质量欠缺，另一面至少为表面质量 FB，该表面通常进行平整（光整）处理

（9）粉末静电喷涂镀锌板是家用热水器比较常用的材料，基材是镀锌板，表面处理有钝化、涂油、漆封、磷化及不处理等几种方式，考虑到钝化会妨碍大多数涂料的附着性，因此在本标准中指出不采用钝化的表面处理方式。

粉末涂层主要从厚度、附着力、耐冲击性、抗杯突性、耐盐雾腐蚀性、耐湿热型、耐候性等几方面做出要求。

粉末涂层厚度原本规定的是 $50\sim70\ \mu m$，但是有厂家建议平光粉末和皱纹粉末的厚度要求是不一样的，所以在标准中注明平光粉末厚度为 $50\sim70\ \mu m$，皱纹粉末厚度为 $60\sim90\ \mu m$。

漆膜附着力是涂层的一个重要指标，按 GB/T 9286《色漆和清漆　漆膜的划格试验》的规定进行试验，试验后附着力不低于 2 级，即在切口交叉处/或沿切口边缘有涂层脱落，受影响的交叉切割面积明显大于 5%，但不能明显大于 15%。

漆膜的耐冲击性能按 GB/T 1732《漆膜耐冲击测定法》，以固定质量的重锤落于试板上而不因其漆膜破坏的最大高度表示漆膜耐冲击性，要求不小于 50 cm·kg，试验后漆膜无裂纹、皱纹、剥落等现象。

杯突试验是评价涂层在标准条件下使之逐渐变形后的抗干裂或抗与金属底材分离的

91

性能,按 GB/T 9753 规定的方法进行检测:经压陷深度为 6 mm 的杯突试验后,应无开裂或脱落现象。

耐盐雾腐蚀性:按 GB/T 1771 的规定方法进行检测,经 1 000 h 中性盐雾试验后,目视检察试验后的涂层表面,应无起泡、脱落或其他明显变化。

耐湿热性 GB/T 1740 的规定方法进行检测:经 1 000 h 湿热试验后,目视检察试验后的涂层表面,应无起泡、脱落或其他明显变化。

耐候性:按 GB/T 1865 进行检测,经 250 h 氙灯照射人工加速老化试验后,不应产生粉化现象,失光率和变色色差应至少达到 1 级。

5.1.2.4.2　铝型材

理解要点:

铝型材,就是铝棒通过热熔、挤压从而得到不同截面形状的铝材料。铝型材的生产流程主要包括熔铸、挤压和上色三个过程。其中,上色主要包括氧化、电泳涂装、粉末喷涂等过程。

常用铝合金牌号主要有 6061、6063、6063A。

5.1.2.4.2.1　阳极氧化型材材料应符合附录 A 中表 A.3 的规定。

理解要点:

表 A.3　阳极氧化型材材料技术要求

项　　目	性　能　指　标
阳极氧化膜平均膜厚	≥10 μm
封孔质量	阳极氧化膜经硝酸预浸的磷铬酸试验,其质量损失值应不大于 30 mg/dm²
耐磨性	落砂试验磨耗系数≥300 g/μm
耐候性	经 313B 荧光紫外灯人工加速老化试验后,电解着色膜变色程度应至少达到 1 级,有机着色膜变色程度应至少达到 2 级

以铝型材制品为阳极,置于电解质溶液中进行通电处理,利用电解作用使其表面形成氧化铝薄膜的过程,称为阳极氧化处理,经过阳极氧化处理,其耐蚀性、耐磨性和装饰性都有明显的改善和提高。关键点在于氧化膜的形成、染色、封孔。

5.1.2.4.2.2　电泳涂漆型材材料应符合附录 A 中表 A.4 的规定。

理解要点:

表 A.4 电泳涂漆型材材料技术要求

项　　目	性　能　指　标
漆膜硬度	经铅笔划痕试验,A、B 级漆膜硬度≥3 H,S 级漆膜硬度≥1 H
漆膜附着性	漆膜干附着性和湿附着性均达到 0 级
耐磨性	落砂试验后,落砂量 A 级≥3 300 g,B 级≥3 000 g,S 级≥2 400 g
耐候性	经氙灯人工加速老化试验 1 000 h 后,粉化程度达到 1 级,光泽保持率≥80%,变色程度≤1 级

(1)铝型材电泳是指将挤压成形的铝合金放置在电泳槽内通直流电后表面形成一层致密的树脂膜的过程。电泳槽液由丙烯酸树脂、助溶剂和纯水组成。铝型材电泳过程包括电泳、电解、电沉积、电渗四个化学反应过程。铝型材电泳涂漆后的特点是:耐酸碱,抗污染,延缓铝型材老化,经久耐用,光泽鲜明,不易褪色。

(2)从漆膜的硬度、附着性、耐磨性、耐候性等几个方面作出要求。

5.1.2.4.2.3 粉末喷涂型材材料应符合附录 A 中表 A.5 的规定。

理解要点:

表 A.5 粉末喷涂型材材料技术要求

项　　目	性　能　指　标
涂层厚度	装饰面上涂层最小局部厚度≥40μm
漆膜附着性	漆膜干附着性、湿附着性和沸水附着性均达到 0 级
耐冲击性	经冲击试验,涂层无开裂或脱落现象
抗杯突性	经杯突试验,涂层无开裂或脱落现象
耐盐雾腐蚀性	经 1 000 h 乙酸盐雾试验后,目视检查试验后的涂层表面,应无起泡、脱落或其他明显变化
耐湿热性	经 1 000 h 湿热试验后,目视检查试验后的涂层表面,应无起泡、脱落或其他明显变化
耐候性	经氙灯照射人工加速老化试验 1 000 h 后,变色程度≤5 级,光泽保持率>50%

涂层指喷涂在金属基体表面上经固化的热固性有机聚合物粉末覆盖层。从厚度、附着

性、耐冲击性、抗杯突性、耐腐蚀性、耐湿热型、耐候性等几个方面对材料作出要求。

5.1.2.5 背板

理解要点:

背板、边框等其他附件构成集热器外壳,将集热空间封闭,防止散热,防止雨水渗入,对内部构件起到保护作用。

5.1.2.5.1 镀锌板应符合 GB/T 2518 的要求。

理解要点:同 5.1.2.4.1 理解要点中镀锌板部分内容。

5.1.2.5.2 镀铝锌钢板
5.1.2.5.2.1 镀铝锌钢板材料应符合 GB/T 14978 的要求。
5.1.2.5.2.2 耐中性盐雾试验 240 h,缺陷面积不超过表面 1%,保护评级不低于 6 级。

理解要点:

(1)热镀铝锌钢板是以各种强度和厚度规格的冷轧钢板为基材,在双面热镀一层 Al-Zn 镀层所得的预镀层钢板,镀层成分中质量分数为 55% Al、43.5% Zn 和 1.5% Si,融合了 Al 的物理保护和高耐久性以及 Zn 的电化学保护特性。此外,在表面呈具有高装饰性的光亮银灰色泽及规则的花纹,并具有浮凸感。特殊的镀层结构使其具有优良的耐腐蚀性。

(2)镀铝锌板技术要求。

1)化学成分见表 4-30、表 4-31。

表 4-30　钢的化学成分

牌　号	钢的化学成分(熔炼分析,质量分数)/% 不大于				
	C	Si	Mn	P	S
S250GD+AZ					
S280GD+AZ					
S300GD+AZ					
S320GD+AZ	0.20	0.60	1.70	0.10	0.045
S350GD+AZ					
S550GD+AZ					

表 4-31 钢的化学成分

牌 号	钢的化学成分(熔炼分析,质量分数)/% 不大于					
	C	Si	Mn	P	S	Ti
DX52D+AZ						
DX53D+AZ	0.12	0.50	0.60	0.10	0.045	0.30
DX51D+AZ						

2) 力学性能

——钢板及钢带的力学性能应分别符合表 4-32 和表 4-33 的规定,除非另行规定,拉伸试样为带镀层试样。

——由于时效的影响,钢板及钢带的力学性能会随着储存时间的延长而改变,如屈服强度和抗拉强度的上升,断后伸长率的下降,成形性能变差等,建议用户尽早使用。

——对于表 4-32 中牌号为 DX51D+AZ、DX52D+AZ 的钢板及钢带,应保证在制造后1 个月内,其力学性能符合表 4-32 的规定;对于表 4-32 中其他牌号的钢板及钢带,应保证在制造后 6 个月内,其力学性能符合表 4-32 的规定。对于表 4-33 中规定的钢板及钢带,其力学性能的时效不作规定。

——拉伸应变痕:对于表 4-32 中牌号为 DX51D+AZ、DX52D+AZ 的钢板及钢带,应保证具在制造后 1 个月内使用时不出现拉伸应变痕;对于表 5 其他牌号的钢板及钢带、应保证其在制造后 6 个月使用时不出现拉伸应变痕。对于表 4-33 中规定牌号的钢板及钢带,其拉伸变痕不作要求。

表 4-32 力学性能表

牌 号	拉伸试验[a]		
	屈服强度[b] R_{eL} 或 $R_{P0.2}$/MPa 不大于	抗拉强度 R_m/MPa 不大于	断后伸长率[c] A_{80}/% 不小于
DX51D+AZ	—	500	22
DX52D+AZ[d]	300	420	26
DX53D+AZ	260	380	30
DX54D+AZ	220	350	36

[a] 试样为 GB/T 228 中的 P6 试样,试样方向为横向。

[b] 当屈服现象不明显时采用 $R_{P0.2}$,否则采用 R_{eL}。

[c] 当产品公称厚度大于 0.5 mm,但小于等于 0.7 mm 时,断后伸长率允许下降 2%;当产品公称厚度不大于 0.5 mm 时,断后伸长率允许下降 4%。

[d] 屈服强度值仅适用于光整的 FB 级表面的钢板及钢带。

表 4-33　力学性能表

牌　号	拉伸试验[a]		
	屈服强度[b] R_{eHL} 或 $R_{P0.2}$/MPa 不小于	抗拉强度 R_m/MPa 不小于	断后伸长率[c] A_{80}/% 不小于
S250GD+AZ	250	330	19
S280GD+AZ	280	360	18
S300GD+AZ	300	380	17
S320GD+AZ	320	390	17
S350GD+AZ	350	420	16
S550GD+AZ	550	560	—

[a] 试样为 GB/T 228 中的 P6 试样，试样方向为纵向。
[b] 当屈服现象不明显时采用 $R_{P0.2}$，否则采用 R_{eH}。
[c] 当产品公称厚度大于 0.5 mm，但小于等于 0.7 mm 时，断后伸长率允许下降 2%；当产品公称厚度
　不大于 0.5 mm 时，断后伸长率允许下降 4%。

（3）在 GB/T 14978 中对钢基及镀层有所要求，但对于耐腐蚀性能并没有具体要求，本标准规定中性盐雾试验 240 h，缺陷面积不超过表面 1%，保护评级不低于 6 级。

5.1.2.5.3　彩色涂层钢板应符合附录 A 中表 A.6 的规定。

理解要点：

表 A.6　彩色涂层钢板材料技术要求

项　目	性能指标
涂层厚度	≥20 μm
光泽度	≤70
弯曲试验 T 弯值	≤5 T
反向冲击试验	冲击功≥6 J，涂层无开裂或脱落现象

彩色涂层钢板是以冷轧钢板，电镀锌钢板、热镀锌钢板或镀铝锌钢板为基板经过表面脱脂、磷化、络酸盐处理后，涂上有机涂料经烘烤而制成的产品。其涂层质量也是影响板材耐久性的重要指标，参考 GB/T 12754《彩色涂层钢板及钢带》，对涂层的厚度、光泽度、弯曲试验、反向冲击试验等方面提出要求。

5.1.2.6　密封胶条应符合附录 A 中表 A.7 的规定。

理解要点：

表A.7　密封胶条材料技术要求

项　　目		性能指标
拉伸断裂强度		≥7.5 MPa
热空气老化性能 （100 ℃×72 h）	拉伸强度保留率	≥85%
	伸长率保留率	≥70%
	加热失重	≤3%
压缩永久变形（压缩率 30%,70 ℃×24 h）		<75%
耐臭氧性（50×10⁻⁴,伸长 20%,40 ℃×96 h）		不出现龟裂

平板集热器采用的密封胶条多为 EPDM,为保证其在集热器使用环境中有效密封,参照 GB/T 12002《塑料门窗用密封条》,对拉伸断裂强度、热空气老化性能、压缩永久变形和耐臭氧性等方面提出要求。

5.2　贮热水箱

5.2.1　水箱内胆

应选用具有良好卫生安全性、耐腐蚀性和机械性能的材料。

理解要点：

考虑到内胆的使用情况长期与水接触,应选用具有良好的耐腐蚀性能、机械性能和卫生安全性能的材料。现在常用内胆材料为不锈钢内胆和搪瓷内胆。

5.2.1.1　不锈钢内胆材料

应符合 GB/T 3280 的要求。

理解要点：

(1) GB/T 3280《不锈钢冷轧钢板和钢带》适用于耐腐蚀不锈钢冷轧宽钢带及其卷切定尺钢板、纵剪切冷轧宽钢带及其卷切定尺钢带、冷轧窄钢带及其卷切定尺钢带,也适用于单张轧制的钢板。

(2) 不锈钢板材厚度允许偏差见表 4-34。

表 4-34　厚度允许偏差　　　　　　　　　　　　　　　　　　　mm

公称厚度	厚度允许偏差					
	宽度≤1 000		1 000<宽度≤1 300		1 300<宽度≤2 100	
	普通精度	较高精度	普通精度	较高精度	普通精度	较高精度
≥0.10~<0.20	±0.025	±0.015	—	—	—	—
≥0.20~<0.30	±0.030	±0.020	—	—	—	—
≥0.30~<0.50	±0.04	±0.025	±0.045	±0.030	—	—
≥0.50~<0.60	±0.045	±0.030	±0.05	±0.035	—	—
≥0.60~<0.80	±0.05	±0.035	±0.055	±0.040	—	—
≥0.80~<1.00	±0.055	±0.040	±0.06	±0.045	±0.065	±0.050
≥1.00~<1.20	±0.06	±0.045	±0.07	±0.050	±0.075	±0.055
≥1.20~<1.50	±0.07	±0.050	±0.08	±0.055	±0.09	±0.060
≥1.50~<2.00	±0.08	±0.055	±0.09	±0.060	±0.10	±0.070
≥2.00~<2.50	±0.09	—	±0.10	—	±0.11	—
≥2.50~<3.00	±0.11	—	±0.12	—	±0.12	—
≥3.00~<4.00	±0.13	—	±0.14	—	±0.14	—
≥4.00~<5.00	±0.14	—	±0.15	—	±0.15	—
≥5.00~<6.50	±0.15	—	±0.16	—	±0.16	—
≥6.50~≤8.00	±0.16	—	±0.17	—	±0.17	—

（3）不锈钢板材宽度允许偏差见表 4-35。

表 4-35　宽度允许偏差　　　　　　　　　　　　　　　　　　　mm

公称厚度	宽度允许偏差							
	宽度≤125		125<宽度≤250		250<宽度≤600		600<宽度≤1 000	宽度>1 000
	普通精度	较高精度	普通精度	较高精度	普通精度	较高精度	普通精度	普通精度
<1.00	+0.50	+0.30	+0.50	+0.30	+0.70	+0.60	+1.50	+2.00
≥1.00~<1.50	+0.70	+0.40	+0.70	+0.50	+1.00	+0.70	+1.50	+2.00
≥1.50~<2.50	+1.00	+0.60	+1.00	+0.70	+1.20	+0.90	+2.00	+2.50
≥2.50~<3.50	+1.20	+0.80	+1.20	+0.90	+1.50	+1.00	+3.00	+3.00
≥3.50~≤8.00	+2.00	—	+2.00	—	+2.00	—	+4.00	+4.00

（4）不锈钢板材长度允许偏差见表4-36。

表4-36 长度允许偏差 mm

公称长度	长度允许偏差	
	普通精度	较高精度
≤2 000	+3 0	+1.5 0
>2 000～≤4 000	+5 0	+2 0

5.2.1.1.1 主要化学成分应符合以下要求：

碳的质量分数 $w(C) \leqslant 0.08\%$

镍的质量分数 $w(Ni) \geqslant 8\%$

铬的质量分数 $w(Cr) \geqslant 16\%$。

理解要点：

（1）目前市场上使用较成熟的不锈钢材料SUS304和SUS316L作为内胆材料，并都以食品级不锈钢作为介绍。SUS304不锈钢本身的耐蚀性能很好，能耐强酸、强碱，氧化性强酸等的腐蚀。SUS304对应的中国的金属牌号是0Cr18Ni9，SUS316L对应的中国的金属牌号是00Cr17Ni14Mo2，它们都属于奥氏体不锈钢。由于其具有良好的耐蚀性、塑性、高温性能和焊接性能，因此在太阳能的内胆上应用广泛。

在主要化学成分中，铬是决定不锈钢性能的主要元素，因为它添加可促使内部的矛盾运动向有利于抵抗腐蚀破坏的方面发展。钢的性能与组织在很大程度上决定于碳在钢中的含量及其分布的形式，在不锈钢中碳的影响尤为显著。镍是优良的耐腐蚀材料，也是合金钢的重要合金化元素。各成分见表4-37。

表4-37 不锈钢板化学成分

新牌号	旧牌号	化学成分（质量分数）/%								
		C	Si	Mn	P	S	Ni	Cr	Mo	N
06Cr19Ni10	0Cr18Ni9	0.08	0.75	2.00	0.045	0.030	8.00～10.50	18.00～20.00		0.10
022Cr17Ni12Mo2	00Cr17Ni14Mo2	0.030	0.75	2.00	0.045	0.030	10.00～14.00	16.00～18.00	2.00～3.00	0.10

5.2.1.1.2 力学性能应符合以下要求：

抗拉强度 $\sigma_b \geqslant 485$ MPa

屈服强度 $\sigma_{0.2} \geqslant 170$ MPa

伸长率 $\delta_5 \geqslant 40\%$

理解要点:

(1) 经固溶处理的奥氏体型钢板和钢带的力学性能应符合表 4-38 的规定。

表 4-38　经固溶处理的奥氏体型钢板和钢带的力学性能

新牌号	旧牌号	规定非比例延伸强度 $R_{\text{P0.2}}$/MPa	抗拉强度 R_{m}/MPa	断后伸长率 A/%	硬度值		
					HBW	HRB	HV
		不小于			不大于		
06Cr19Ni10	0Cr18Ni9	205	515	40	201	92	210
022Cr17Ni12Mo2	00Cr17Ni14Mo2	170	485	40	217	95	220

(2) 奥氏体不锈钢介绍

大部分的太阳能制造企业,采用 SUS304、SUS316L 作为内胆材料,并都以食品级不锈钢作为介绍。SUS304 不锈钢本身的耐蚀性能很好,能耐强酸、强碱,氧化性强酸等的腐蚀。SUS304 对应的中国的金属牌号是 0Cr18Ni9,SUS316L 对应的中国的金属牌号是 00Cr17Ni14Mo2,它们都属于奥氏体不锈钢。由于其具有良好的耐蚀性、塑性、高温性能和焊接性能,因此在太阳能的内胆上应用广泛,下面就着重介绍奥氏体不锈钢。

奥氏体不锈钢,是指在常温下具有奥氏体组织的不锈钢。钢中含 Cr 约 18%、Ni 8%~10%、C 约 0.1% 时,具有稳定的奥氏体组织。奥氏体不锈钢无磁性而且具有高韧性和塑性,但强度较低,不可能通过相变使之强化,仅能通过冷加工进行强化,如加入 S,Ca,Se,Te 等元素,则具有良好的易切削性。奥氏体不锈钢生产工艺性能良好,特别是铬镍奥氏体不锈钢,采用生产特殊钢的常规手段可以顺利地生产出各种常用规格的板、管、带、丝、棒材以及锻件和铸件。由于合金元素(特别是铬)含量高而碳含量又低,多采用电弧炉加氩氧脱碳(AOD)或真空脱氧脱碳(VOD)法大批量生产这类不锈钢材,对于高级牌号的小批量产品可采用真空或非真空非感应炉冶炼,必要时加电渣重熔。

铬镍奥氏体不锈钢优良的热塑性使其易于施以锻造、轧制、热穿孔和挤压等热加工,钢锭加热温度为 1 150~1 260 ℃,变形温度范围一般为 900~1 150 ℃,含铜、氮以及用钛、铌稳定化的钢种偏靠低温,而高铬、钼钢种偏靠高温。由于导热差,保温时间应较长。热加工后工件空冷即可。铬锰奥氏体不锈钢热裂纹敏感性较强,钢锭开坯时要小变形、多道次,锻件宜堆冷。可以进行冷轧、冷拔和旋压等冷加工工艺和冲压、弯曲、卷边与折叠等成形操作。铬镍奥氏体不锈钢加工硬化倾向较铬锰钢弱,一次退火后冷变形量可以达到 70%~90%,但铬锰奥氏体不锈钢由于变形抗力大,加工硬化倾向强,应增加中间软化退火次数。一般中间软化退火处理为 1 050~1 100 ℃水冷。

奥氏体不锈钢也可生产铸件。为了提高钢液的流动性,改善铸造性能,铸造钢种合金成分应有所调整:提高硅含量,放宽铬、镍含量的区间,并提高杂质元素硫的含量上限。

奥氏体不锈钢使用前应进行固溶处理,以便最大限度地将钢中的碳化物等各种析出相固溶到奥氏体基体中,同时也使组织均匀化及消除应力,从而保证优良的耐蚀性和力学性能。正确的固溶处理温度为 1 050~1 150 ℃加热后水冷(细薄件也可空冷)。固溶处理温度视钢的合金化程度而定:无钼或低钼钢种应较低(≤1 100 ℃),而更高合金化的牌号如00Cr20Ni18Mo-6CuN,00Cr25Ni22Mo2N 等宜较高(1 080~1 150 ℃)。

5.2.1.1.3 非承压内胆公称厚度宜不小于 0.5 mm。

理解要点：

（1）在标准中对非承压内胆的公称厚度做出了规定,即公称厚度不得小于 0.5 mm,很多厂家对此有异议,建议去掉或者改成不小于 0.4 mm,因为厚度要求与行业市场现状有差距,目前市场上内胆材料的厚度 0.3~0.6 mm 范围内均有应用,应针对用户有不同档次的产品需求来满足顾客的要求。此外有些厂家提出如果讲自来水对不锈钢内胆的正常腐蚀,0.3 mm 厚度能腐蚀几十年了。但是这样厚度的产品强度小,发泡时就会变形,耐腐蚀性能差,很快内胆就漏水,而且现在很多地方尤其是农村的水质很差,加速了腐蚀的发生。因此对厚度的要求是必要的。

在 GB/T 19141—2011 中对不锈钢板厚度允许偏差作出规定,见表 4-39。

表 4-39 GB/T 1914—2011 中对不锈钢板厚度允许偏差的规定   mm

标称厚度	厚度允许偏差
≥0.10~<0.20	±0.015
≥0.20~<0.30	±0.020
≥0.30~<0.50	±0.030
≥0.50~<0.60	±0.035
≥0.60~<0.80	±0.040
≥0.80~<1.00	±0.045
≥1.00~<1.20	±0.050
≥1.20~<1.50	±0.055
≥1.50~<2.00	±0.060

（2）对于非承压的不锈钢内胆,由于内胆不承受压力,因此内胆的强度要求不高,可以使用较薄的不锈钢板材。但不锈钢内胆在热水器生产过程中要承受一定的压力,不锈钢板材在焊接工艺上有一定的要求以及在耐腐蚀性能上的要求,决定了选用不锈钢板材要有一定的厚度要求,下面从几个方面加以说明。

1）金属的腐蚀速率的测定

GB/T 19292.4 规定了用于确定标准试样腐蚀速率的方法。其原理是暴晒点或工业设备场所的腐蚀性可以通过腐蚀速率来推断,并通过暴晒 1 年后的标准试样除去腐蚀产物后单位面积的失重计算得到。

对铁、锌和铜的合金而言,失重是腐蚀破坏的一种可靠的测量方法。对铝合金而言,失重是腐蚀的一种有效测量方法。

① 标准试样

用于准备标准试样的材料是近期制造的,即

钢：碳素结构钢（C 0.03%~0.10%,P<0.07%）；

锌：≥98.5%；

铜：≥99.5%；

铝：≥99.5%。

在暴晒前,所有试样应用溶剂除油。表面有可见锈斑或腐蚀产物的钢试样应用 120 号砂纸打磨,除去这些腐蚀产物后,再除油。铜、锌和铝试样如果在暴晒前其表面有可见的腐蚀产物,这些试样将不予采用。

② 标准试样的暴晒

经称重和标记的标准试样的制备和暴晒按照 GB/T 14165 中规定执行。

每种金属的 3 个试样应暴晒 1 年,从 1 年中最严重的腐蚀时期开始。螺旋状试样必须处在垂直位置暴晒(见图 4-5)。暴晒后,按 GB/T 16545 规定将试样上的腐蚀产物除去,并且重新称重,精确到 0.1 mg。清洗应在同一过程中重复几次。

单位为毫米

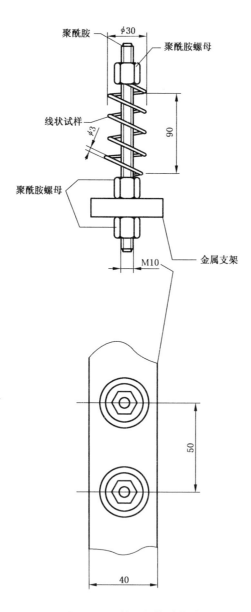

图 4-5　开放型螺旋试样安装

③ 暴晒结果

每种金属的腐蚀速率,按式(4-1)计算:

$$r_{corr} = \frac{\Delta m}{A \cdot t} \tag{4-1}$$

式中:

r_{corr}——腐蚀速率,$g/(m^2 \cdot a)$;

Δm——失重,g;

A——表面面积,m^2;

t——暴晒时间,a。

④ 腐蚀速率指导值

对于碳钢、锌、铜、铝和耐候钢的暴晒最初 10 年的平均腐蚀速率和稳态腐蚀速率列于表 4-40。

表 4-40　碳钢、耐候钢、锌、铜和铝在不同腐蚀等级的大气中的腐蚀速率的指导值　　μm/a

金属	最初 10 年平均腐蚀速率(r_{av})				
	C1	C2	C3	C4	C5
碳钢	$r_{av} \leqslant 0.5$	$0.5 < r_{av} \leqslant 5$	$5 < r_{av} \leqslant 12$	$12 < r_{av} \leqslant 30$	$30 < r_{av} \leqslant 100$
耐候钢	$r_{av} \leqslant 0.1$	$0.1 < r_{av} \leqslant 2$	$2 < r_{av} \leqslant 8$	$8 < r_{av} \leqslant 15$	$15 < r_{av} \leqslant 80$
锌	$r_{av} \leqslant 0.1$	$0.1 < r_{av} \leqslant 0.5$	$0.5 < r_{av} \leqslant 2$	$2 < r_{av} \leqslant 4$	$4 < r_{av} \leqslant 10$
铜	$r_{av} \leqslant 0.01$	$0.01 < r_{av} \leqslant 0.1$	$0.1 < r_{av} \leqslant 1.5$	$1.5 < r_{av} \leqslant 3$	$3 < r_{av} \leqslant 5$
铝	$r_{av} \approx 0.01$	$r_{av} \leqslant 0.025$	$0.025 < r_{av} \leqslant 0.2$	参见注 5	参见注 5

金属	稳态腐蚀速率(r_{lin})				
	C1	C2	C3	C4	C5
碳钢	$r_{lin} \leqslant 0.1$	$0.1 < r_{lin} \leqslant 1.5$	$1.5 < r_{lin} \leqslant 6$	$6 < r_{lin} \leqslant 20$	$20 < r_{lin} \leqslant 90$
耐候钢	$r_{lin} \leqslant 0.1$	$0.1 < r_{lin} \leqslant 1$	$1 < r_{lin} \leqslant 5$	$5 < r_{lin} \leqslant 10$	$10 < r_{lin} \leqslant 80$
锌	$r_{lin} \leqslant 0.05$	$0.05 < r_{lin} \leqslant 0.5$	$0.5 < r_{lin} \leqslant 2$	$2 < r_{lin} \leqslant 4$	$4 < r_{lin} \leqslant 10$
铜	$r_{lin} \leqslant 0.01$	$0.01 < r_{lin} \leqslant 0.1$	$0.1 < r_{lin} \leqslant 1$	$1 < r_{lin} \leqslant 3$	$3 < r_{lin} \leqslant 5$
铝	忽略	$0.01 < r_{lin} \leqslant 0.02$	$0.02 < r_{lin} \leqslant 0.2$	参见注 5	参见注 5

注 1:碳钢的腐蚀速率在最初 10 年内不是恒值。

注 2:耐候钢的腐蚀速率取决于各种影响因素的综合结果(湿、干周期的选择)。在受二氧化硫污染的大气中,形成一保护性锈蚀层。在氯化物严重污染的海洋大气中受雨水保护的表面的腐蚀速率比自由暴露表面的腐蚀速率要高。

注 3:本腐蚀值也适用于铜-锌、铜-锡和含铜量至少 60% 的类似合金。

注 4:所列速率以商业纯铝(纯度>99.5%)为基础,这种纯铝像绝大多数铝合金一样在大气中的腐蚀速率随时间而降低。然而,这些腐蚀速率是基于平均失重结果,但腐蚀破坏通常为点蚀形式。因此,表中所列腐蚀速率不表示点蚀的腐蚀速率。点蚀速率与随暴露时间而降低。商业纯铝,含镁、锰或硅为主要合金化元素的铝合金以及铝包覆材料的耐蚀性比含有大量铜、锌或铁的铝合金的耐蚀性好。含有大量镁、锌和铁的合金易于发生其他形式的局部腐蚀如应力腐蚀断裂、层蚀和晶间腐蚀。

注 5:在由腐蚀等级 C4 和 C5 定义的大气中,腐蚀速率明显增加,局部腐蚀作用成为重点。在这两种腐蚀等级中,有关均匀腐蚀的数据会使人误解。

2) 内胆厚度的计算

GB 150《钢制压力容器》规定了钢制压力容器的设计、制造、检验和验收要求。本标准适用于设计压力不大于 35 MPa 的容器。标准中对压力容器的厚度计算和设计规范进行了详细的说明。

① 厚度定义

计算厚度:是指按各章公式得到的厚度。需要时,尚应计入其他载荷所需厚度。

设计厚度:指计算厚度与腐蚀裕量之和。

名义厚度:指设计厚度加上钢材厚度负偏差后向上圆整至钢材标准规格的厚度,即标注在图样上的厚度。

有效厚度:指名义厚度减去腐蚀裕量和钢材厚度负偏差。

确定真空容器的壳体厚度时,设计压力按承压外压考虑。当装有安全控制装置(如真空泄放阀)时,设计压力取 1.25 倍最大内外压力差或 0.1 MPa 两者中的低值;当无安全控制装置时,取 0.1 MPa。

厚度附加量:厚度附加量按式(4-2)确定:

$$C = C_1 + C_2 \tag{4-2}$$

式中:

C——厚度附加量,mm;

C_1——钢材厚度负偏差,mm;

C_2——腐蚀裕量,mm。

钢材厚度负偏差:钢板或钢管的厚度负偏差按钢材标注的规定。当钢材的厚度负偏差不大于 0.25 mm,且不超过名义厚度的 6% 时,负偏差可忽略不计。

腐蚀裕量:为防止容器元件由于腐蚀、机械磨损而导致厚度削弱减薄,应考虑腐蚀裕量,具体规定如下:

a) 对有腐蚀或磨损的元件,应根据预期的容器寿命和介质对金属材料的腐蚀速率确定腐蚀裕量;

b) 容器各元件受到的腐蚀程度不同时,可采用不同的腐蚀裕量;

c) 介质为压缩空气、水蒸气或水的碳素钢或低合金钢制容器,腐蚀裕量不小于 1 mm。

② 厚度计算

设计温度下圆筒的计算厚度按式(4-3)计算,公式的适用范围为 $p_c \leqslant 0.4[\sigma]'\phi$。

$$\delta = \frac{p_c D_1}{2[\sigma]'\phi - p_c} \tag{4-3}$$

式中:

p_c——计算应力,MPa;

D_1——圆筒或球壳的内直径,mm;

$[\sigma]'$——设计温度下圆筒或球壳材料的许用应力,MPa;

ϕ——焊接接头系数,对热套圆筒取 $\phi = 1.0$。

不锈钢内胆在生产中要进行压力检测,因此需保证承受一定的压力,对不锈钢的厚度也有一定的要求,可根据相关国标计算合理的厚度。

5.2.1.1.4 耐中性盐雾:试验 240 h,无缺陷,保护评级为 10 级。

理解要点:

(1) 耐中性盐雾试验选自国家标准 GB/T 10125《人造气氛腐蚀试验 盐雾试验》,该标准规定了中性盐雾(NSS)试验使用的设备、试剂和方法。也规定了评估试验箱环境腐蚀性的方法。

该标准适用于评价金属材料及覆盖层的耐蚀性,被测试对象可以是具有永久性或暂时性防腐蚀性能的,也可以是不具有永久性或暂时性防蚀性能的。

该标准的中性盐雾试验适用于金属及其合金、金属覆盖层、有机覆盖层、阳极氧化膜和转化膜。

(2) 中性盐雾试验(NSS 试验)

本试验所用试剂采用化学纯或化学纯以上的试剂。将氯化钠溶于电导率不超过 20 μS/cm 的蒸馏水或去离子水中,其质量浓度为 50 g/L±5 g/L。在 25 ℃时,配置的溶液相对密度在 1.025 5~1.040 0 范围内。

根据收集的喷雾溶液的 pH 值调整盐溶液到规定 pH 值,使其在 6.5~7.2 之间。pH 值的测量可使用酸度计,作为日常检测也可用测量精度为 0.3 的精密 pH 试纸。溶液的 pH 值可用盐酸或氢氧化钠调整。

喷雾时溶液中二氧化碳损失可能导致 pH 值变化。应采用相应措施,例如,将溶液加热到超过 35 ℃,才送入仪器或由新的沸腾水配置溶液,以降低溶液中的二氧化碳含量,可避免 pH 值的变化。

(3) 试验设备

用于制作试验设备的材料必须抗盐雾腐蚀和不影响试验结果。

盐雾箱的容积不小于 0.2 m³,最好不小于 0.4 m³。箱顶部要避免试验时聚集的溶液滴落到试样上。箱子的形状和尺寸应能使箱内溶液的收集速度符合盐雾沉降的速度,经 24 h 喷雾后,每 80 cm² 面积上为 1~2 mL/h。

加热系统应保持箱内温度达到 35 ℃±2 ℃,温度测量区距箱内壁不小于 100 mm,并能从箱外读数。

喷雾装置包括下列部分:

1) 喷雾气源:压缩空气应通过过滤器,以除油净化;然后进入装有蒸馏水的饱和塔湿化,其温度应高于盐雾箱内试验温度。最后通过调压阀进入喷雾器,压力应控制在 70~170 kPa 范围内。

2) 喷雾系统:由喷雾器、盐水槽和挡板组成。喷雾器可用一个或多个。可调式挡板能防止盐雾直接喷射到试样上。喷雾器和挡板放置的位置对盐雾均匀分布有影响。

3) 盐水槽:为保证均匀喷雾,应有维持一定液位的装置。调节喷雾压力、饱和塔水的温度和挡板位置使箱内盐雾沉降量和收集速度符合相应规定。

盐雾收集器:箱内至少放两个收集器,一个靠近喷嘴,一个远离喷嘴。收集器用玻璃等惰性材料制成漏斗形状,直径为 10 cm,收集面积约 80 cm²,漏斗管插入带有刻度的容器中,要求收集的是盐雾,而不是从试样或其他部位滴下的液体。

使用不同溶液做试验之前,必须彻底清洗盐雾箱。在放入试样之前,设备至少应空运行 24 h,必须测量收集液的 pH 值,以保证整个喷雾期的 pH 值在规定范围内。

(4) 评价盐雾箱腐蚀性能的方法

参比试样:采用四块冷轧碳钢板,其表面质量应符合 GB/T 5213 中 A 级精度的 I 组的要求。板厚 1 mm±0.2 mm,试样尺寸为 50 mm×50 mm。试样表面粗糙度 $Ra=1.3\ \mu m\pm 0.4\ \mu m$。从冷轧钢板或带上截取试样。

参比试样经小心清洗后立即投入试验,还应清除一切尘埃、油或影响试验结果的其他外来物质。

选用以下一种清洗方法:

1) 用氯化碳氢化合物蒸汽脱脂清洗试样,采用 3 次 1 min 的连续处理。每一连续处理时间至少间隔 1 min。

2) 采用清洁的软刷或超声清洗装置,用适当有机溶剂(沸点在 60～120 ℃ 之间的碳氢化合物)彻底清洗试样。清洗后,用新溶剂漂洗试样,然后干燥。

3) 经有关各方面协商,可采用其他清洗方法。

清洗后的试样吹干称重,精确到±1 mg,然后用可剥性塑料膜保护试样背面。

参比试样的放置:试样放置在箱内四角,未保护一面朝上并与垂直方向成 20°±5°的角度。试样上边缘与盐雾收集器顶端处于同一水平。

注:可以建议采用其他规范范围的角度(例如 30°±5°)。

用惰性材料(例如塑料)制成或涂覆参比试样架。参比试样应与盐雾收集器的上部处于同一水平。

测定质量损失:试验 96 h 后,除掉试样背面的保护膜,用 1∶1(体积比)的盐酸溶液($\rho_{20}=1.18$ g/mL),其中加入 3.5 g/L 的六次甲基四胺缓蚀剂,浸泡试样除去腐蚀产物,然后在室温中用水清洗试样,再用丙酮清洗,干燥后称重。试样称重精确到 1 mg,计算质量损失(g/m^2)中性盐雾装置的运行检验:每块参比试样的质量损失在 140 g/m^2±40 g/m^2 范围内说明设备运行正常。

(5) 试验周期

试验周期应根据被试材料或产品的有关标准选择。若无标准,可经有关方面协商决定。推荐的试验周期为 2 h,4 h,6 h,8 h,24 h,48 h,72 h,96 h,144 h,168 h,240 h,480 h,720 h,1 000 h。

在规定的试验周期内喷雾不得中断,只有当需要短暂观察试样时才能打开盐雾箱。如果试验终点取决于开始出现腐蚀的时间,应经常检查试样。因此,这些试样不能同要求预定试验周期的试样一起试验。

可定期目视检查预定试验周期的试样,但是在检查过程中,不能破坏被试表面,开箱检查的时间与次数应尽可能少。

(6) 保护评级

保护评级依据 GB/T 6461《金属基体上金属和其他无机覆盖层 经腐蚀试验后的试样和试件的评级》有关条款。

保护评级(R_P)表示覆盖层保护基体金属免遭腐蚀的能力。

外观评级(R_A)描述试样的全部外观,包括由暴露所导致的所有缺陷。

本标准提出了一种评价覆盖层和基体金属受腐蚀破坏的评级系统。本标准描述的评级方法用于评级覆盖层外观，以及试板或试件的主要表面经受性能试验后的腐蚀程度。

用保护评级(R_P)和外观评级(R_A)，这两种互相独立的评级来记录表面的检查结果，称为性能评级。

记录试样表面评级时，如果需要表示缺陷的类型和严重程度，应使用约定的缺陷类型代号和缺陷程度代号来记录这些信息。

当只需要保护评级(R_P)时，允许省略外观评级(R_A)。其表示方法是在保护评级后面接一短横线(R_P/－)，以表示省略的外观评级。

1）缺陷类型

缺陷可能既影响保护评级(R_P)，又影响外观评级(R_A)。在这种评级系统中，保护评级是一个简单的数字评级，而外观评级可包括具体的缺陷及表示其严重程度的数字评级。

缺陷指四坑腐蚀、针孔腐蚀、覆盖层的全面腐蚀、腐蚀产物、鼓泡和覆盖层的任何其他缺陷部分缺陷，如鼓泡可能与覆盖层、基体金属、覆盖层与基体金属的界面或覆盖层中层与层之间的界面有关。

其他缺陷虽然只是轻微的腐蚀，但对外观有显著的影响，如斑点、失光、开裂等。虽然采用了精细的机械加工方法，但是基体金属表面的缺陷，例如，擦痕孔隙、非导体夹杂、轧痕和模具痕、冷隔和裂纹等，仍然会对覆盖层性能产生负面影响，应对这样的缺陷作出记录并单独进行评级。

因为某些缺陷的重要性可能取决于覆盖层对基体金属呈阳极性还是呈阴极性，所以要切实记录覆盖层体系。

应注意在暴露中缺陷的发展状况，如覆盖层的起皮或脱落，这表明基体金属的预处理或覆盖层涂覆可能存在问题。

2）检查方法

采用图样或作出适当标记指明试样的主要表面。

在进行环境试验前，有必要将某些方面存在缺陷的材料找出来，并作好记录。

如果在表面上预制损伤，试验前要记录下这一损伤并如实报告。如果有意使试样发生变形，则要单独对变形区进行评级。

试样可在暴露架上进行检查，也可移至更合适之处检查。检查时光线要尽可能均匀，要避免阳光直接反射或云层的遮蔽，并从不同角度检查，以确保缺陷充分显现。

试验结束后，如果试样状态允许，可不经清洗进行检查。如果污垢和盐类沉积物等掩盖了缺陷而使检查难以进行时，宜用蘸有中胜肥皂液的海绵对表面进行擦拭，然后用水漂洗。但在此过程中不应施加压力，以免洗掉腐蚀产物而造成评级偏高。清洗液不应对覆盖层产生任何破坏。中途或定期检查时不允许清洗试样，否则会干扰试样的腐蚀行为。

试样清洗后应待干燥，才能进行检查。

对表面评级时要加以说明，进行计数的缺陷系指正常视力或校正视力可见的缺陷。

注1：在初始检查之后，可进一步借助光学仪器来描绘缺陷的特征。

距试样边缘或胶带/石蜡5 mm以内的边缘缺陷可在报告中注明，但不应影响数字评级。同样地，可忽略接触痕、挂具痕和固定孔等缺陷。

注2：深度加工制造的试样，如螺纹、孔等处的边缘缺陷可能难以评定。在这种情况下可由需方和供

方商定要报告的确切的缺陷区。

当覆盖层对基体金属呈阳极性时,从试样边缘发展出的白色腐蚀产物不应认为是覆盖层失效。有时要对试样表面进行擦拭、抛光、化学清洗等,以便对表面进行研究,但这样的处理应限制在尽可能小的区域内,就 100 mm×150 mm 试样而言,其处理面积最好不大于 100 mm²。要说明用于继续试验评级的这个面积。

3) 评级的表示

① 保护评级(R_P)的表示

数字评级体系基于出现腐蚀的基体面积,其计算公式见式(4-4):

$$R_\mathrm{P}=3(2-\log A) \tag{4-4}$$

式中:

R_P——化整到最接近的整数,见表 4-41;

A——基体金属腐蚀所占总面积的百分数。

注 1:在某些情况下,可能难以计算出准确的面积尤其是深度加工的试样如螺纹、孔等在这种情况下检查者要尽可能精确地估计此面积。

对缺陷面积极小的试样,严格按公式(4-4)计算将导致评级大于 10。因此,式(4-4)仅限于面积 $A>0.046\,416\%$ 的试样。通常,对没有出现基体金属腐蚀的表面人为规定为 10 级。如果需要,可用分数值区分如表 4-41 所列评级之间的各种评级。

注 2:当采用某些对基体金属呈阳极性的覆盖层体系时,由于覆盖层形成大量的腐蚀产物,可能难以评价出真实的保护评级。由于这些腐蚀产物的高黏附性,它们会掩盖基体腐蚀的真实面积。例如,暴露于含盐气氛中的钢上锌覆盖层。虽然标准 GB/T 6461 中可用于对钢上锌覆盖层的性能进行评级,但是在一些环境中可能难以确定其保护评级。

若缺陷很集中,可采用圆点图或照片标准,也可用 1 mm×1 mm,2 mm×2 mm 或 5 mm×5 mm 的柔性网板评价腐蚀面积。

如果要在同一时间检查一大组试样,建议逐一评价。当全组试样评级结束后,应该对各个评级进行复查,以确保每一个评级都能真实反映试样的缺陷程度。复查起到对各个评级核查的作用,并有助于保证检查者的判断或参照系不因检查过程中诸如照明条件变化或疲劳等因素而改变。

可用以下方案改进检查:

a) 从暴露架上逐一取出试样,然后将类同的试样进行比较;

b) 按优劣顺序排列所有试样。

表 4-41 保护评级(R_P)与外观评级(R_A)

缺陷面积 $A/\%$	评级 R_P 或 R_A
无缺陷	10
$0<A\leqslant0.1$	9
$0.1<A\leqslant0.25$	8
$0.25<A\leqslant0.5$	7
$0.5<A\leqslant1.0$	6
$1.0<A\leqslant2.5$	5
$2.5<A\leqslant5.0$	4

续表 4-41

缺陷面积 $A/\%$	评级 R_P 或 R_A
5.0＜A≤10	3
10＜A≤25	2
25＜A≤50	1
50＜A	0

用这种方法评定保护评级 R_P 的示例：

a）轻微生锈超过表面 1%，小于表面 2.5% 时：5/—；

b）无缺陷时：10/—。

② 外观评级（R_A）的表示

按如下项目评定外观评级：

a）用表 4-42 给出的分类确定的缺陷类型；

b）用表 1 所列的等级 10～0 确定的受某一缺陷影响的面积；

c）对破坏程度的主管评价，例如：

vs＝非常轻度；

s＝轻度；

m＝中度；

x＝重度。

表 4-42　覆盖层破坏类型的分类

A	覆盖层损坏所致的斑点和（或）颜色变化（与明显的基体金属腐蚀产物的颜色不同）
B	很难看得见，甚至看不见的覆盖层腐蚀所致的发暗
C	阳极性覆盖层的腐蚀产物
D	阴极性覆盖层的腐蚀产物
E	表面点蚀（腐蚀坑可能未扩展到基体金属）
F	碎落、起皮、剥落
G	鼓泡
H	开裂
I	龟裂
J	鸡爪状或星状缺陷

用这种方法评定外观评级（R_A）的示例：

a）中度起斑点，面积超过 20%：—/2 mA；

b）覆盖层（阳极性的）轻度腐蚀，面积超过 1%：—/5sC；

c）极小的表面蚀点引起整个表面轻度发暗：—/0s　B, vs E。

注：外观评级（R_A）可包含一个以上缺陷，在此情况下，应分别报告每一个缺陷［见 6.3c）的示例］。

③ 性能评级的表示

性能评级是保护评级（R_P）后接斜线再接外观评级（R_A）的组合（R_P/R_A），性能评级的示例：

a）试样出现超过总面积的 0.1% 的基体金属腐蚀和试样的剩余表面出现超过该面积的 20% 的中度斑点：9/2 mA；

b）试样未出现基体金属腐蚀，但出现小于总面积的 1.0% 的阳极性覆盖层的轻度腐蚀:10/6 sC；

c) 试样上 0.3% 的面积出现基体金属腐蚀（$R_P=7$），阳极性覆盖层的腐蚀产物覆盖总面积的 0.15%，而且最上面的电沉积层出现轻微鼓泡的面积超过总面积的 0.75%（但未延伸到基体金属）:7/8 vs C, 6m G。

4) 对基体金属呈阴极性覆盖层的圆点图和彩色照片参见 GB/T 6461—2002 附录 A。

① 总则

这些图和照片代表了给定评级所允许的基体金属的最大腐蚀量,从 1 至 9 级每一评级都有一个图或照片。除非在 1 级和 0 级之间再划分评级。否则比 1 级的图或照片更差的试样评为 0 级。

② 圆点图的使用

当使用圆点图或照片时,建议将相应的图或照片并排置于被检查表面旁边,并使缺陷尽可能与其中评级之一相接近。如果被检查表面比（X）级稍好,但又不如（X+1）级,则评为（X 级）;如果表面比（X）稍差,但又经（X-1）级好,则评为（X-1）级。

所遇到的腐蚀缺陷类型,可能因试验中大气暴露类型和覆盖层类型而不同。因此,在某些情况下,最好使用圆点图;而在另一些应用中,彩色照片也许会更适合。然而,在某些情况下,直接测量对评定受影响的面积可能是有利的。

通常,圆点图适合于评价工业大气腐蚀程度,照片更有助于评价海洋大气腐蚀程度。

每六个方图代表 10 个评级中的一个评级或腐蚀面积,它用图来显示腐蚀斑点的数量。

5.2.1.1.5 卫生安全要求

内胆放出的热水应无铁锈、异味,不应溶解有碍人体健康的物质;在浸泡水中重金属析出量应符合 HJ/T 363 的要求。

理解要点：

（1）产品与水接触的材料在浸泡水中重金属的析出量不得大于表 4-43 中规定的限值。

表 4-43　重金属析出量限值

μg/L

元素	铅 Pb	镉 Cd	铬 Cr	镍 Ni
限值	5	1	5	5

（2）重金属元素对人体的影响

1）铅　人体铅负荷增加对人体的神经行为功能有一定的损害。尤其是水中的铅元素蓄积后,被人体吸收后有慢性中毒的作用。对儿童的血铅负荷,神经行为功能进行相应研究后得出,长时间暴露于含铅环境的儿童有着反应缓慢、视觉迟钝的现象。

2）镉　镉和锌是同族之金属元素,往往与锌、铜、铅等共生。镉不是人体所必需的微量元素。新生婴儿体内几乎无镉,人体中镉全部是出生后通过外界环境（例如饮水、食物、香烟）进入人体内的。镉中毒症状主要表现为动脉硬化、肾萎缩、肾炎等。镉可取代骨骼中部分钙,引起骨骼疏松软化而痉挛,严重者引起自然骨折,另外镉还被发现有致癌和致畸作用。

3）铬　铬是一种具有银白色光泽的金属，无毒，化学性质很稳定，不锈钢中便含有12%以上的铬。常见的铬化合物有六价的铬酐、重铬酸钾、重铬酸钠、铬酸钾、铬酸钠等；三价的三氧化二铬（铬绿、Cr_2O_3）；二价的氧化亚铬。

铬的化合物中以六价铬毒性最强，三价铬无毒。六价铬是一种常见的致癌物质，对人体和农作物均有毒害作用。它能降低生化过程的需氧量，从而发生内窒息，铬盐对肠胃均有刺激作用。

4）镍　不锈钢中通常以铬和镍作为主要合金化添加剂。镍对人有致敏作用，会出现咽部、喉凸和齿龈水肿。使用不锈钢假体而引起接触过敏性口腔炎的临床症状为口腔黏膜增生、水肿、干燥。镍还是一种能够致癌的有毒化学元素，含镍物质对人和实验动物有很高的致癌性，当这种致癌性与某些其他因素相互作用时，还会发生细胞中毒和基因中毒现象。分子水平上的镍致癌作用机制，是镍对细胞的代谢产生有害影响。

5.2.1.2　承压内胆使用搪瓷材料应符合 QB/T 2590 的要求。

理解要点：

（1）材料和设计

搪瓷内胆应使用表面与焊缝经预处理后适合搪瓷的钢材。焊缝类型举例见表 4-44。

表 4-44　焊缝类型举例

序号	类　型	备　注
1		允许双面焊接 涂搪层的角度 β 应为 $30°\sim360°$ 涂搪层的边缘应倒圆角
2		涂搪层的角度 β 应为 $30°\sim360°$ 涂搪层的边缘应倒圆角

111

续表 4-44

序号	类　型	备　注
3	瓷层	
4	瓷层	
5	瓷层	
6	α　S　瓷层　1)	弯弧角度 $\alpha=(45\pm5)°$ 1) 弧形边缘 $r=S/2$，至少 $r=2$ mm 或按 $45°\sim S/2$ 倒角
7	$45°$　瓷层　2)	2) 弧形边缘 $r\approx2$ mm 或按 $45°$ 倒角
8	瓷层	
9	不分开的搭接　3)　瓷层　a	搭接长度(a)最多 10 mm 3) $\geqslant2$ mm
10	瓷层　a	搭接长度(a)最多 15 mm
注：1～9 号类型的焊接在涂搪前进行；10 号类型的焊接在涂搪后进行。		

（2）阴极防腐

为防止搪瓷缺陷引起的腐蚀损伤,应配有阴极腐蚀防护设施,并随时可以用测量或者指示的方法来检查外加电阳极的功能。

阴极防腐应确保已经涂搪的内胆的所有部分都得到充分的保护,保证使用两年以上无需维护。

（3）卫生安全性能

应符合国家卫生部门和劳动保障部门所规定的有关要求。

（4）瓷层厚度

搪瓷涂层厚度应在 0.15～0.50 mm 之间,在某些特定范围内,技术上无法避免的部分:如连接件或热交换器处,在得到热水器生产方允许后,可以超过 0.5 mm,但是最高不得超过 1.0 mm。

（5）搪瓷的各种理化性能

应该符合表 4-45 的规定。

表 4-45　搪瓷的理化性能

项　　目	要　　求
密着性	不低于网状或良好
耐酸侵蚀性	不低于 A 级
耐温急变性	目测无损坏
耐热水侵蚀性	失重≤6.0 g/m³
耐碱侵蚀性	失重≤0.6 g/m³
耐压性能	无渗漏且试验后搪瓷表面质量仍应符合四要求
铅析出量	≤0.1 mg/dm³
镉析出量	≤0.05 mg/dm³

`（6）表面质量

热水器搪瓷内胆的内表面应平整光滑,在使用密封垫圈的法兰部分,搪瓷应该不影响密封性能,其他的应符合表 4-46 的要求。

表 4-46　搪瓷材料表面质量要求

项　　目	要　　求	备　　注
皲爆	不应有	
剥瓷、裂缝、皱纹、发沸、凹凸点粒	单个缺陷最大尺寸: （1）在平整搪瓷表面上应该不超过 2 mm; （2）边缘、焊接重叠处、支撑、档板等应不超过 10 mm; （3）焊接缝接重叠处不超过 4 mm	缺陷总量不超过 350 mm²/m²
焦边	不大于 1.6 mm(从锋利边缘算起)	
铜头、针孔	只允许出现在近边缘或焊缝处,离边缘或者焊缝的最大距离应不超过 2 mm	

5.2.2 水箱隔热体

水箱隔热体使用材料应为微氟或无氟硬质聚氨酯泡沫塑料,不允许使用石棉和含有氯氟烃化合物(CFCs)类的发泡物质。物理机械性能应符合附录 A 中表 A.8 的规定。

理解要点:

表 A.8　硬质聚氨酯泡沫塑料材料技术要求

项　　　目	性能指标
表观芯密度/(kg/m³)	28~37,水箱中部取样
压缩强度/kPa	≥110
导热系数/[W/(m·K)]	≤0.022
闭孔率/%	≥92
低温尺寸稳定性(−20 ℃,24 h)/%	≤1
高温尺寸稳定性(70 ℃,48 h)/%	≤1

硬质聚氨酯泡沫塑料是一种很重要的合成材料,具有优异的物理机械性能和耐化学性能,尤其是导热系数低,是一种优质的隔热材料,广泛应用于冰箱、冷柜及汽车行业、建筑行业。但是由于氯氟烃(CFC)发泡剂对大气臭氧层有破坏作用,为了维护生态环境,国际公约已经对其生产和使用做出了严格的限制和规定。因此,聚氨酯工业面临的一个重要任务就是选择 CFC 的代用品,减少和停止 CFC 的应用。以零或低 ODP 值的发泡剂替代氯氟烃是聚氨酯泡沫塑料行业最重大的课题,促使泡沫塑料生产技术发生重大变化。

在聚氨酯硬泡中,常用的 CFC-11 替代发泡剂主要有 HCFC-141b 为代表的 HCFC 类发泡剂、以戊烷为代表的烃类发泡剂以及水发泡剂。以水作发泡剂,实际上是以水和异氰酸酯反应生成的 CO_2 气体作发泡剂,其臭氧破坏效应 ODP 值为零,无毒副作用,因此水是最具吸引力的 CFC-11 最终替代物。而且,全水泡沫制备工艺简便,对设备的要求很低,可沿用 CFC-11 体系的设备,具有广阔的市场前景。因此太阳能行业的厂家都在进行全水发泡的相关应用的研究。

参考 GB/T 6343《泡沫塑料及橡胶　表观密度的测定》和 QB/T 2081—1995《冰箱、冰柜用硬质聚氨酯泡沫塑料》采用表观芯密度即去除模制时形成的全部表皮后,单位体积泡沫材料的质量,定为 28~37 kg/m³。因为聚氨酯发泡时的流动性造成内部的密度并不是均匀的,因此规定了一个范围。

对于聚氨酯的其他性能要求有压缩强度、尺寸稳定性、导热系数和闭孔率。为保证保温层的保温性能,导热系数不大于 0.022W/(m·K);尺寸稳定性选择高温 70 ℃和低温 −20 ℃,按 GB/T 8811 进行试验,尺寸变化率不大于 1%。闭孔率按照 GB/T 10799 进行试验,用来做绝热材料的泡沫塑料,要求材料有高的闭合泡室体积百分比,这样一来可以防止气体溢出,保证材料的低热导性,很多厂家要求该项指标定在 90%,我们认为为了客户更好的使用,保温层的闭孔率要求要高,因此闭孔率要求不小于 92%。

硬质聚氨酯泡沫塑料自由发泡的工艺参数见表 4-47。

表 4-47 硬质聚氨酯泡沫自由发泡的工艺参数

项 目	单 位	性能指标
乳白时间	s	15～20
凝胶时间	s	70～90
不粘时间	s	100～120
表观密度	kg/m³	22～26

5.2.3 水箱外壳

应选用具有良好的耐腐蚀性能材料或进行表面防腐处理。外壳表面涂层应具有较强的附着力和耐候性。外壳表面对可见光的镜面反射比应不大于 0.10 并符合 HJ/T 363 的相关要求。

5.2.3.1 粉末静电喷涂镀锌板外壳技术要求同 5.1.2.4.1。

5.2.3.2 铝型材外壳技术要求同 5.1.2.4.2。

5.2.3.3 镀铝锌钢板外壳技术要求同 5.1.2.5.2。

5.2.3.4 彩色涂层钢板外壳技术要求同 5.1.2.5.3。

理解要点：

外壳材料要考虑到室外的恶劣环境,应选用具有良好的耐腐蚀性能材料或进行表面防腐处理,且外壳表面涂层应具有较强的附着力和耐候性。现太阳能热水系统常用材料主要有粉末静电喷涂镀锌板、镀铝锌板、铝合金型材和不锈钢等几种。在前面已对材料进行过描述介绍,不再一一赘述。

为了控制光污染,对外壳表面镜面反射做出要求,根据 HJ/T 363—2007 的要求,对可见光的镜面反射比不大于 0.10。

5.2.4 水箱密封件

应符合 GB/T 24798 的要求。

理解要点：

（1）材料

内胆橡胶密封圈及与水接触的橡胶密封件宜采用硅橡胶制造,与水接触的橡胶密封件还应符合 GB 4806.1 的规定,外筒橡胶密封圈及其他密封件宜采用硅橡胶或三元乙丙橡胶制造。

（2）尺寸和公差

1）内胆橡胶密封圈的基本尺寸和公差

内胆橡胶密封圈的结构示意图及基本尺寸见图 4-6,其基本尺寸包括:

D——公称最大内径或内胆公称外径;

d_2——公称内径;

d_3——公称槽径;

b——安装槽公称宽度;

d_1——前部外径;

d_4——后部外径;

a——前部高度;

h——高度。

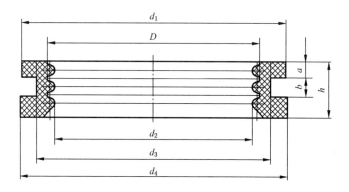

图 4-6 内胆橡胶密封圈的典型结构和基本尺寸

内胆橡胶密封圈基本尺寸见表 4-48,其他尺寸应符合图样的规定,其未注公差应符合 GB/T 3672.1 中 M3 级的要求。

表 4-48 内胆橡胶密封圈的尺寸及公差   mm

D	d_2	d_3	b	d_1	d_4	a	h
47_d	44	52	5.5	$56^{+0.80}_{0}$	$58^{+0.80}_{0}$	$3.0^{+0.40}_{0}$	$13.5^{+0.60}_{0}$
47_s	44	52	4.0	$56^{+0.80}_{0}$	$58^{+0.80}_{0}$	$3.0^{+0.40}_{0}$	$12^{+0.60}_{0}$
58_d	54.5	63	5.5	$69^{+0.10}_{0}$	$70^{+0.10}_{0}$	$3.0^{+0.40}_{0}$	$13.5^{+0.60}_{0}$
58_s	54.5	63	4.0	$69^{+0.10}_{0}$	$70^{+0.10}_{0}$	$3.0^{+0.40}_{0}$	$12^{+0.60}_{0}$
注:内径 D 尺寸中下注角 d 为水箱内筒孔单翻边,下注角 s 为双翻边。							

2) 外筒橡胶密封圈的尺寸和公差

外筒橡胶密封圈的结构示意图及基本尺寸见图 4-7,其基本尺寸包括:

D——密封圈的工称内径;

d_1——外壁公称外径;

d_2——外缘外径;

h——高度。

外筒橡胶密封圈的基本尺寸见表 4-49,其中 d_2 也可由供需双方协商确定,未注公差应符合 GB/T 3672.1 中 M3 级的要求,其他尺寸和公差应符合图样的规定。

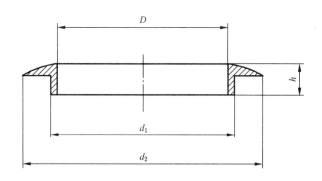

图 4-7　外筒橡胶密封圈的结构和基本尺寸

表 4-49　外筒橡胶密封圈的尺寸和公差

真空管外径	D	d_1	d_2	A
47	45	48	59	$8.0^{+0.50}_{0}$
58	56	59	70	$8.0^{+0.50}_{0}$
注：宜注意到密封件热膨胀的影响因素,由于使用的温度范围大,密封件尺寸的变化将很大。				

3）外观质量

密封件不应有气泡、裂纹以及其他影响其密封性能的缺陷。

4）物理性能要求

密封件胶料应符合表 4-50 的要求。

表 4-50　密封件胶料的性能要求

性　　　　能	硅橡胶	三元乙丙
硬度(邵尔 A)	48～56	48～56
拉伸强度(最小)/MPa	6	8
拉断伸长率(最小)/%	250	250
压缩永久变形,B 型试样(最大)/%		
180 ℃,24 h	30	
150 ℃,24 h		30
耐热		
（1）180 ℃,72 h		
硬度变化(邵尔 A,最大)	+10	
拉断伸长率变化率(最大)/%	−30	
拉伸强度变化率(最大)/%	−20	
挥发减量(最大)/%	1	
挥发凝结(最大)/%	0.1	
（2）150 ℃,72 h		
硬度变化(邵尔 A,最大)		+10
拉断伸长率变化率(最大)/%		−30
拉伸强度变化率(最大)/%		−20
挥发减量(最大)/%		1
挥发凝结(最大)/%		0.1

续表 4-50

性　　能	硅橡胶	三元乙丙
耐臭氧 　伸长 20%，空气中的臭氧浓度（体积分数）200×10^{-8}，在 40 ℃下进行 96 h	无龟裂	无龟裂
脆性温度，在-40 ℃下	不裂	不裂
耐天候试验 　暴露于氙弧灯下，氙弧灯使用条件为 550～1 000 W/m²、290～800 nm； 　黑板温度为 55 ℃±3 ℃，条形试样拉伸 20%； 　喷水时间 18 min； 　喷水间隔 102 min； 　试验总时间 480 h	无龟裂	无龟裂

5.2.5　辅助电加热器

5.2.5.1　辅助电加热器（整机）的安全性、可靠性和加热性能应符合 GB 4706.12、NY/T 513的要求。

理解要点：

（1）GB 4706.12《家用和类似用途电器的安全　储水式热水器的特殊要求》所定义的储水式热水器是加热水并将水储存在容器中，装有控制水温装置的固定式器具。

注：容器可以是隔热的，也可以是不隔热的。

1）一般要求

各种器具的结构应使其在正常使用中能安全的工作，即使在正常使用中出现可能的疏忽时，也不会引起对人员和周围环境的危险。

2）试验条件

试验在无强制对流空气且环境温度为 20 ℃±5 ℃的场所进行。

如果某一部位的温度受到温度敏感装置的限制或被相变温度所影响（例如当水沸腾时），若有疑问时，则环境温度保持在 23 ℃±2 ℃。

交流器具在额定频率下进行试验，而交直流两用器具则用对器具最不利的电源进行试验。没有标出额定频率或标有 50～60 Hz 频率范围的交流器具，则用 50 Hz 或 60 Hz 中最不利的那种频率进行试验。

具有多种额定电压的器具，以最不利的那个电压为基础进行试验。

对标有额定电压范围的电动器具和组合型器具，当规定其电源电压等于其额定电压乘以一个系数时，其电源电压等于：

——如果系数大于 1，则为其额定电压范围的上限值乘以此系数；

——如果系数小于 1，则为其额定电压范围的下限值乘以此系数。

当没有规定系数时,电源电压为其额定电压范围内的最不利电压。

对触及带电部件的防护:器具的结构和外壳应使其对意外触及带电部件有足够的防护。只要器具能通过插头或全极开关与电源隔开,位于可拆卸盖罩后面的灯则不必取下,但是,在装取位于可拆卸盖罩后面的灯的操作中,应确保对触及灯头的带电部件的防护。

用不明显的力施加给 IEC 61032 的 B 型试验探棒,除了通常在地上使用且质量超过 40 kg 的器具不斜置外,器具处于每种可能的位置,探棒通过开口伸到允许的任何深度,并且在插入的任一位置之前、之中和之后,转动或弯曲探棒。如果探棒无法插入开口,则在垂直的方向给探棒加力到 20 N;如果该探棒此时能够插入开口,该试验要在试验探棒成一定角度下重复。

试验探棒应不能碰触到带电部件,或仅用清漆、釉漆、普通纸、棉花、氧化膜、绝缘珠或密封剂来防护的带电部件,但使用自硬化树脂除外。试验探棒还需穿过在表面覆盖一层非导电涂层如瓷釉或清漆的接地金属外壳的开口。该试验探棒应不能触及到带电部件。

3)输入功率和电流

如果器具标有额定输入功率,器具在正常工作温度下,其输入功率对额定输入功率的偏离不应大于表 4-51 中所示的偏差。

表 4-51　输入功率偏差

器具类型	额定输入功率/W	偏差
所有器具	≤25	±20%
电热器具和组合型器具	>25 且≤200	±10%
	>200	+5% 或 20W(选较大的值) −10%
电动器具	>25 且≤300	+20%
	>300	+15% 或 60 W(选较大的值)

如果器具标有额定电流,则其在正常工作温度下的电流与额定电流的偏差,不应超过表 4-52 中给出的相应偏差。

表 4-52　电流偏差

器具类型	额定输入电流/A	偏差
所有器具	≤0.2	±20%
电热器具和组合型器具	>0.2 且≤1.0	±10%
	>1.0	+5% 或 0.10A(选较大的值) −10%
电动器具	>0.2 且≤1.5	+20%
	>1.5	+15% 或 0.30A(选较大的值)

4）工作温度下的泄漏电流和电气强度

在工作温度下,器具的泄漏电流不应过大,而且其电气强度应满足规定要求。

器具工作的时间一直延续至正常使用时那些最不利条件产生所对应的时间。

电热器具以 1.15 倍的额定输入功率工作。

电动器具和组合型器具以 1.06 倍的额定电压供电。

安装说明规定也可使用单项电源的三相器具,将三个电流并联后作为单项器具进行试验。

在进行该试验前断开保护阻抗和无线电干扰滤波器。

器具持续工作至规定的时间长度之后,泄漏电流应不超过下述值:

——对Ⅱ类器具　　　　　　　　　 0.25 mA

——对 0 类、0Ⅰ类和Ⅲ类器具　　 0.5 mA

——对Ⅰ类便携式器具　　　　　　 0.75 mA

——对Ⅰ类驻立式电动器具　　　　 3.5 mA

——对Ⅰ类驻立式电热器具　　　　 0.75 mA 或 0.75 mA/kW(器具额定输入功率),两者中选较大值,但是最大为 5 mA。

5）瞬态过电压:器具应能承受其可能经受的瞬态过电压。

表 4-53 规定了额定脉冲电压对应的脉冲试验电压值。

表 4-53　脉冲试验电压

额定脉冲电压/V	脉冲试验电压/V
330	350
500	550
800	910
1 500	1 750
2 500	2 950
4 000	4 800
6 000	7 300
8 000	9 800
10 000	12 300

试验中不应有闪络出现。但是,如果当电气间隙短路时,器具符合要求时,则允许出现功能性绝缘的闪络。

6）耐潮湿

器具外壳应按器具分类提供相应的防水等级。在试验期间要用手持式器具持续转动,并转过最不利的位置。

通常在地面或桌面上使用的器具,要放置在一个无孔眼的水平支承台上,支承台面的直径为 2 倍摆管的半径减去 15 cm。

通常固定在墙壁上的器具和带有插入插座的插脚的器具,按正常使用安装在一块木板的中心,该木板的每边尺寸比器具在木板上的正交投影尺寸超出 15 cm±5 cm。该木板要放置在摆管的中心位置。

7）非正常工作

器具的结构,应可消除非正常工作或误操作导致的火灾危险、有损安全或电击防护的机械性损坏。电子电路的设计和应用,应使其任何一个故障情况都不对器具在有关电击、火灾危险、机械危险或危险性功能失效方面产生不安全。

8）稳定性和机械危险

除固定式器具和手持式器具以外,打算用在例如地面或桌面等表面上的器具,应具有足够的稳定性。器具以使用中的任一正常使用位置放在一个与水平面成 10° 的倾斜平面上。电源软线以最不利的位置摆放在倾斜平面上。但是,当器具以 10° 倾斜时,如果器具的某部分与水平支撑面接触,则将器具放在一个水平支撑物上,并以最不利的方向将其倾斜 10°。

9）机械强度

器具应具有足够的机械强度,并且其结构应经受住在正常使用中可能会出现的粗鲁对待和处理。用弹簧冲击器依据 IEC 60068-2-75 的 Ehb 对器具进行冲击试验,确定其是否合格。器具被刚性支撑,在器具外壳每一个可能的薄弱点上用 0.5 J 的冲击能量冲击 3 次。

试验后,器具应显示出没有本标准定义内的损坏。如果怀疑一个缺陷是由先前施加的冲击所造成的,则忽略该缺陷,接着在一个新样品的同一部位上施加 3 次为一组的冲击,新样品应能承受该试验。

(2) NY/T 513《家用太阳热水器电辅助热源》规定了家用太阳热水器电辅助热源(简称辅助电加热器)的定义、分类与命名、技术要求、试验方法、检验规则以及标志和包装。

该标准适用于额定电压为 220 V,单管额定功率不超过 3 000 W,额定压力不超过 1 MPa,用于贮水箱容量不大于 0.6 m³ 的家用太阳热水系统,将水加热至沸点以下的辅助电加热器。

1）产品分类

辅助电加热器主要由电热管、与贮热水箱连接的密封接口、连接电缆、温度控制与漏电保护装置等四部分构成。按辅助电加热器与贮热水箱的密封连接方式的不同,可分为法兰密封连接、螺纹密封连接和直插式三种。按辅助电加热器插入水箱的位置不同,可分为底部插入式、侧面插入式和顶部插入式三种。按电热管的金属外壳管材的不同可分为铜、不锈钢和铁镍基耐蚀合金三种。

2）规格

辅助电加热器的额定功率应优选以下规格:

1 000 W、1 200 W、1 500 W、1 800 W、2 000 W、2 500 W、3 000 W。

贮水箱容量小于 150 L 的可选配不大于 1.5 kW 的辅助电加热器;贮水箱容量大于 150 L 的可选配大于 1.5 kW 的辅助电加热器。

3）技术要求

家用太阳热水器电辅助热源的安全性、可靠性和加热性能应符合表 4-54 的规定。

表 4-54　安全性、可靠性和加热性能的技术要求

试验项目		试验条件	技术要求
输入功率偏差		额定电压	＋5％，－10％
冷态	泄漏电流	1.06 倍额定电压	≤0.75 mA
	电气强度	50 Hz,1 250 V,1 min	无击穿
热态	泄漏电流	1.15 倍额定输入功率	≤0.75 mA
	电气强度	50 Hz,1 000 V,1 min	无击穿
接地电阻		12 V,25 A	≤0.1 Ω
耐压		2 倍热水器高度水压头或 1.5 倍工作压力	5 min 无渗漏
抗干烧性能		额定电压下干烧 4 h	感温元件无损坏,动作可靠

4）结构和材料

按 GB 4706.1 的规定,防触电保护类型应属"Ⅰ类器具"。

供电电源与辅助电加热器之间应单独加装合适容量并且符合 GB 6829 要求的漏电保护器。插入室外贮热水箱中的电热管（包括感温元件）和安装在室内的温度控制与漏电保护装置之间的连接电缆,应有固定牢靠的硬质 PVC 线管保护入室。

连接电缆中的电源软线应包含有黄/绿双色专用接地线。根据辅助电加热器额定电流的大小,电源软线的导线应具有不小于表 4-55 规定的横截面积。

表 4-55　导线的最小横截面积

额定电流/A	≤6	＞6～10	＞10～16	＞16～25
标称截面积/mm²	0.75	1.0	1.5	2.5

电热管的安全性与可靠性应符合 JB 4088 的技术要求和有关规定。

a）电热管外壳材料应符合 GB/T 3089、GB/T 3090、GB 5231、GB/T 15007 等的规定。

b）电热管允许的最大表面负荷应符合表 4-56 的规定。

表 4-56　允许的最大表面负荷

外壳材料	铜 T3	不锈钢 0Cr18Ni9Ti(304) 1Cr18Ni9Ti(321)	铁镍基耐蚀合金 NSI 11(Incoloy800)
允许最大表面负荷/(W/cm²)	7	11	11

电热管的接线端子应加装无孔的绝缘防护罩,其防水等级应不低于 IPX2。

对于承压式太阳热水器,密封法兰盘和密封螺纹接头以及电热管的焊缝应经受不低于 0.6 MPa 的气压检验而不渗漏。

直插式电热管外筒表面作为密封面应平滑光洁,无划痕。

热双金属片式温控器的技术要求应符合 JB/T 3751 的有关规定。热敏电阻或热电偶等电子式温控器的技术要求应符合 GB 14536.10 的有关规定。

辅助电加热器的工作寿命应不低于 3 000 h。

5.2.5.2 电热元件

应符合 GB/T 23150 的要求,在浸泡水中重金属析出量应符合 HJ/T 363 的要求。

理解要点:

GB/T 23150《热水器用管状加热器》规定了热水器用管状加热器的技术要求、试验方法、检验规则、标志、包装、运输及储存。适用于家用和类似用途热水器用管状加热器。

(1) 外观

电热管的所有构成部分不应有局部膨胀及锈蚀等现象。

电热管的折弯部位应呈光滑弧面,除工艺要求外,不应有扭曲、皱纹凹凸等现象。

电热管的外露部分,不应有锐边、锐角及毛刺。

电热管应无明显的机械伤痕。

电热管上的螺纹、接线插片应完整,并采用标准螺纹和标准插片,绝缘子应无裂纹、破碎现象,并胶结牢固。若有轻微缺陷,应不影响使用。

(2) 焊接

电热管的所有焊接应牢固、圆滑、整洁,不应出现松动、虚焊、脱焊现象,电热管经水压试验后,应不出现渗漏现象。

(3) 安全性能

电热管的冷态电气强度在 1 500 V 基本正弦波的电压下,历时 1 min,不应发生闪络和击穿现象,泄漏电流不应超过 5 mA。

电热管在正常工作条件下的泄漏电流不应超过 0.3 mA/kW,最大值不应超过 3 mA。

电热管的输入功率应在额定功率的 90%～105% 范围内。

电热管经 48 h 的湿热试验后,应能承受测试电压为 1 500 V,历时 1 min 的电气强度试验,泄漏电流不应超过 5 mA。

电热管在额定电压工作条件下空烧 30 min,不应变形及释放火焰、金属溶液和有害气体。电热管试验后应冷却至室温,然后将除法兰外的管体部分浸入水中,经过 24 h 后,应能承受测试电压为 1 250 V,历时 1 min 的电气强度试验,泄漏电流不应超过 5 mA。

注:表面负荷>11 W/cm² 的产品不作此项要求,铜管和铝管不适用。

(4) 机械强度

电热管中的接线引出棒,应能承受 980 N 的拉力试验,历时 3 min,不得有位移、断裂等现象,接线片与引出棒的焊接应能承受纵横 200 N 以上的拉力,应无断裂、脱落等现象。

(5) 高低温冲击

应能承受测试电压为 1 500 V,历时 1 min 的电气强度试验,泄漏电流不应超过 5 mA。

电热管应能经受 24 h 的中性盐雾试验,在热水器使用中电热管接触水的部分不应有较严重的锈蚀现象。

电热管的工作寿命不低于 4 000 h。

> **5.2.5.3 电热元件接线盒**
>
> **5.2.5.3.1** 塑料燃烧性能:氧指数≥24。
>
> **5.2.5.3.2** 负荷变形温度(使用弯曲应力 1.80 MPa 的 A 法)≥65 ℃。
>
> **5.2.5.3.3** 抗老化性(72 h),略变色,无变形、无粉化、无脆裂。

理解要点:

(1)电加热接触的塑料件,例如电加热接线盒也增加相应规定,如阻燃、耐温、耐老化等。但是阻燃与老化是一对矛盾的参数,也需根据具体需要情况来决定阻燃剂及抗老化剂的比例。

(2)氧指数(OI)是指在规定的条件下,材料在氧氮混合气流中进行有焰燃烧所需的最低氧浓度。以氧所占的体积分数(%)的数值来表示。氧指数高表示材料不易燃烧,氧指数低表示材料容易燃烧,一般认为氧指数<22 属于易燃材料,氧指数在 22～27 之间属可燃材料,氧指数>27 属难燃材料。

> **5.3 支架**
>
> 应选用具有良好的耐腐蚀性能材料或进行表面防腐处理。支架表面涂层应具有较强的附着力和耐候性。

理解要点:

支架作为热水器的主要部件之一,起着水箱和集热器的支撑作用,至关重要。其结构和用料不合理,也会直接影响整台热水器的使用寿命和美观。此外支架处于户外较恶劣的条件中,需要耐腐蚀、耐候性等性能优良。

> **5.3.1** 支架强度和刚度应符合 GB/T 19141 的要求。

理解要点:

家用太阳能热水系统支架应具有足够对的强度、刚度及一定的耐腐蚀能力。

> **5.3.2** 粉末静电喷涂镀锌板材料技术要求同 5.1.2.4.1。
>
> **5.3.3** 铝型材支架材料技术要求同 5.1.2.4.2。

理解要点:

本部分内容在前面已介绍,不再一一赘述。

> **5.3.4 角钢热镀锌或角钢静电喷涂支架材料**
>
> **5.3.4.1** 角钢应符合 GB/T 706 的要求。
>
> **5.3.4.2** 镀锌层应符合 GB/T 13912 的要求,镀锌层厚度:40 μm~65 μm。
>
> **5.3.4.3** 涂层性能技术要求应符合附录 A 中表 A.2 的规定。

理解要点:

(1) 一般采用 3♯、4♯ 角钢,材质为 Q235A,角钢的尺寸、外形允许偏差符合表 4-57 的规定。

表 4-57 角钢外形尺寸允许偏差   mm

项　目		允许偏差		图　示
		等边角钢	不等边角钢	
边宽度(B,b)	边宽度≤56	±0.8		
边厚度 d	边宽度≤56	±0.4		
顶端直角		α≤50'		
弯曲度		每米弯曲度≤3 mm 总弯曲度≤总长度的 0.30%		适用于上下、左右大弯曲

(2) 钢的牌号和化学成分符合表 4-58 的规定。

表 4-58

牌号	化学成分(质量分数)/%				
	不大于				
	C	Si	Mn	S	P
Q235A	0.22	0.35	1.40	0.045	0.050

(3) 力学性能

钢材的拉伸和冲击试验结果应符合表 4-59 的规定。

表 4-59

牌　号	屈服强度 $R_{eH}/(N/mm^2)$，不小于	抗拉强度 $R_m(N/mm^2)$	断后伸长率 $A/\%$，不小于
	厚度≤16 mm		厚度≤40 mm
Q235A	235	370～500	26

（4）表面质量：表面不应有裂缝、折叠、结疤、分层和夹杂。

（5）镀层的要求

外观：目测所有热镀锌制件，其主要表面应平滑，无滴瘤、粗糙和锌刺（如果这些锌刺会造成伤害），无起皮，无漏镀，无残留的溶剂渣，在可能影响热镀锌工件的使用或耐腐蚀性能的部位不应有锌瘤和锌灰。

只要镀层的厚度大于规定值，被镀制件表面允许存在发暗或浅灰色的色彩不均匀区域，潮湿条件下储存的镀锌工作，表面允许有白锈（以碱式氧化锌为主的白色或黑色腐蚀产物）存在。

5.3.5　尾架

尾架材料同支架材料中 5.3.1～5.3.3。

理解要点：

尾架材料主要有粉末静电喷涂镀锌板、铝型材。

5.3.6　护托

5.3.6.1　简支梁冲击强度（缺口）≥5 kJ/m²。

5.3.6.2　负荷变形温度（使用弯曲应力 1.80 MPa 的 A 法）≥65 ℃。

5.3.6.3　弯曲强度≥66 MPa，弯曲模量≥2 400 MPa。

5.3.6.4　抗老化性（72 h），略变色，无变形、无粉化、无脆裂。

理解要点：

护托现在市场上常用的是 ABS 和尼龙。作为支撑真空管的部件，要耐温、耐老化、有一定强度，因此在标准中用简支梁冲击强度（缺口）、负荷变形温度、弯曲屈服强度、弯曲弹性模量作为主要性能指标。

5.4　管路

卫生性能应符合 GB/T 17219 的要求。

理解要点：

太阳能热水器管路传输的用户日常生活的饮用水，虽不提倡直接饮用太阳能热水器中的热水,但此热水除了供用户洗澡之外,还可以供用户洗菜、刷碗等日常生活所用,此条规定太阳能热水器的管路必须符合 GB/T 17219《生活饮用水输配水设备及防护材料的安全性评价标准》。

凡与饮用水接触的输配水设备不得污染水质。饮用水接触的输配水设备必须按照 GB/T 17219 中附录 A 规定的方法进行浸泡试验,其检测结果必须符合表 4-60 的规定。

表 4-60　饮用水输配水设备浸泡水的卫生要求

项　　目	卫生要求
生活饮用水卫生标准中规定的项目	
色	不增加色度
浑浊度	增加量≤0.5 度
臭和味	无异臭、异味
肉眼可见物	不产生任何肉眼可见的碎片、杂物等
pH	不改变 pH
铁	≤0.03 mg/L
锰	≤0.01 mg/L
铜	≤0.1 mg/L
锌	≤0.1 mg/L
挥发酚类(以苯酚计)	≤0.002 mg/L
砷	≤0.005 mg/L
汞	≤0.001 mg/L
铬(六价)	≤0.005 mg/L
镉	≤0.001 mg/L
铅	≤0.005 mg/L
银	≤0.005 mg/L
氟化物	≤0.1 mg/L
硝酸盐(以氮计)	≤2 mg/L
氯仿	≤6 μg/L
四氯化碳	≤0.3 μg/L
苯并(a)芘	≤0.001 μg/L
其他项目	
蒸发残渣	增加量≤10 mg/L
高锰酸钾消耗量[以氧气(O_2)计]	增加量≤2 mg/L

5.4.1　铝塑复合压力管

5.4.1.1　结构尺寸

应符合 GB/T 18997.1—2003、GB/T 18997.2—2003 中表 3 的要求。

理解要点：

（1）铝塑复合压力管简称铝塑管，是太阳能热水系统安装中最为常见的一种管材，不但可以在室外作为管路使用，还可以在室内作为明管安装使用。根据铝管焊接方式不同分为铝管搭接焊式铝塑管和铝管对接焊式铝塑管，这两种铝塑管对应的标准分别为GB/T 18997.1—2003《铝塑复合压力管　第 1 部分：铝管搭接焊式铝塑管》和GB/T 18997.2—2003《铝塑复合压力管　第 2 部分：铝管对接焊式铝塑管》。两者在结构尺寸、管环径向拉力等性能方面都有一定的不同，层间结构分别见图 4-8 和图 4-9。

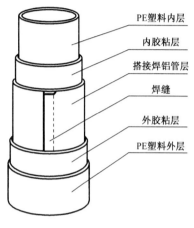

图 4-8　搭接焊式铝塑管　　　　　　　　　　图 4-9　对接焊式铝塑管

（2）铝管搭接焊式铝塑管的结构尺寸应符合表 4-61 的要求。在铝管搭接焊缝处的塑料外层厚度至少为表 4-61 值的二分之一。铝塑管可以盘卷式或直管式供货，其长度应不少于出厂规定值。

（3）铝管对接焊式铝塑管的结构尺寸应符合表 4-62 要求。

表 4-61　铝管搭接焊式铝塑管结构尺寸要求　　　　　　　　　　　　　　mm

公称外径 d_n	公称外径公差	参考内径 d_i	圆度		管壁厚 e_m		内层塑料最小壁厚 e_n	外层塑料最小壁厚 e_w	铝管层最小壁厚 e_a
			盘管	直管	最小值	公差			
12	+0.3 0	8.3	≤0.8	≤0.4	1.6	+0.5 0	0.7	0.4	0.18
16		12.1	≤1.0	≤0.5	1.7		0.9		0.18
20		15.7	≤1.2	≤0.6	1.9		1.0		0.23
25		19.9	≤1.5	≤0.8	2.3		1.1		0.23
32		25.7	≤2.0	≤1.0	2.9		1.2		0.28
40		31.6	≤2.4	≤1.2	3.9	+0.6 0	1.7		0.33
50		40.5	≤3.0	≤1.5	4.4	+0.7 0	1.7		0.47
63	+0.4 0	50.5	≤3.8	≤1.9	5.8	+0.9 0	2.1		0.57
75	+0.6 0	59.3	≤4.5	≤2.3	7.3	+1.1 0	2.8		0.67

表 4-62　铝管对接焊式铝塑管结构尺寸要求　　　　　　　　　　mm

公称外径 d_n	公称外径公差	参考内径 d_i	圆度		管壁厚 e_m		内层塑料最小壁厚 e_n		外层塑料最小壁厚 e_w	铝管层最小壁厚 e_a	
			盘管	直管	公称值	公差	公称值	公差		公称值	公差
16	+0.3 0	10.9	≤1.0	≤0.5	2.3	+0.5 0	1.4	±0.1	0.3	0.28	±0.04
20		14.5	≤1.2	≤0.6	2.5		1.5			0.36	
25 (26)		18.5 (19.5)	≤1.5	≤0.8	3.0		1.7			0.44	
32		25.5	≤2.0	≤1.0			1.6			0.60	
40	+0.4 0	32.4	≤2.4	≤1.2	3.5	+0.6 0	1.9		0.4	0.75	
50	+0.5 0	41.4	≤3.0	≤1.5	4.0		2.0			1.00	

5.4.1.2　管环径向拉力

管环径向最大拉力应不小于 GB/T 18997.1—2003、GB/T 18997.2—2003 中表 4 的规定值。

理解要点：

（1）对于铝管搭接焊式铝塑管的管环径向最大拉力应不小于表 4-63 规定值。

表 4-63　铝管搭接焊式铝塑管管环径向拉力及爆破拉力

公称外径 d_n/mm	管环径向拉力/N		爆破压力/MPa
	MDPE	HDPE、PEX	
12	2 000	2 100	7.0
16	2 100	2 300	6.0
20	2 400	2 500	5.0
25	2 400	2 500	4.0
32	2 500	2 650	
40	3 200	3 500	
50	3 500	3 700	
63	5 200	5 500	3.8
75	6 000	6 000	

（2）对于铝管对接焊式铝塑管的管环径向最大拉力应不小于表 4-64 规定值。

表 4-64 铝管对接焊式铝塑管管环径向拉力及爆破拉力

公称外径 d_n/mm	管环径向拉力/N		爆破压力/MPa
	MDPE	HDPE、PEX	
16	2 300	2 400	8.00
20	2 500	2 600	7.00
25(26)	2 890	2 990	6.00
32	3 270	3 320	5.50
40	4 200	4 300	5.00
50	4 800	4 900	4.50

5.4.1.3 静液压强度

铝塑管进行静液压强度试验时应符合 GB/T 18997.1—2003、GB/T 18997.2—2003 中表 6 的要求。

理解要点：

（1）对于铝管搭接焊式铝塑管进行静液压强度试验时应符合表 4-65 要求。

表 4-65 铝管搭接焊式铝塑管静液压强度试验

公称外径 d_n/mm	用途代号				试验时间/h	要求
	L、Q、T		R			
	试验压力/MPa	试验温度/℃	试验压力/MPa	试验温度/℃		
12	2.72	60	2.72	82	10	应无破裂、局部球形膨胀、渗漏
16						
20						
25						
32						
40	2.10		2.00	2.10ᵃ		
50						
63						
75						

ᵃ 系采用中密度聚乙烯（乙烯与辛烯共聚物）材料生产的铝塑管。

表 4-65 中用途代号 L 表示铝塑管中流体类型为冷水；用途代号 R 表示铝塑管中流体类型为燃气，包括天然气、液化石油气和人工燃气；用途代号 T 表示铝塑管中流体类型为和 HDPE 的抗化学药品性能相一致的特种流体；用途代号 Q 表示铝塑管中流体类型为冷热水。

（2）对于铝管对接焊式铝塑管的静液压强度要求有 1 h 静液压强度试验和 1 000 h 静液压强度试验，此处主要强调了 1 h 静液压强度试验，应符合表 4-66 要求。

表 4-66 铝管对接焊式铝塑管 1 h 静液压强度试验

铝塑管代号	公称外径 d_n/mm	试验温度/℃	试验压力/MPa	试验时间/h	要 求
XPAP1	16～32	95±2	2.42±0.05	1	应无破裂、局部球形膨胀、渗漏
XPAP2	40～50		2.00±0.05		
PAP3、PAP4	16～50	70±2	2.10±0.05		

表 4-66 中铝塑管代号是按复合组分材料分类的,其型式如下:

1) 聚乙烯/铝合金/交联聚乙烯(XPAP1):一型铝塑管;
2) 交联聚乙烯/铝合金/交联聚乙烯(XPAP2):二型铝塑管;
3) 聚乙烯/铝/聚乙烯(PAP3):三型铝塑管;
4) 聚乙烯/铝合金/聚乙烯(PAP4):四型铝塑管。

5.4.1.4 交联度

交联铝塑管内外层塑料进行交联度测定时,出厂时其交联度对于硅烷交联应不小于65%;对于辐射交联应不小于60%。

理解要点:

交联铝塑管是指内外层塑料均为交联聚乙烯的铝塑管,按其交联工艺主要分为硅烷交联和辐射交联两种,不同的交联工艺的交联度要求也不一样,交联度的高低直接影响到铝塑管的耐压性能,交联度是铝塑管测试的一个重要指标。

5.4.1.5 耐冷热水循环性能

管道系统按 GB/T 18997.1—2003、GB/T 18997.2—2003 中表 9 规定的条件进行冷热水循环试验时,试验中管材、管件及连接处应无破裂、泄露。

理解要点:

管路系统按照表 4-67 的规定条件进行冷热水循环试验时,试验中管材、管件及连接处应无破裂、泄漏。

表 4-67 冷热水循环试验条件

最高试验温度[a]/℃	最低试验温度/℃	试验压力/MPa	循环次数	每次循环时间[b]/min
T_0+10 ℃	20±2	$p_0±0.05$	5 000	30±2

[a] 最高试验温度不超过 90 ℃。

[b] 每次循环冷热各(15±1)min。

表 4-66 中 T_0 为长期工作温度,p_0 为允许工作压力,具体指在长期工作温度下,允许连续使用的最大压力。

5.4.2 PE-X 管材

应符合 GB/T 18992.2 的要求。

理解要点:

(1) PE-X管材指的是交联聚乙烯管材,是太阳能热水器安装中常用的一种管材,其优点是:耐高低温性能好,适用温度范围宽;质地坚硬而有韧性、抗内压强度高;不含有毒成分,不含增塑剂,不会发生霉变和滋生细菌,符合饮用水卫生标准;耐化学腐蚀性好,耐环境应力开裂性优良;不生锈、不结垢等。

生产管材所用的主体原料为高密度聚乙烯,聚乙烯在管材成型过程中或成型后进行交联。管材的交联工艺不限,可以采用过氧化物交联、硅烷交联、电子束交联和偶氮交联,交联的目的是使聚乙烯的分子链之间形成化学键,获得三维网状结构。硅烷交联聚乙烯和过氧化物交联聚乙烯的回用料不允许再次生产管材。

(2) PE-X管材的产品分类

1) 按交联工艺分

管材按交联工艺的不同分为过氧化物交联聚乙烯($PE-X_a$)管材、硅烷交联聚乙烯($PE-X_b$)管材、电子束交联聚乙烯($PE-X_c$)管材和偶氮交联聚乙烯($PE-X_d$)管材。

2) 按尺寸分

管材按尺寸分为S6.3,S5,S4,S3.2四个管系列,管系列S与公称压力PN的关系如下:

a) 当管道系统的总使用系数C为1.25时管系列S与公称压力PN的关系见表4-68。

表4-68　管系列S与公称压力PN的关系(C=1.25)

管系列	S6.3	S5	S4	S3.2
公称压力PN/MPa	1.0	1.25	1.6	2.0

b) 当管道系统的总使用系数C为1.5时管系列S与公称压力PN的关系见表4-69。

表4-69　管系列S与公称压力PN的关系(C=1.5)

管系列	S6.3	S5	S4	S3.2
公称压力PN/MPa	1.0	1.25	1.25	1.6

3) 按使用条件级别分

管材的使用条件级别分为级别1、级别2、级别4、级别5四个级别,按使用条件级别和设计压力选择对应的管系列S值,见表4-70。

表4-70　管系列S的选择

设计压力 p_D/MPa	级别1 $\sigma_D=3.85$ MPa	级别2 $\sigma_D=3.84$ MPa	级别4 $\sigma_D=4.00$ MPa	级别5 $\sigma_D=3.24$ MPa
	管系列S			
0.4	6.3	6.3	6.3	6.3
0.6	6.3	5	6.3	5
0.8	4	4	5	4
1.0	3.2	3.2	4	3.2

表 4-69 中 σ_D 为设计应力。

（3）PE-X 管材的技术要求

1）外观

外观应达到下列要求：

a）管材的内外表面应该光滑、平整、干净，不得有可能影响产品性能的明显划痕、凹陷、气泡等缺陷。

b）管壁应无可见的杂质，管材表面颜色应均匀一致，不允许有明显色差。

c）管材端面应切割平整，并与管材的轴线垂直。

2）不透光性

明装有遮光要求的管材应不透光。

3）管材规格尺寸

a）外径：管材的平均外径 d_{em} 应符合表 4-71 的要求。

表 4-71 管材规格　　　　　　　　　　　　　　　　　　　　　　　mm

公称外径 d_n	平均外径		最小壁厚 e_{min}（数值等于 e_n）			
	$d_{em,min}$	$d_{em,max}$	管系列			
			S6.3	S5	S4	S3.2
16	16.0	16.3	1.8[a]	1.8[a]	1.8	2.2
20	20.0	20.3	1.9[a]	1.9	2.3	2.8
25	25.0	25.3	1.9	2.3	2.8	3.5
32	32.0	32.3	2.4	2.9	3.6	4.4
40	40.0	40.4	3.0	3.7	4.5	5.5
50	50.0	50.5	3.7	4.6	5.6	6.9
63	63.0	63.6	4.7	5.8	7.1	8.6
75	75.0	75.7	5.6	6.8	8.4	10.3
90	90.0	90.9	6.7	8.2	10.1	12.3
110	110.0	111.0	8.1	10.0	12.3	15.1
125	125.0	126.2	9.2	11.4	14.0	17.1
140	140.0	141.3	10.3	12.7	15.7	19.2
160	160.0	161.5	11.8	14.6	17.9	21.9

[a] 考虑到刚性与连接的要求，该厚度不按管系列计算。

b）管材壁厚和公差

管材的壁厚 e_{min}（数值等于 e_n）应满足表 4-71 中对应管系列 S 和 S_{calc} 的相关要求。壁厚 e 的偏差应符合表 4-72 的要求。

c）力学性能

按表 4-73 规定的参数对管材进行静液压试验，管材应无渗漏、无破裂。试样数量均为 3 个。

d）物理和化学性能应符合表 4-74 的规定。

表 4-72　壁厚偏差　　　　　　　　　　　　　　　　　　　　　　　　mm

最小壁厚 e_{min} 的范围	偏差[a]	最小壁厚 e_{min} 的范围	偏差[a]
$1.0 < e_{min} \leqslant 2.0$	0.3	$12.0 < e_{min} \leqslant 13.0$	1.4
$2.0 < e_{min} \leqslant 3.0$	0.4	$13.0 < e_{min} \leqslant 14.0$	1.5
$3.0 < e_{min} \leqslant 4.0$	0.5	$14.0 < e_{min} \leqslant 15.0$	1.6
$4.0 < e_{min} \leqslant 5.0$	0.6	$15.0 < e_{min} \leqslant 16.0$	1.7
$5.0 < e_{min} \leqslant 6.0$	0.7	$16.0 < e_{min} \leqslant 17.0$	1.8
$6.0 < e_{min} \leqslant 7.0$	0.8	$17.0 < e_{min} \leqslant 18.0$	1.9
$7.0 < e_{min} \leqslant 8.0$	0.9	$18.0 < e_{min} \leqslant 19.0$	2.0
$8.0 < e_{min} \leqslant 9.0$	1.0	$19.0 < e_{min} \leqslant 20.0$	2.1
$9.0 < e_{min} \leqslant 10.0$	1.1	$20.0 < e_{min} \leqslant 21.0$	2.2
$10.0 < e_{min} \leqslant 11.0$	1.2	$21.0 < e_{min} \leqslant 22.0$	2.3
$11.0 < e_{min} \leqslant 12.0$	1.3		
[a] 偏差表示为 $^{+x}_{0}$ mm，其中 x 为表中所给值。			

表 4-73　管材的力学性能

项　　目	要　　求	试验参数		
		静液压应力/MPa	试验温度/℃	试验时间/h
耐静液压	无渗漏、无破裂	12.0	20	1
		4.8	95	1
		4.7	95	22
		4.6	95	165
		4.4	95	1 000

表 4-74　管材的物理和化学性能

项　　目	要　　求	试验参数	
		参数	数值
纵向回缩率	≤3%	温度	120 ℃
		试验时间：	
		$e_n \leqslant 8$ mm	1 h
		8 mm $< e_n \leqslant 16$ mm	2 h
		$e_n > 16$ mm	4 h
		试样数量	3
静液压状态下的热稳定性	无破裂 无渗漏	静液压应力	2.5 MPa
		试验温度	110 ℃
		试验时间	8 760 h
		试验数量	1
交联度： 　过氧化物交联 　硅烷交联 　电子束交联 　偶氮交联		≥70% ≥65% ≥60% ≥60%	

e) 管材的卫生性能

输送生活饮用水的管材卫生性能应符合 GB/T 17219 的规定。

f) 系统适用性

管材与管件连接后应通过静液压、热循环、循环压力冲击、耐拉拔、弯曲、真空 6 种系统适用性试验。

5.4.3　聚丙烯管材

应符合 GB/T 18742.2 的要求。

理解要点：

聚丙烯管材按照使用原料的不同分为 PP-H、PP-B、PP-R 管三类，按照尺寸分 S5、S4、S3.2、S2.5、S2 五个管系列。技术要求有：

（1）颜色

一般为灰色，其他颜色可由供需双方协商确定。

（2）外观

1）管材的色泽应基本一致。

2）管材的内外表面应光滑、平整，无凹陷、气泡和其他影响性能的表面缺陷。管材不应含有可见杂质。管材端面应切割平整并与轴线垂直。

（3）不透光性

管材应不透光。

（4）规格及尺寸

1）管材规格用管系列 S、公称外径 d_n ×公称壁厚 e_n 表示。

2）管材的公称外径、平均外径以及与管系列 S 对应的壁厚（不包括阻隔层厚度），见表 4-75。

表 4-75　管材管系列和规格尺寸　　　　　　　　　　　　　　mm

公称外径 d_n	平均外径		管系列				
			S5	S4	S3.2	S2.5	S2
	$d_{en,min}$	$d_{cm,amx}$	公称壁厚 e_n				
12	12.0	12.3	—	—	—	2.0	2.4
16	16.0	16.3	—	2.0	2.2	2.7	3.3
20	20.0	20.3	2.0	2.3	2.8	3.4	4.1
25	25.0	25.3	2.3	2.8	3.5	4.2	5.1
32	32.0	32.3	2.9	3.6	4.4	5.4	6.5
40	40.0	40.4	3.7	4.5	5.5	6.7	8.1
50	50.0	50.5	4.6	5.6	6.9	8.3	10.1

续表 4-75   mm

公称外径 d_n	平均外径		管系列				
			S5	S4	S3.2	S2.5	S2
	$d_{en,min}$	$d_{em,amx}$	公称壁厚 e_n				
63	63.0	63.6	5.8	7.1	8.6	10.5	12.7
75	75.0	75.7	6.8	8.4	10.3	12.5	15.1
90	90.0	90.9	8.2	10.1	12.3	15.0	18.1
110	110.0	111.0	10.0	12.3	15.1	18.3	22.1
125	125.0	126.2	11.4	14.0	17.1	20.8	25.1
140	140.0	141.3	12.7	15.7	19.2	23.3	28.1
160	160.0	161.5	14.6	17.9	21.9	26.6	32.1

3）管材的长度一般为 4 m 或 6 m，也可以根据用户的要求由供需双方协商确定。管材长度不允许有负偏差。

4）管材同一截面壁厚偏差应符合表 4-76 规定。

表 4-76　壁厚的偏差   mm

公称壁厚 e_n	允许偏差	公称壁厚 e_n	允许偏差	公称壁厚 e_n	允许偏差	公称壁厚 e_n	允许偏差
$1.0 < e_n \leq 2.0$	+0.3 0	$9.0 < e_n \leq 10.0$	+1.1 0	$17.0 < e_n \leq 18.0$	+1.9 0	$25.0 < e_n \leq 26.0$	+2.7 0
$2.0 < e_n \leq 3.0$	+0.4 0	$10.0 < e_n \leq 11.0$	+1.2 0	$18.0 < e_n \leq 19.0$	+2.0 0	$26.0 < e_n \leq 27.0$	+2.8 0
$3.0 < e_n \leq 4.0$	+0.5 0	$11.0 < e_n \leq 12.0$	+1.3 0	$19.0 < e_n \leq 20.0$	+2.1 0	$27.0 < e_n \leq 28.0$	+2.9 0
$4.0 < e_n \leq 5.0$	+0.6 0	$12.0 < e_n \leq 13.0$	+1.4 0	$20.0 < e_n \leq 21.0$	+2.2 0	$28.0 < e_n \leq 29.0$	+3.0 0
$5.0 < e_n \leq 6.0$	+0.7 0	$13.0 < e_n \leq 14.0$	+1.5 0	$21.0 < e_n \leq 22.0$	+2.3 0	$29.0 < e_n \leq 30.0$	+3.1 0
$6.0 < e_n \leq 7.0$	+0.8 0	$14.0 < e_n \leq 15.0$	+1.6 0	$22.0 < e_n \leq 23.0$	+2.4 0	$30.0 < e_n \leq 31.0$	+3.2 0
$7.0 < e_n \leq 8.0$	+0.9 0	$15.0 < e_n \leq 16.0$	+1.7 0	$23.0 < e_n \leq 24.0$	+2.5 0	$31.0 < e_n \leq 32.0$	+3.3 0
$8.0 < e_n \leq 9.0$	+1.0 0	$16.0 < e_n \leq 17.0$	+1.8 0	$24.0 < e_n \leq 25.0$	+2.6 0	$32.0 < e_n \leq 33.0$	+3.4 0

5）管材的物理力学和化学性能应符合表 4-77 的规定。

表 4-77 管材的物理力学和化学性能

项　目	材料	试验参数			试样数量	指　标
		试样温度 ℃	试验时间 h	静液压应力 MPa		
纵向回缩率	PP-H	150±2	$e_n \leqslant 8$ mm:1	—	3	≤2%
	PP-B	150±2	8 mm<$e_n \leqslant 16$ mm:2	—		
	PP-R	135±2	$e_n > 16$ mm:4	—		
简支梁冲击试验	PP-H	23±2	—		10	破损率 <试样 的10%
	PP-B	0±2				
	PP-R	0±2				
静液压试验	PP-H	20	1	21.0	3	无破裂 无渗漏
		95	22	5.0		
		95	165	4.2		
		95	1 000	3.5		
	PP-B	20	1	16.0	3	
		95	22	3.4		
		95	165	3.0		
		95	1 000	2.6		
	PP-R	20	1	16.0	3	
		95	22	4.2		
		95	165	3.8		
		95	1 000	3.5		
熔体质量流动速率,MFR(230 ℃/2.16 kg)			g/10 min		3	变化率≤原料的30%
静液压状 态下热稳 定性试验	PP-H	110	8 760	1.9	1	无破裂 无渗漏
	PP-B			1.4		
	PP-R			1.9		

6) 系统适用性

a) 内压试验应符合表 4-78 的规定。

表 4-78 内压试验

管系列	材料	试验温度/℃	试验压力/MPa	试验时间/h	试样数量	指标
S5	PP-H	95	0.70	1 000	3	无破裂 无渗漏
	PP-B		0.50			
	PP-R		0.68			

续表 4-78

管系列	材料	试验温度/℃	试验压力/MPa	试验时间/h	试样数量	指标
S4	PP-H	95	0.88	1 000	3	无破裂无渗漏
	PP-B		0.62			
	PP-R		0.80			
S3.2	PP-H	95	1.10	1 000	3	无破裂无渗漏
	PP-B		0.76			
	PP-R		1.11			
S2.5	PP-H	95	1.41	1 000	3	无破裂无渗漏
	PP-B		0.93			
	PP-R		1.31			
S2	PP-H	95	1.76	1 000	3	无破裂无渗漏
	PP-B		1.31			
	PP-R		1.64			

b）热循环试验应符合表 4-79 的规定。

表 4-79　热循环试验

材料	最高试验温度/℃	最低试验温度/℃	试验压力/MPa	循环次数	试样数量	指标
PP-H	95	20	1.0	5 000	1	无破裂无渗漏
PP-B						
PP-R						

注：一个循环的时间为 (30^{+2}_{0})min，包括 (15^{+1}_{0})min 最高试验温度和 (15^{+1}_{0})min 最低试验温度。

5.4.4　铜管材
5.4.4.1　尺寸及尺寸允许偏差
应符合 GB/T 18033—2007 中表 2 和表 3 的规定。

理解要点：

（1）此处对铜管材的尺寸和偏差进行规定，管材的外形尺寸详见表 4-80。

表 4-80 管材的外形尺寸系列

公称尺寸 DN/mm	公称外径/mm	壁厚/mm			理论重量/(kg/m)			最大工作压力 p/(N/mm²)								
								硬态(Y)			半硬态(Y2)			软态(M)		
		A 型	B 型	C 型	A 型	B 型	C 型	A 型	B 型	C 型	A 型	B 型	C 型	A 型	B 型	C 型
4	6	1.0	0.8	0.6	0.140	0.117	0.091	24.00	18.80	13.7	19.23	14.9	10.9	15.8	12.3	8.95
6	8	1.0	0.8	0.6	0.197	0.162	0.125	17.50	13.70	10.0	13.89	10.9	7.98	11.4	8.95	6.57
8	10	1.0	0.8	0.6	0.253	0.207	0.158	13.70	10.70	7.94	10.87	8.35	6.30	8.95	7.04	5.19
10	12	1.2	0.8	0.6	0.364	0.252	0.192	13.67	8.87	6.65	1.87	7.04	5.21	8.96	5.80	4.29
15	15	1.2	1.0	0.7	0.465	0.393	0.281	10.79	8.87	6.11	8.55	7.04	4.85	7.04	5.80	3.99
—	18	1.2	1.0	0.8	0.566	0.477	0.386	8.87	7.31	5.81	7.04	5.81	4.61	5.80	4.79	3.80
20	22	1.5	1.2	0.9	0.864	0.701	0.535	9.08	7.19	5.32	7.21	5.70	4.22	6.18	4.70	3.48
25	28	1.5	1.2	0.9	1.116	0.903	0.685	7.05	5.59	4.62	5.60	4.44	3.30	4.61	3.65	2.72
32	35	2.0	1.5	1.2	1.854	1.411	1.140	7.54	5.54	4.44	5.98	4.44	3.52	4.93	3.65	2.90
40	42	2.0	1.5	1.2	2.247	1.706	1.375	6.23	4.63	3.68	4.95	3.68	2.92	4.08	3.03	2.41
50	54	2.5	2.0	1.2	3.616	2.921	1.780	6.06	4.81	2.85	4.81	3.77	2.26	3.96	3.14	1.86
65	67	2.5	2.0	1.5	4.529	3.652	2.759	4.85	3.85	2.27	3.85	3.06	2.27	3.17	3.05	1.88
—	76	2.5	2.0	1.5	5.161	4.157	3.140	4.26	3.38	2.52	3.38	2.69	2.00	2.80	2.68	1.65
80	89	2.5	2.0	1.5	6.074	4.887	3.696	3.62	2.88	2.15	2.87	2.29	1.71	2.36	2.28	1.41
100	108	3.5	2.5	1.5	10.274	7.408	4.487	4.19	2.97	1.77	3.33	2.36	1.40	2.74	1.94	1.16
125	133	3.5	2.5	1.5	12.731	9.164	5.540	3.38	2.40	1.43	2.68	1.91	1.14	—	—	—
150	159	4.0	3.5	2.0	17.415	15.287	8.820	3.23	2.82	1.60	2.56	2.24	1.27	—	—	—
200	219	6.0	5.0	4.0	35.898	30.053	24.156	3.53	2.93	2.33	—	—	—	—	—	—
250	267	7.0	5.5	4.5	51.122	40.399	33.180	3.37	2.64	2.15	—	—	—	—	—	—
—	273	7.5	5.8	5.0	55.932	43.531	37.640	3.54	2.16	1.53	—	—	—	—	—	—
300	325	8.0	6.5	5.5	71.234	58.151	49.359	3.16	2.56	2.16	—	—	—	—	—	—

注1：最大计算工作压力 p，是指工作条件为 65 ℃时，硬态(Y)允许应力为 63 N/mm²；半硬态(Y₂)允许应力为 50 N/mm²；软态(M)允许应力为 41.2 N/mm²。

注2：加工铜的密度值取 8.94 g/cm³，作为计算每米铜管重量的依据。

注3：客户需要其他规格尺寸的管材，供需双方协商解决。

（2）壁厚不大于 3.5 mm 的管材壁厚允许偏差为±10%，壁厚大于 3.5 mm 的管材壁厚允许偏差为±15%。

（3）管材外径允许偏差应符合表 4-81 的规定。

表 4-81　管材的外径允许偏差　　　　　　　　　　　　　　　mm

外　　径	外径允许偏差		
	适用于平均外径	适用任意外径[a]	
	所用状态[b]	硬态（Y）	半硬态（Y₂）
6～18	±0.04	±0.04	±0.09
>18～28	±0.05	±0.06	±0.10
>28～54	±0.06	±0.07	±0.11
>54～76	±0.07	±0.10	±0.15
>76～89	±0.07	±0.15	±0.20
>89～108	±0.07	±0.20	±0.30
>108～133	±0.20	±0.70	±0.40
>133～159	±0.20	±0.70	±0.40
>159～219	±0.40	±1.50	—
>219～325	±0.60	±1.50	—

[a] 包括圆度偏差。

[b] 软态管材外径公差仅适用平均外径公差。

5.4.4.2　力学性能

管材的室温纵向力学性能应符合 GB/T 18033—2007 中表 6 的规定。

理解要点：

管材的室温纵向力学性能应符合表 4-82 的规定。

表 4-82　管材的力学性能

牌号	状态	公称外径/mm	抗拉强度 R_m/（N/mm²）	伸长率 A/%	维氏硬度 HV5
			不小于	不小于	
TP2 TU2	Y	≤100	315	—	>100
		>100	295		
	Y2	≤67	250	30	75～100
		>67～159	250	20	
	M	≤108	205	40	40～75

注：维氏硬度仅供选择性试验。

5.4.4.3　弯曲试验

对外径不大于 28 mm 的硬态管,应按 GB/T 18033—2007 中表 7 规定的弯曲半径进行弯曲试验,弯曲角为 90°,用专用工具弯曲,试验后管材应无肉眼可见的裂纹或破损等缺陷。

理解要点:

此处主要对硬态铜管材的弯曲性能进行要求,弯曲的性能与弯曲半径和管材的直径有关,直径越小、弯曲半径越大,管材弯曲起来也容易,也越不容易出现裂纹或破损等缺陷,弯曲半径见表 4-83。

表 4-83　弯曲试验的弯曲半径　　　　　　　　　　　　　mm

公称外径	弯心半径	中心轴半径
6	27	30
8	31	35
10	35	40
12	39	45
15	48	55
18	61	70
22	79	90
28	106	120

5.4.5　铜管接头

应符合 GB/T 11618.1、GB/T 11618.2 的要求。

理解要点:

此处的铜管接头是指与铜管材连接的接头,按其连接方式分为钎焊式管件和卡压管件。

(1)钎焊式管件

1)分类和基本参数见表 4-84。

表 4-84　钎焊管件的分类和基本参数

名称		型式	代号	公称压力 PN/MPa	公称通径 DN/mm
等径	三通	—	ST		
异径		—	RT		
45°弯头		A 型	A45E	1.6	6～300
		B 型	B45E		

续表 4-84

名称	型式	代号	公称压力 PN/MPa	公称通径 DN/mm
90°弯头	A 型	A90E	1.6	6~300
	B 型	B90E		
等径管件	—	SC		
异径管件	—	RC		
过桥管件	—	GC		
管 帽	—	CAP		15~25
内螺纹转换接头	—	FTC		6~50
外螺纹转换接头	—	ETC		6~80

注：A 型管件接口两端均为承口，B 型管件接口一端为承口，另一端为插口。

2）钎焊管件材料见表 4-85。

表 4-85　钎焊管件的材料

型式代号	材 料		
	名称	牌号	标准号
ST、RT、A45E、B45E、A90E、B90E、SC、RC、GC	铜管	TP2、TU2	GB/T 18033—2007
CAP	铜及铜合金板材		GB/T 2040—2002
	铜及铜合金带材		GB/T 2059—2000
FTC、ETC	黄铜棒	H59	YS/T 649—2007
	铸锰黄铜	ZCuZn40Mn2	GB/T 1176—1987
	铸铝青铜	ZCuAl9Mn2	

3）钎焊管与铜管钎焊用的钎料

a）根据不同的使用情况，钎焊管件与铜管钎焊时推荐选用表 4-86 规定的铜磷（银）钎料。

表 4-86　钎料主要成分

钎焊料牌号（硬钎焊）	标准号	主要化学成分/%			熔化温度区/℃	特性
		P	Ag	Cu		
BCu93P(无银)	GB/T 6418—1993	6.8~7.5	—	余量	710~800	铺展性、填缝性好
BCu91PAg(低银)		6.8~7.2	1.8~2.2		645~790	管件焊缝性能优良

b）无银、低银铜磷钎料用于铜与铜钎焊时一般不用钎剂；用于焊接铜与铜合金、铜合金与铜合金钎焊管件时宜使用 QFB-101 粉状钎焊溶剂（简称钎剂），根据需要亦可使用 QFB-112 糊状钎剂（简称糊状钎剂）。

4）外观

钎焊管件外表面允许有轻微的模痕，但不能有裂纹、凹凸不平和超过壁厚 10% 的划痕。

5）强度

钎焊管件的本体强度应能承受最高 1.5 倍的工作压力,持压 15 s,不应有泄漏和塑性变形。

6）密封性

用于气体介质的钎焊管件应能在 1.7 MPa 气压下无泄漏。用于液体介质的钎焊管件应能在 0.6 MPa 的气压下无泄漏。

7）连接性能

钎焊管件应具有符合要求的连接性能。钎焊管件与管路连接后,应无渗漏、脱落和塑性变形。

（2）卡压管件

1）卡压管件的型式及代号见表 4-87。

表 4-87　卡压管件的种类、型式及代号

名称		型式	代号
等径	三通	—	ST
异径		—	RT
45°弯头		A 型	A 45E
		B 型	B 45E
90°弯头		A 型	A 90E
		B 型	B 90E
等径管件		—	SC
异径管件		—	RC
管　帽		—	CAP
内螺纹转换接头		—	FTC
外螺纹转换接头		—	ETC
注：A 型卡压管件接口两端均为承口,B 型卡压管件接口一端为承口,另一端为插口。			

2）卡压管件的基本参数见表 4-88。

表 4-88　卡压管件的基本参数

种类	管材系列	公称压力 PN/MPa	公称通径 DN/mm
等径三通、45°弯头、90°弯头、等径管件、管帽	Ⅰ系列		15～100
	Ⅱ系列		15～50
异径管件、异径三通	Ⅰ系列		20×15～100×80
	Ⅱ系列	1.6	20×15～50×40
内螺纹转换接头	Ⅰ系列		15～50
	Ⅱ系列		
外螺纹转换接头	Ⅰ系列		15～80
	Ⅱ系列		15～50

3）卡压管件的材料见表 4-89。

表 4-89 卡压管件的材料

型式代号	材料			适 用 介 质	
	名称	牌号	标准号		
ST、RT、A45E、B45E、A90E、B90E、SC、BC	铜管ª	TP2、TU2	GB/T 18033—2007	生活用水（冷、热水）、饮用水、燃气、医用气体	
CAP	铁白铜管	BFe10-1-1	GB/T 5231—2001	海水及高氯介质	
	铁白铜板				
	铜板	TP2、TU2	GB/T 2040—2008	生活用水（冷、热水）、饮用水、燃气、医用气体	
	铜带		GB/T 2059—2008		
FTC、ETC	黄铜棒	HMn58-2	YS/T 649—2007		
	铸铜	ZCuZn40Mn2 ZCuAl9Mn2	GB/T 1176—1987		
	白铜棒	BFe30-1-1	YS/T 649—2007	适用系列	适用介质
				Ⅰ、Ⅱ	生活用水（冷、热水）、饮用水、燃气、医用气体
				Ⅱ	海水及高氯介质

ª 铜管供货状态为半硬态(Y2)。

4）卡压管件用 O 形橡胶圈的材料为氯化丁基橡胶、三元乙丙橡胶。

5）外观：卡压管件外表面允许有轻微的模痕，但不得有裂纹、凹凸不平和超过壁厚负偏差的划痕；卡压管件表面应清洁，但允许因大气影响而发生的氧化变色。

6）尺寸及偏差

a）卡压管件的承口尺寸偏差应符合表 4-90 的要求。

表 4-90 卡压管件的承口尺寸偏差   mm

公称通径 DN	承口内径的偏差 d_1	承口端内径的偏差 d_2	内衬端外径的偏差 d_3	承口端外径的偏差 D
15～25	+0.5 0	±0.4	±0.1	±0.4
32～50	+0.8 0	±0.6	±0.2	±0.6
65～100	+1.5 0	±1.0	±0.3	±1.0

b）卡压管件外形长度尺寸偏差应符合表 4-91 的要求。

表 4-91 卡压管件的外形长度尺寸偏差　　　　　　　　　　　　mm

铜管外径 D_w	外形长度(L、H)尺寸偏差
8～22	±1.0
28～54	±1.2
76.1～88.9	±1.5
108	±2.0

c) 卡压管件垂直度应符合表 4-92 的要求。

表 4-92 卡压管件的垂直度要求　　　　　　　　　　　　mm

铜管外径 D_w	垂直度偏差
≤22	≤2.0
28～54	≤3.0
76.1～108	≤4.0

7) 强度

卡压管件本体应能承受 2.5 MPa 的压力,持压 15 s,应无渗漏和塑性变形。

8) 密封性

用于气体介质的卡压管件应能在 1.7 MPa 气压下无泄漏。用于液体介质的卡压管件应能在 0.6 MPa 的气体下无泄漏。

9) 连接性能

卡压管件应具有符合要求的连接性能。卡压管件与管路连接后,应无渗漏、脱落和塑性变形。

5.4.6　卡套式铜制管接头

应符合 CJ/T 111 的要求。

5.4.6.1　连接可靠性

管接头与管子连接应可靠,在常温下,应能承受表 1 中的拉拔力,持续 60 min 连接处无松动和断裂,零件应无裂缝或损坏。

表 1　管接头组件最小拉拔力

管材外径/mm	32	25	≤20
拉拔力/N	1 930	754	610

理解要点:

此处卡套式铜制管接头是指铝塑复合管用卡套式铜制管接头,主要有本体、垫片、密封圈、螺母、卡套五部分组成,如图 4-10 所示。其工作原理为把铝塑复合管插进本体后,通过旋转螺母来压紧卡套,从而压紧密封圈进行密封,达到与铝塑复合管连接的目的。

连接可靠性通过拉力试验来验证,对不同尺寸规格的管材实施不同的拉拔力。

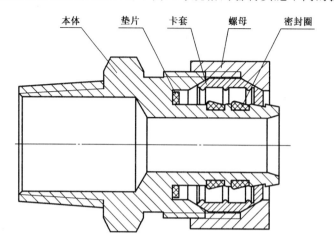

图 4-10　管接头结构

5.4.6.2　密封性

在常温下,管接头密封性试验压力在 1.0 MPa 下,保持 3 min 不得渗漏。

理解要点:

卡套式铜制管接头是为了连接铝塑复合管,对太阳能热水系统来说,流体一般为水,所以必须保证其密封的可靠性,此处规定了进行密封性试验的温度、压力以及时间和效果。

5.4.6.3　静内压强度

管接头按表 2 所规定的条件下做静内压强度试验时,零件不得损坏和变形,并不得渗漏。

表 2　静内压强度试验

试验温度/℃	静内压强度/MPa	试验时间/h
82±2	2.72±0.07	10

理解要点:

此处主要检测管接头的本体强度,本体应能承受 2.72 MPa 的压力而不出现损坏和变形。

5.4.6.4　热循环

管接头和管子构成的组件在(690±69)kPa 的内部压力下,外部温度在 15 ℃～82 ℃之间作 1 000 次热循环,组件不应分离和渗漏。

理解要点：

由于管接头和管子组成的组件在实际使用过程中，会受到一定的冷热冲击，所以此处规定了热循环试验的性能要求，以验证组件在受到冷热冲击的情况下不应出现分离和渗漏。

5.4.7　聚丙烯管件

应符合 GB/T 18742.3 的要求。

理解要点：

此处规定了聚丙烯管件应符合 GB/T 18742.3《冷热水用聚丙烯管道系统　第 3 部分：管件》标准的要求，详细的技术要求为：

（1）外观

管件表面应光滑、平整，不允许有裂纹、气泡、脱皮和明显的杂质、严重的缩形以及色泽不均、分解变色等缺陷。

（2）不透光性

管件应不透光。

同一生产厂家生产的相同原料的管材，且已做过不透光性试验的，则可不做。

（3）规格及尺寸

1）热熔承插连接管件的承口应符合图 4-11、表 4-93 的规定。

2）电熔连接管件的承口应符合图 4-12、表 4-94 的规定。

3）带金属螺纹接头的管件其螺纹部分应符合 GB/T 7306 的规定。

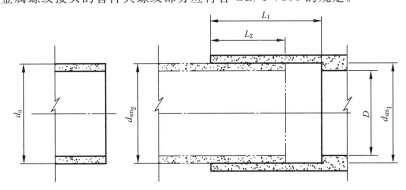

图 4-11　热熔承插连接管件承口

表 4-93　热熔承插连接管件承口尺寸与相应公称外径 　　　　　　　mm

公称外径 d_n	最小承口深度 L_1	最小承插深度 L_2	承口的平均内径				最大不圆度	最小通径 D
			d_{sm1}		d_{sm2}			
			最小	最大	最小	最大		
16	13.3	9.8	14.8	15.3	15.0	15.5	0.6	9
20	14.5	11.0	18.8	19.3	19.0	19.5	1.6	13

续表 4-93　　　　　　　　　　　　　　　　　　　　　　　　　　　　　mm

公称外径 d_n	最小承口深度 L_1	最小承插深度 L_2	承口的平均内径				最大不圆度	最小通径 D
			d_{sm1}		d_{sm2}			
			最小	最大	最小	最大		
25	16.0	12.5	23.5	24.1	23.8	24.4	0.7	18
32	18.1	14.6	30.4	31.0	30.7	31.3	0.7	25
40	20.5	17.0	38.3	38.9	38.7	39.3	0.7	31
50	23.5	20.0	48.3	48.9	48.7	49.3	0.8	39
63	27.4	23.9	61.1	61.7	61.6	62.2	0.8	49
75	31.0	27.5	71.9	72.7	73.2	74.0	1.0	58.2
90	35.5	32.0	86.4	87.4	87.8	88.8	1.2	69.8
110	41.5	38.0	105.8	106.8	107.3	108.5	1.4	85.4
注：此处的公称外径 d_n 指与管件相连的管材的公称外径。								

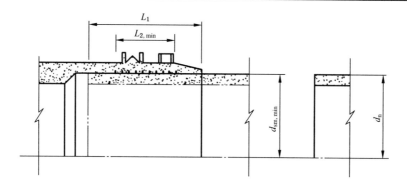

图 4-12　电熔连接管件承口

表 4-94　电熔连接管件承口尺寸与相应公称外径　　　　　　　　　　mm

公称外径 d_n	融合段最小内径 $d_{sm,min}$	融合段最小长度 $L_{2,min}$	插入长度 L_1	
			min	max
16	16.1	10	20	35
20	20.1	10	20	37
25	25.1	10	20	40
32	32.1	10	20	44
40	40.1	10	20	49
50	50.1	10	20	55
63	63.2	11	23	63
75	75.2	12	25	70
90	90.2	13	28	79
110	110.3	15	32	85
125	125.3	16	35	90

续表 4-94 mm

公称外径 d_n	融合段最小内径 $d_{sm,min}$	融合段最小长度 $L_{2,min}$	插入长度 L_1	
			min	max
140	140.3	18	38	95
160	160.4	20	42	101

注：此处的公称外径 d_n 指与管件相连的管材的公称外径。

（4）管件的物理力学性能应符合表 4-95 的规定。

表 4-95 管件的物理力学性能

项　目	管系列	试验压力/MPa			试验温度/℃	试验时间/h	试样数量	指　标
		材　料						
		PP-H	PP-B	PP-R				
静液压试验	S5	4.22	3.28	3.11	20	1	3	无破裂无渗漏
	S4	5.19	3.83	3.88				
	S3.2	6.48	4.92	5.05				
	S2.5	8.44	5.75	6.01				
	S2	10.55	8.21	7.51				
	S5	0.70	0.50	0.68	95	1 000	3	无破裂无渗漏
	S4	0.88	0.62	0.80				
	S3.2	1.10	0.76	1.11				
	S2.5	1.41	0.93	1.31				
	S2	1.76	1.31	1.64				
熔体质量流动速率，MFR(230 ℃/2.16 kg)　　　g/10 min							3	变化率≤原料的30%

（5）静液压状态下热稳定性要求应符合表 4-96 的规定。

表 4-96 静液压状态下热稳定性能

项　目	材　料	试 验 参 数			试样数量	指　标
		试验温度/℃	试验时间/h	静液压应力/MPa		
静液压状态下热稳定性试验	PP-H	110	8 760	1.9	1	无破裂无渗漏
	PP-B			1.4	1	
	PP-R			1.9	1	

注1：用管状试样或管件与管材相连进行试验。管状试样按实际壁厚计算试验压力；管件与管材相连作为试样时，按相同管系列 S 的管材的公称壁厚计算试验压力，如试验中管材破裂则试验应重做。

注2：相同原料同一生产厂家生产的管材已做过本试验则管件可不做。

（6）管件的卫生性能应符合 GB/T 17219 的规定。

（7）系统适用性

管件与符合 GB/T 18742.2 规定的管材连接后应通过内压和热循环二项组合试验。

1）内压试验应符合表 4-78 规定。

2）热循环试验应符合表 4-79 的规定

5.4.8　金属密封球阀

应符合 GB/T 21385 的要求。

理解要点：

金属密封球阀是串联在管路中,通过旋转手柄来起到开启和关闭管路的功能阀门。其性能应符合 GB/T 21385《金属密封球阀》的标准要求,主要的性能指标有：

（1）壳体强度性能

球阀应能经受公称压力的 1.5 倍的压力试验,试验后,壳体（包括填料函及阀体与阀盖连接处）不得发生渗漏或引起结构损伤。

（2）密封性能

球阀的密封性能应符合 GB/T 13927—1992 的 D 级规定。

（3）低压密封试验

球阀的低压密封性能应符合 JB/T 9092—1999 的规定。

5.4.9　保温管

GB/T 17794—2008 的要求除下述内容外均适用。

GB/T 17794—2008 的 5.3 修改为：表观密度≥22 kg/m³ 且≤95 kg/m³。

理解要点：

保温管是包裹在管道外部,不但可以起到对管道的保温效果,还可以有效防止管道受到紫外线照射而引起的管道老化,延长管道的使用寿命。保温管按照材料主要可以分为发泡聚乙烯保温管、橡塑保温管和聚氨酯保温管等。此处规定保温管的性能指标按照 GB/T 17794—2008《柔性泡沫橡塑绝热制品》执行,但该标准对表观密度的规定是≤95 kg/m³,只有上限没有下限,起不到保温的约束作用,所以增加表观密度≥22 kg/m³。

其主要性能指标有：

（1）外观质量

1）表皮

除去工厂机械切割出的端面外,所有表面均应有自然的表皮。板材可根据用户要求提供一面没有自然表皮的产品。

2）表面

产品表面平整，允许有细微、均匀的皱褶，但不应有明细的起泡、裂口等可见缺陷。

（2）物理性能

产品的物理机械性能指标应符合表 4-97 的规定。

表 4-97 物理机械性能指标

项　　目		单　位	性　能　指　标	
			Ⅰ类	Ⅱ类
表观密度		kg/m³	≥22 且≤95	
燃烧性能		—	氧指数≥32% 且烟密度≤75	氧指数≥26%
			当用于建筑领域时，制品燃烧性能应不低于 GB 8624—2006 C 级	
导热系数	－20 ℃（平均温度）	W/(m·K)	≤0.034	
	0 ℃（平均温度）		≤0.036	
	40 ℃（平均温度）		≤0.041	
透湿性能	透湿系数	g/(m·s·Pa)	≤1.3×10⁻¹⁰	
	湿阻因子		≥1.5×10³	
真空吸水率		%	≤10	
尺寸稳定性 105 ℃±3 ℃,7 d		%	≤10.0	
压缩回弹率 压缩率 50%，压缩时间 72 h		%	≥70	
抗老化性 150 h		—	轻微起皱，无裂纹，无针孔，不变形	

4.6 检验方法

4.6.1 设置目的

本章的设置，主要是提供目前一些实验室和生产企业对于家用太阳能热水系统材料的选择及相关的试验方法，供相关企业参考，以便在产品设计、生产时更好地优化参数。

4.6.2 条款解释

6 检验方法

6.1 集热器

6.1.1 真空管试验方法见附录 B 中表 B.1。

理解要点:

表 B.1 真空管集热部件材料试验方法

材　　料	试验方法
全玻璃太阳集热管	GB/T 17049
玻璃-金属封接式热管真快太阳集热管	GB/T 19775

(1) GB/T 17049《全玻璃太阳真空集热管》中检测方法如下:

1) 材料检查

a) 玻璃管的太阳透射比(AM1.5)是切割全玻璃真空太阳集热管罩玻璃管的样品,采用波长范围不小于 $0.3 \sim 2.5~\mu m$ 的分光光度计,使用积分球装置在入射光与呈凸、凹的玻璃样品两次测量的太阳透射比数据取平均值。

b) 玻璃管上的结石、节瘤目测检查。

c) 选择性吸收涂层的太阳吸收比(AM1.5)是在 $8°/d$ 的几何条件下,对全玻璃真空太阳集热管的太阳选择性吸收涂层,使用具有积分球的分光光度计在波长范围 $0.3 \sim 2.5~\mu m$ 内分别测量离全玻璃真空太阳集热管开口端 150 mm 和集热管的管长 1/2 处的太阳选择性吸收涂层的反射比,再分别对 AM1.5 计算确定它们的太阳吸收比,取两处的平均值表示全玻璃真空太阳集热管内太阳选择性吸收涂层的太阳吸收比。

d) 将全玻璃真空太阳集热管成品管置于密封的水冷套内,内管中插入由中心主加热器与两侧补偿加热器组成的加热棒,配置相应的加热装置和测温系统,构成了半球发射比测量装置。在准稳态下,直接测定全玻璃真空太阳集热管吸热体的选择性棘手涂层在温度为 80 ℃±5 ℃时的半球发射比。

2) 空晒性能参数测定

a) 测试条件:在室外进行测量,总日射表放置的平面应与漫反射平板平行,太阳辐照度 $G \geqslant 800~W/m^2$,环境温度 $8~℃ \leqslant t_a \leqslant 30~℃$,风速 $\leqslant 4~m/s$。

b) 测试装置:全玻璃真空太阳集热管南北向平行放置三支,中间为被测全玻璃真空太阳集热管,两旁为测试陪管,其中心间距为内管直径的 2 倍,其中心与漫反射平板的间距为 70 mm,漫反射平板为漫反射比不小于 0.60 的轧花铝平板。全玻璃真空太阳集热管内以空气为传热工质,测温点置于全玻璃真空太阳集热管中部,测温元件不应与玻璃管壁接触,全玻璃真空太阳集热管开口端放置保温帽,帽顶部有厚 50 mm 的聚氨酯硬泡沫,帽壁深度以遮住无太阳选择性吸收涂层的内玻璃管为限。按 ISO 9806-1:1994 的要求:太阳垂直直射,角度变化 $\pm 2\%$;从水平面至全玻璃真空太阳集热管采光面的倾角为当地纬度 $\pm 5°$,但不小于 $30°$,测试装置见图 4-13。

c) 测试步骤:在太阳辐照度 $G \geqslant 800~W/m^2$,并在 15 min 内太阳辐照度变化不大于 $\pm 30~W/m^2$ 的条件下,每隔 5 min 分别记录一次太阳辐照度、集热管内温度和环境温度,共记录四次,四次平均值为测试期间的太阳辐照度 G、全玻璃真空太阳集热管空晒温度 t_s 和环境温度 t_a。

d）测试仪表：总日射表，一级；

铂电阻温度计，误差应不大于±0.2 ℃；

水银温度计，误差应不大于±0.5 ℃；

风速仪，误差应不大于±0.5 m/s。

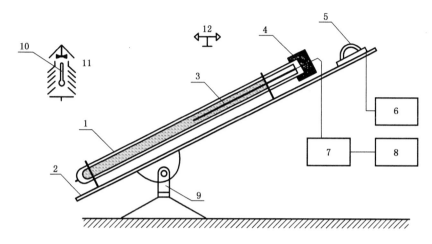

1—全玻璃真空太阳集热管；2—漫反射平板；3—铂电阻温度计；4—保温帽；

5—总日射表；6—辐射记录仪；7—温度测试仪；8—打印机；

9—测试支承架；10—水银温度计；11—百叶箱；12—风速仪。

图 4-13　全玻璃真空太阳集热管热性能测试装置示意

e）按照公式（4-5）计算全玻璃真空太阳集热管的空晒性能参数 Y：

$$Y=\frac{t_s-t_a}{G} \tag{4-5}$$

式中：

Y——空晒性能参数，m² · ℃/kW；

t_s——空晒温度，℃；

t_a——平均环境温度，℃；

G——太阳辐照度，kW/m²。

3）闷晒太阳辐照量测定

测试步骤：全玻璃真空太阳集热管内水的温度低于环境温度，在太阳辐照度 $G \geqslant 800$ W/m² 的条件下，当水温等于环境温度时，记录全玻璃真空太阳集热管内水温升高 35 ℃时所需的太阳辐照量 H。

4）平均热损系数测定

a）测试环境：本项测试应在室内无太阳光直射处，测试期间平均环境温度为 21 ℃$\leqslant t_a$$\leqslant$25 ℃和没有风直吹全玻璃真空太阳集热管的状况下进行。

b）测试条件

① 全玻璃真空太阳集热管垂直于水平面放置，开口端用保温帽套住。

② 全玻璃真空太阳集热管内应自上而下布置三个测温点，对 1 200 mm 长的全玻璃真空太阳集热器管，三个测温点分别距开口端 200 mm，600 mm，1 000 mm。

③ 对 1 500 mm 长的全玻璃真空太阳集热器管,三个测温点分别距开口端 250 mm,750 mm,1 250 mm。

④ 对 1 800 mm 长的全玻璃真空太阳集热器管,三个测温点分别距开口端 300 mm,900 mm,1 500 mm。

⑤ 对 2 100 mm 长的全玻璃真空太阳集热器管,三个测温点分别距开口端 350 mm,1 050 mm,1 750 mm。

c) 测试步骤:现用 90 ℃ 以上的热水注入全玻璃真空太阳集热管进行预热,2 min 后,倒掉预热水,再注入 90 ℃ 以上的热水,集热管在垂直状态下,管内水平面离管口为 40 mm(对 1 200 mm 和 1 500 mm 长的集热管)或 50 mm(对 1 800 mm 和 2 100 mm 长的集热管),自然降温至三点平均水温为 80 ℃ ±0.2 ℃ 时第一次记录三个测温点的平均水温 t_1,再每隔 30 min 记录一次水温三个测温点的平均水温 t_2 和 t_3,共取三次数据;在相同的时刻分别记录三次环境温度 t_{a1},t_{a2},t_{a3}。

d) 测试仪表:铂电阻温度计,误差应不大于±0.2 ℃;

水银温度计,误差应不大于±0.5 ℃。

e) 按照公式(4-6)、式(4-7)、式(4-8)计算全玻璃真空太阳集热管的平均热损系数 U_{LT}:

$$U_{LT} = \frac{c_{pw}M(t_1-t_3)}{A_A(t_m-t_a)\Delta\tau} \tag{4-6}$$

$$t_m = \frac{t_1+t_2+t_3}{3} \tag{4-7}$$

$$t_a = \frac{t_{a1}+t_{a2}+t_{a3}}{3} \tag{4-8}$$

式中:

U_{LT}——平均热损系数,W/(m² · ℃);

t_m——在测试时间内,全玻璃真空太阳集热管内水的平均温度,℃;

t_a——平均环境温度,℃;

$\Delta\tau$——从水温 t_1 到 t_3 总的测试时间,s;

M——全玻璃真空太阳集热管内水的质量,kg;

C_{pw}——水的比热容,J/(kg · ℃);

A_A——吸热体外表面积,m²;

t_{a1}、t_{a2}、t_{a3}——在相同的时刻分别记录三次环境温度,℃;

t_1、t_2、t_3——分别为在三次时间的全玻璃真空太阳集热管内水的平均温度,℃。

下角标 1、2 和 3 分别表示在测试时间内的三次数据点。

——罩玻璃管外径为 47 mm:

对 1 200 mm 长的全玻璃真空太阳集热管,吸热体外表面积 A_A 为 0.136 m²;

对 1 500 mm 长的全玻璃真空太阳集热管,吸热体外表面积 A_A 为 0.171 m²;

对 1 800 mm 长的全玻璃真空太阳集热管,吸热体外表面积 A_A 为 0.205 m²;

——罩玻璃管外径为 58 mm:

对 1 500 mm 长的全玻璃真空太阳集热器管,吸热体外表面积 A_A 为 0.216 m²;

对 1 800 mm 长的全玻璃真空太阳集热器管,吸热体外表面积 A_A 为 0.260 m²;

对 2 100 mm 长的全玻璃真空太阳集热器管,吸热体外表面积 A_A 为 0.303 m²;

5)真空性能试验

a)真空夹层内的气体压强试验

用火花检漏器在暗环境下探测全玻璃真空太阳集热管的无选择性吸收涂层开口端部分的真空夹层,根据放电颜色对真空状况作定性判断,在玻璃壁上呈现微弱荧光为合格品。出现辉光放电、火花穿透玻璃壁或火花发散而玻璃壁上无荧光均为不合格品。

b)真空品质试验

全玻璃真空太阳集热管内放置长度不小于集热管长 90% 的电热棒(单端出口,直径 ϕ20 mm,功率 1 500 W),加热棒外套铝翼后放入集热管内,铝翼两头包石棉布以免铝翼直接与集热管壁接触,集热管口用玻璃纤维作良好保温,将镍铬-镍硅型(K 型)热电偶置于集热管中部,并贴紧玻璃壁,使内玻璃管处于 350 ℃,保持 48 h。从集热管封离端玻璃管直径 ϕ15 mm 处至吸气剂镜面边缘的距离,测量周向六等分处吸气镜面轴向长度,六点平均值表示为吸气剂镜面轴向长度,该长度消失率不大于 50% 为合格品。

6)耐热冲击性能试验

将全玻璃真空集热管开口插入不高于 0 ℃的冰水混合体中,插入深度不小于 100 mm,停留 1 min 后,立即从冰水混合体中取出并插入 90 ℃以上的热水,插入深度不小于 100 mm,停留 1 min 后,再立即取出并插入不高于 0 ℃的冰水混合体中,如此反复三遍,全玻璃真空太阳集热管应无损坏。

7)耐压强试验

将全玻璃真空太阳集热管内注满水后,将水压均匀增至 0.6 MPa 保持 1 min,全玻璃真空太阳集热管不应破损。

8)抗机械冲击试验

全玻璃真空太阳集热管水平固定安装在试验架上,由间距 500 mm 的两个带有厚 5 mm 聚氨酯衬垫的 V 型槽支撑,直径 30 mm 的钢球对准集热管中部与两支点中部,钢球底部至玻璃管撞击处 450 mm,自由落下,垂直撞击在集热管上,集热管不应破损。

9)外观与尺寸检查

——全玻璃太阳集热管罩玻璃管表面轻微划伤累计长度用测量与手感检查。

——选择性吸收涂层外观目测检查。

——选择性吸收涂层的颜色变浅区用精度为 1 mm 的钢板尺测量,距离全玻璃真空太阳集热管开口端选择性吸收涂层的颜色明显变浅区不大于 50 mm。

——全玻璃真空太阳集热管内的支承件不得明显变色,放置端正、不松动。

——按要求用目测或手感检查。

——全玻璃真空太阳集热管两端置于一个水平支架上,用精度为 1 mm 的钢卷尺测量开口端至玻璃管外径为 15 mm 间的长度,对 1 200 mm 长的全玻璃真空太阳集热管,其实际长度偏差不大于±6.0 mm;对 1 500 mm 长的全玻璃真空太阳集热管,其实际长度偏差不大于±7.5 mm;对 1 800 mm 长的全玻璃真空太阳集热管,其实际长度偏差不大于±9.0 mm;对 2 100 mm 长的全玻璃真空太阳集热管,其实际长度偏差不大于±10.0 mm。

——全玻璃真空管弯曲度检查,全玻璃真空太阳集热管两端置于一个水平支架上,用百分表测量全玻璃真空太阳集热管中部最大径向与最小径向尺寸,其弯曲度不大于 0.2%。

——用精度为 0.02 mm 的游标卡尺或专用工具,测量全玻璃真空太阳集热管距端口 10～30 mm 处的罩玻璃管径向最大尺寸与最小尺寸,其比值应不大于 1.02。

——封离部分长度用精度为 1 mm 的钢板尺测量,封离部分的长度 S≤15 mm。

(2) GB/T 19775《玻璃-金属封接式热管真快太阳集热管》中检测方法如下:

1) 玻璃管检测

a) 太阳透射比检测

按分光光度计所要求的样品尺寸取玻璃样品。采用波长范围不小于 250 nm～2 500 nm 配有积分球装置的分光光度计,测量玻璃透射比。

b) 应力检测

采用偏光仪测量检偏镜旋转角度差,按式(4-9)计算玻璃管的光程差(δ)。

$$\delta = \frac{3 \times \phi}{d} \tag{4-9}$$

式中:

δ——玻璃管的光程差,nm/cm;

ϕ——检偏镜旋转角度差,(°);

d——光线通过处的玻璃厚度,cm。

c) 玻璃管上的结石、节瘤、气线目测检查。

2) 热管检测

a) 热管启动温度检测

① 检测条件:在室内进行测量,室内环境温度控制在 20 ℃±1 ℃。

② 检测装置:热管垂直放入恒温水浴中,热管入水深度为热管长度的 $\frac{1}{6}$,恒温水浴温度为 30 ℃±0.5 ℃。

③ 测试步骤:热管放入恒温水浴 20 min 后,开始测量热管冷凝段的温度 T_q。

④ 测试仪表:

——水银温度计,误差应不大于±0.5 ℃;

——铂电阻温度指示控制仪,误差应不大于±0.5 ℃。

——数字式表面温度计,误差应不大于±(1%+1) ℃。

——数字式时钟,误差应不大于±1 min/d。

b) 热管抗冻温度试验

将热管以倾角大于 30°放入不高于−25 ℃的冰柜内冷冻 1 h,而后将其取出并放置在温度不低于 60 ℃、深度不小于 200 mm 的水中,待热管启动工作 5 min 后,再将其放入不高于−25 ℃冰柜中,如此反复 10 次,热管应无损坏。

3) 吸热板检测

a) 涂层的太阳吸收比检测

在吸热板中部和距吸热板上、下端 250 mm 处各取样品一片,样品符合分光光度计所需要求。采用波长范围不小于 250～2 500 nm 配有积分球装置的分光光度计。分别测量三个样品涂层的光谱反射比,再以 AM1.5 计算确定它们的太阳吸收比,取三个样品的平均值表示玻璃-金属封接式热管真空太阳集热管吸热板涂层的太阳吸收比。

b）涂层的红外发射率检测

在吸热板中部和距吸热板上、下端250 mm处各取样品一片，样品符合发射率测定仪红外探头所需要求。用发射率测定仪分别测量三个样品的发射率，取三个样品的平均值表示玻璃-金属封接式热管真空太阳集热管吸热板涂层的红外发射率。

4）金属与玻璃管封接处漏率检测

将氦质谱检漏仪的检测接口与玻璃-金属封接式热管真空太阳集热管的玻璃管排气嘴对接，氦质谱检漏仪对玻璃-金属封接式热管真空太阳集热管玻璃管内腔进行抽气工作，当仪器显示玻璃管内的可检漏率小于 $1.0\times10^{-10}\,\mathrm{Pa\cdot m^3/s}$ 时，用充满氦气的气包将封接处全部包住，并持续30 s。仪器显示的漏率应无提高。

5）真空体内的气体压强检测

用火花检漏仪在暗环境下检测玻璃-金属封接式热管真空太阳集热管真空体内的气体压强。火花检漏仪的火花棒与玻璃管接触，根据放电颜色对真空状况作定性判断。在玻璃壁上呈现微弱荧光为合格品；出现辉光放电或火花穿过玻璃壁打向玻璃管内的金属件均为不合格品。

6）空晒性能参数检测

a）检测条件

在室外进行检测，太阳辐照度（G）不小于 800 $\mathrm{W/m^2}$，环境温度在0～30 ℃范围内，风速不大于4 m/s。

b）检测装置

3根玻璃-金属封接式热管真空太阳集热管南北向放置在倾角范围为30°～60°的支架上，中间为被测玻璃-金属封接式热管真空太阳集热管，两旁为测试陪管，其中心间距为玻璃管外径的2倍，其中心与漫反射平板的距离为玻璃管外径的1倍。漫反射平板为漫反射比不小于0.60的扎花铝平板。太阳辐射表的采光面与吸热板涂层面（正面）平行。测温元件放置在热管冷凝段的中部且与其接触良好，玻璃管以外（包括热管冷凝段、金属连接部件和铜管）作良好保温，保温材料为聚氨酯，保温层厚度不小于50 mm。检测装置见图4-14。

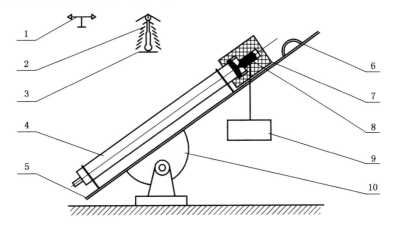

1—风速仪；2—水银温度计；3—百叶窗；4—玻璃-金属封接式热管真空太阳集热管；
5—漫反射平板；6—太阳辐射表；7—保温帽；8—热电偶；9—温度测量仪；10—检测支承架。

图4-14 空晒性能参数检测装置

c）检测步骤

在太阳辐照度（G）不小于 800 W/m^2，且趋于稳定，15 min 内太阳辐照度变化不大于 ± 30 W/m^2 的条件下，每隔 5 min 同时记录一次热管冷凝段上的空晒温度、太阳辐照度和环境温度，共记录四次。四次空晒温度的平均值为玻璃-金属封接式热管真空集热管的空晒温度（T_s），四次太阳辐照度的平均值为检测时的太阳辐照度（G），四次环境温度的平均值为检测时的环境温度（T_a）。

d）检测仪表

检测仪表应符合以下要求：

——太阳辐射表，工作级；

——铂电阻温度计或热电偶，误差应不大于 ± 0.5 ℃；

——水银温度仪，误差应不大于 ± 0.5 ℃；

——风速仪，误差应不大于 ± 0.5 m/s。

e）空晒性能参数的计算

按照式（4-10）计算玻璃-金属封接式热管真空太阳集热管的空晒性能参数：

$$Y = \frac{T_s - T_a}{G} \tag{4-10}$$

7）抗机械冲击试验

将玻璃-金属封接式热管真空太阳集热管水平固定放置在带有软垫的两个 V 形试验支架上，两支点间距为 500 mm，直径为 30 mm 实心钢球在两支架中部上方 0.5 m 高处对准玻璃管的中心自由落下，垂直撞击在玻璃-金属封接式热管真空太阳集热管的玻璃管上，玻璃-金属封接式热管真空太阳集热管不应破损。

8）外观与尺寸检测

a）以目测方法检查吸热板的变形状况、涂层颜色、涂层外观、吸热板支架。

b）用偏摆仪测量或用平板和塞尺测量玻璃管的直线度。偏摆仪测量方法是：将玻璃-金属封接式热管真空太阳集热管的玻璃管两端放置在两个 V 形架上，在被测管回转一周过程中，用精度为 0.01 mm 的百分表测量玻璃管中部的径向跳动，径向跳动除以 2 所得的数值为直线度偏差值。平板和塞尺测量方法是：将玻璃-金属封接式热管真空太阳集热管的玻璃管放置在平板上，在被测管回转一周过程中，用塞尺沿平板塞入玻璃管中部，其最大塞尺塞入值为直线度偏差值。

c）用精度为 0.02 mm 的游标尺测量玻璃管外径。

d）用精度为 1 mm 的盒尺或直尺测量玻璃管长度。

e）用精度为 1 mm 的盒尺或直尺测量玻璃-金属封接式热管真空太阳集热管长度。

f）用精度为 0.01 mm 的外径千分尺测量热管冷凝段外径。

g）用精度为 0.02 mm 的游标尺或精度为 0.5 mm 的直尺测量热管冷凝段探出长度。

6.1.2 平板集热器

6.1.2.1 吸热体材料试验方法见附录 B 中表 B.2。

理解要点:

表 B.2 平板集热器吸热体材料试验方法

材　　料	试验方法
紫铜管	GB/T 1527
紫铜带	GB/T 2059
防锈铝板	GB/T 3880.1、GB/T 3880.2

(1) 紫铜管试验方法

1) 表面质量检查方法:管材的表面质量应用目视进行检验。

2) 外形尺寸测量方法:管材的外形尺寸应用相应精度的测量工具进行测量。

3) 力学性能试验方法

① 管材的拉伸试验按 GB/T 228 的规定进行,试验用试样应符合 GB/T 228—2002 的规定,试样的选取见表 4-98。

表 4-98 拉伸试样

外径/mm	壁厚/mm	GB/T 228 中的附录	GB/T 288 中的表	GB/T 228 中的试样号
<30	≤8	D	D2	S7
30~50	<8	D	D1	S1
>50~70	<8	D	D1	S2
>70	<8	D	D1	S3
≥30	8~13	D	D3	R7
≥30	>13	D	D3	R5

② 管材的维氏硬度试验按 GB/T 4340.1 的规定进行。

a) 试验一般在 10~35 ℃室温下进行,对于温度要求严格的试验,室温应为 23 ℃±5 ℃。

b) 应选用表 4-99 中所示的试验力进行试验。

注:其他的试验力也可以使用,如 HV2.5(24.52N)。

表 4-99 试验力

维氏硬度试验		小力值维氏硬度试验		显微维氏硬度试验	
硬度符号	试验力标称值/N	硬度符号	试验力标称值/N	硬度符号	试验力标称值/N
HV5	49.03	HV0.2	1.961	HV0.01	0.098 07
HV10	98.07	HV0.3	2.942	HV0.015	0.147 1
HV20	196.1	HV0.5	4.903	HV0.02	0.196 1
HV30	294.2	HV1	9.807	HV0.025	0.245 2

续表 4-99

维氏硬度试验		小力值维氏硬度试验		显微维氏硬度试验	
硬度符号	试验力标称值/N	硬度符号	试验力标称值/N	硬度符号	试验力标称值/N
HV50	490.3	HV2	19.61	HV0.05	0.490 3
HV100	980.7	HV3	29.42	HV0.1	0.980 7
注1：维氏硬度试验可使用大于 980.7 N 的试验力。					
注2：显微维氏硬度试验的试验力为推荐值。					

c）试台应清洁且无其他污物（氧化皮、油脂、灰尘等）。试样应稳固地放置于刚性试台上以保证试验过程中试样不产生位移。

d）使压头与试样表面接触，垂直于试验面施加试验力，加力过程中不应有冲击和振动，直至将试验力施加至规定值，从加力开始至全部试验力施加完毕的时间应在 2～8 s 之间。对于小力值维氏硬度试验和显微维氏硬度试验，加力过程不能超过 10 s 且压头下降速度应不大于 0.2 mm/s。

对于显微维氏硬度试验，压头下降速度应在 15～70 μm/s 之间。

试验力保持时间为 10～15 s，对于特殊材料试样，试验力保持时间可以延长，直至试样不再发生塑性变形，但应在硬度试验结果中注明且误差应在 2s 以内，在整个试验期间，硬度计应避免受到冲击和振动。

e）任一压痕中心到试样边缘距离，对于钢、铜及铜合金至少应为压痕对角线长度的 2.5 倍；对于轻金属、铅、锡及其合金至少应为压痕对角线长度的 3 倍。

两相邻压痕中心之间的距离，对于钢、铜及铜合金至少应为压痕对角线长度的 3 倍；对于轻金属、铅、锡及其合金至少应为压痕对角线长度的 6 倍。如果相邻压痕大小不同，应以较大压痕确定压痕间距。

f）应测量压痕两条对角线的长度，按 GB/T 4340.4 查出维氏硬度值。

在平面上压痕两对角线长度之差，应不超过对角线长度平均值的 5%，如果超过 5%，则应在试验报告中注明。

放大系统应能将对角线放大到现场的 25%～75%。

③ 管材的布氏硬度试验按 GB/T 231.1 的规定进行。

a）原理

对一定直径的硬质合金球施加试验力压入试样表面，经规定保持时间后，卸除试验力，测量试样表面压痕的直径（见图 4-15）。

b）试验设备

硬度计：硬度计应符合 GB/T 231.2 的规定，能施加预定试验力或 9.807 N～29.42 kN 范围内的试验力。

压头：硬质合金压头应符合 GB/T 231.2 的要求。

压痕测量装置：压痕测量装置应符合 GB/T 231.2 的规定。

4）试样

① 试样表面应平坦光滑，并且不应有氧化皮及外界污物，尤其不应有油脂。试样表面应能保证亚恒直径的精确测量，建议表面粗糙度参数 Ra 不大于 1.6 μm。

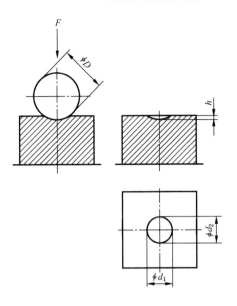

图 4-15 试验原理

② 制备试样时,应使过热或冷加工等因素对试样表面性能的影响减至最小。

③ 试样厚度至少应为压痕深度的 8 倍。试样最小厚度与压痕平均直径的关系见 GB 231.2 的附录 B。试验后,试样背部如出现可见变形,则表明试样太薄。

5)试验程序

① 试验一般在 10～35 ℃室温下进行,对于温度要求严格的试验,温度为 23 ℃±5 ℃。

② 使用表 4-100 中各级试验力。

注:如果有特殊协议,其他试验力-球直径平方的比率也可以用。

表 4-100 不同条件下的试验力

硬度符号	硬质合金球直径 D/mm	试验力-球直径 平方的比率 $0.102 \times F/D^2/(\mathrm{N/mm^2})$	试验力的标称值 F
HBW 10/3000	10	30	29.42 kN
HBW 10/1500	10	15	14.71 kN
HBW 10/1000	10	10	9.807 kN
HBW 10/500	10	5	4.903 kN
HBW 10/250	10	2.5	2.452 kN
HBW 10/100	10	1	980.7 N
HBW 5/750	5	30	7.355 kN
HBW 5/250	5	10	2.452 kN
HBW 5/125	5	5	1.226 kN
HBW 5/62.5	5	2.5	612.9 N
HBW 5/25	5	1	245.2 N
HBW 2.5/187.5	2.5	30	1.839 kN

续表 4-100

硬度符号	硬质合金球直径 D/mm	试验力-球直径平方的比率 $0.102 \times F/D^2/(N/mm^2)$	试验力的标称值 F
HBW 2.5/62.5	2.5	10	612.9 N
HBW 2.5/31.25	2.5	5	306.5 N
HBW 2.5/15.625	2.5	2.5	153.2 N
HBW 2.5/6.25	2.5	1	61.29 N
HBW 1/30	1	30	294.2 N
HBW 1/10	1	10	98.07 N
HBW 1/5	1	5	49.03 N
HBW 1/2.5	1	2.5	24.52 N
HBW 1/1	1	1	9.807 N

③ 试验力的选择应保证压痕直径在 $0.24D \sim 0.6D$ 之间。

试验力-压头直径平方的比率($0.102F/D_2$ 比值)应根据材料和硬度值选择,见表 4-101。

为了保证在尽可能大的有代表性的试样区域试验,应尽可能地选取大直径压头。

当试样尺寸允许时,应优先选用直径 10 mm 的球压头进行试验。

表 4-101 不同材料的试验力-压头球直径平方的比率

材 料	布氏硬度 HBW	试验力-球直径平方的比率 $0.102 \times F/D^2/(N/mm^2)$
铜、镍基合金、钛合金		30
铸铁	<140	10
	≥140	30
铜和铜合金	<35	5
	35~200	10
	>200	30
轻金属及其合金	<35	2.5
	35~80	5
		10
		15
	>80	10
		15
铅、锡		1

④ 试样应稳固地放置于试台上。试样背面和试台之间应清洁和无外界污物（氧化皮、油、灰尘等）。将试样牢固地放置在试台上，保证在试验过程中不反射位移是非常重要的。

⑤ 使压头与试样表面接触，无冲击和振动地垂直于试验面施加试验力，直至达到规定试验力值。从加力开始至全部试验力施加完毕的时间应在 $2\sim8$ s 之间。试验力保持时间为 $10\sim15$ s。对于要求试验力保持时间较长的材料，试验力保持时间允许误差应在 ±2 s 以内。

⑥ 在整个试验期间，硬度计不应受到影响试验结果的冲击和振动。

⑦ 任一压痕中心距试样边缘距离至少应为压痕平均直径的 2.5 倍；两相邻压痕中心间距离至少应为压痕平均直径的 3 倍。

⑧ 应在两相互垂直方向测量压痕直径。用两个读数的平均值计算布氏硬度，或按 GB/T 231.4 查得布氏硬度值。

注：对于自动测量装置，可采用如下方式计算：

——等间距多次测量的平均值；

——材料表面压痕投影面积数值。

⑨ GB/T 231.4 包含了平面布氏硬度值的计算表，用于测定平面试样的硬度值。

6.1.2.2 透明盖板

6.1.2.2.1 从平板型太阳能集热器透明盖板材料上截取试片，采用波长范围不小于 250 nm～2 500 nm 的配有积分球装置的分光光度计，测定其太阳透过比。

6.1.2.2.2 耐冲击性：水平放置透明盖板，使直径为 0.02 m（质量约 32 g）的表面光滑的钢球从 0.5 m 的高度、静止状态、并不施加外力的情况下自由落到透明盖板的中央部分，落点要落入距中心 0.1 m 的范围之内，检查盖板有无损坏。

理解要点：

（1）从透明盖板上截取试片，使用配有积分球装置的分光光度计测定其光谱反射比，并按式（4-11）计算太阳反射比：

$$\rho = \frac{\int_{250}^{2\,500} E_\lambda \cdot \rho(\lambda)\,\mathrm{d}\lambda}{\int_{250}^{2\,500} E_\lambda\,\mathrm{d}\lambda}$$

$$\approx \frac{\sum_{250}^{2\,500} E_\lambda \cdot \rho(\lambda)\Delta\lambda}{\sum_{250}^{2\,500} E_\lambda \cdot \Delta\lambda} \qquad (4\text{-}11)$$

式中：

ρ——太阳反射比；

$\rho(\lambda)$——光谱反射比；

E_λ——太阳光谱辐照度平均值，$\mathrm{W} \cdot \mathrm{m}^{-2} \cdot \mu\mathrm{m}^{-2}$，按照 GB/T 17683.1 中相关规定确定；

λ——波长，$\mu\mathrm{m}$。

再按式（4-12）计算涂层的太阳吸收比：

$$\alpha = 1 - \rho \qquad\qquad (4\text{-}12)$$

式中：

α——太阳吸收比。

（2）耐冲击性：对一个试件只作一次试验，检查透明盖板有无损坏。

6.1.2.3 隔热体材料试验方法见附录 B 中表 B.3。

理解要点：

表 B.3　平板集热器隔热体材料试验方法

材　　　料	试验方法
聚氨酯泡沫塑料	GB/T 21558
玻璃棉	GB/T 13350

（1）聚氨酯泡沫塑料试验方法

1）芯密度

按 GB/T 6343 的规定进行，试样尺寸(100±1) mm×(100±1) mm×(50±1) mm，试样数量 5 个。

当材料表面带有面层、复合层或涂层时，应去除材料的面层、复合层或涂层后测其芯密度。

2）压缩强度或 10% 形变时的压缩应力

按 GB/T 8813 的规定进行，试样尺寸(100±1) mm×(100±1) mm×(50±1) mm，试样数量 5 个，试验速度为 5 mm/min，施加负荷的方向应平行于产品厚度（泡沫起发）的方向。

测量极限屈服应力或 10% 形变时的压缩应力，哪一种情况先出现，结果取哪一种情况的应力。

产品厚度小于 10 mm 的样品不检验本项。

3）导热系数

a）初期导热系数

按 GB/T 10294 或 GB/T 10295 的规定进行。产品在大气中陈化应大于 28 d。测平均温度为 23 ℃ 或 10 ℃，冷热板温差(23±2)℃。

b）长期热阻

按 ISO 11561:1999 的规定进行，样品在室温下陈化应大于 180 d，冷热板温差(23±5)℃。

4）尺寸稳定性

按 GB/T 8811 的规定进行，试样尺寸(100±1) mm×(100±1) mm×(25±0.5) mm，每一试验条件的试样数量为 3 个。

a) 高温尺寸稳定性

试验条件为温度(70±2)℃,时间 48 h。

b) 低温尺寸稳定性

试验条件为温度-(30±2)℃,时间 48 h。

5) 压缩蠕变

样品尺寸(50±1) mm×(50±1) mm×(50±1) mm,试样数量 3 个。

80 ℃,20 kPa,48 h 压缩蠕变试验按 GB/T 15048—1994 和 GB/T 20672—2006 进行。在标准环境状态下使试样受 20 kPa 压力 48 h 后,测定厚度 H_1。然后将试验装置连同试样放入烘箱,在 80 ℃和相同压力下保持 48 h,再测定厚度 H_2,按式(4-13)计算压缩蠕变 D_1。

$$D_1 = \frac{H_1 - H_2}{H_1} \qquad (4-13)$$

(2) 玻璃棉试验方法

1) 密度:按 GB/T 5480 的规定。

2) 导热系数:按 GB/T 10294、GB/T 10295 和 GB/T 10296 的规定,平板状制品以 GB/T 10294 为仲裁试验方法。

3) 吸湿率:按 GB/T 5480 的规定。

4) 憎水率:按 GB/T 10299 的规定。

5) 燃烧性能:按 GB/T 5464 的规定。

6.1.2.4 边框

6.1.2.4.1 粉末静电喷涂镀锌板试验方法见附录 B 中表 B.4。

理解要点:

表 B.4 粉末静电喷涂镀锌板材料试验方法

材料及性能		试验方法
镀锌板		GB/T 2518
涂层性能,应在涂层固化并放置 24 h 之后进行	涂层厚度	GB/T 13452.2
	附着力	GB/T 9286
	耐冲击性	GB/T 1732,重锤(1 000 g±1 g)固定高度≥50 cm
	抗杯突性	GB/T 9753,压陷深度为 6 mm
	耐盐雾腐蚀性	GB/T 1771
	耐湿热性	GB/T 1740
	耐候性	GB/T 1865 中方法 1,连续照射 250 h;GB/T 1766 进行评级

（1）GB/T 2518 试验方法参照表 4-102。

表 4-102

检验项目	试样数量	取样方法	试验方法	取样位置
化学分析	1/炉	GB/T 20066	GB/T 223、GB/T 4335、GB/T 20123、GB/T 20125、GB/T 20126	
拉伸试验	1	GB/T 2975	GB/T 228	试样位置距边部应不小于 50 mm
$r_{(0)}$ 值	1	GB/T 2975	GB/T 5027	
$n_{(0)}$（或 n_0）值	1	GB/T 2975	GB/T 5028	
BH_2 值	1	GB/T 2975	GB/T 20564.1 附录 A	
镀层重量	1 组 3 个	单个试样的面积不小于 5 000 mm²	GB/T 1839	见图 4-16

（2）涂层厚度

1）厚度差值法

2）仪器说明

a）测微计

测微计测量时应能精确到 5 μm。测微计应配有齿杆以限制测量杆对测试表面施加的力。

模型 1——固定在基座上

将具有平整测量面的测微计的一端夹紧在有平整基板的刚硬基座上，以使其高度能调节。测量面与基板的上表面平行对准。

模型 2——手握式（见图 4-17）

这类仪器的通用名是外卡规测微计，尽管

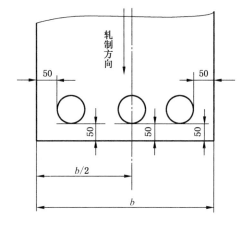

b—钢板或钢带的宽度。

图 4-16　镀层重量检验取样位置

它还被称为测量外部尺寸用的螺旋测微器（见 ISO 3611）。测微计应符合 ISO 3611 的要求。测量杆的测量面和基准面应平整且相互平行。

b）千分表

（3）附着性，采用划格试验法，按照 GB/T 9286《色漆和清漆　漆膜的划格试验》进行。

1）仪器

a）切割刀具

确保切割刀具具有规定的形状和刀刃情况良好是特别重要的。

下面列出一些适宜的切割工具，如图 4-19 和图 4-20 所示；

六个切割刀的多刃切割工具，刀刃间隔为 1 mm 或 2 mm，如图 4-20 规定。

在所有情况下，单刃切割刀具是优先选用的刀具，即适用于硬质或软底材上的各种涂层，多刃刀具不适用于厚涂层（>120 μm）或坚硬涂层，或施涂在软底材上的涂层。

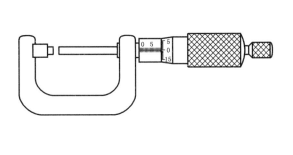

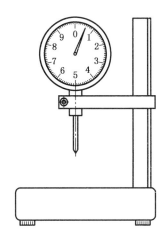

图 4-17 外卡规测微计

图 4-18 测量薄片厚度的仪表

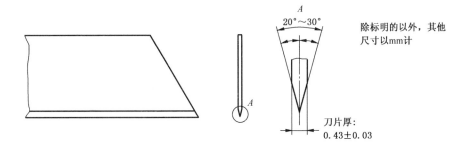

除标明的以外，其他
尺寸以mm计

刀片厚：
0.43±0.03

图 4-19 单刀切割工具

除标明的以外，其他
尺寸以mm计

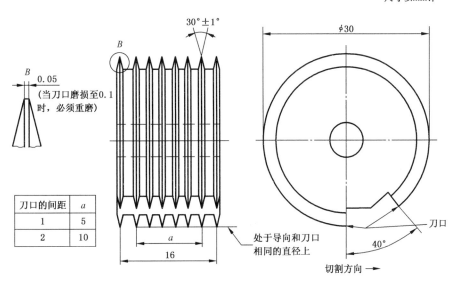

刀口的间距	a
1	5
2	10

处于导向和刀口
相同的直径上

切割方向 →

0.05
（当刀口磨损至0.1
时，必须重磨）

刀口

图 4-20 多刀切割工具

167

b）上述规定的刀具适用于手工操作,虽然这是较常用的方法。刀具也可以安装在获得更均匀切割的马达驱动的仪器上,应用仪器的操作程序应经有关双方确定。

2）导向和刀刃间隔装置

为了把间隔切割得正确,当用单刃切割刀具时,需要一系列导向和刀刃间隔装置,一个适用的装置如图 4-21 所示。

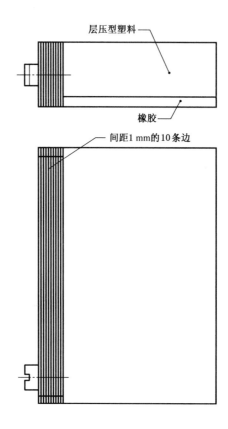

图 4-21　刀口间距顺序

3）软毛刷。

4）透明的压敏胶黏带

采用的胶黏带,宽 25 mm,黏着力(10±1)N/25 mm 或商定。

5）目视放大镜

手把式的,放大倍数为 2 倍或 3 倍。

（2）试板

1）底材

除非另有规定,从 GB/T 9271 规定的那些底材中挑选一种底材,试板应该平整且没有变形,试板的尺寸应是能允许试验在 3 个不同位置进行,此 3 个位置的相互间距和与试板边缘间距均不小于 5 mm。

当试板是由较软的材料(例如木材)制成时,其最小厚度应为 10 mm,当试板由硬的材料制成时,其最小厚度应为 0.25 mm。

2）试板的处理及涂装

按 GB/T 9271 的规定处理每块试板,按 GB/T 1727 的规定制备样板。

（3）操作步骤

1）总则

a）试验条件和试验的次数

除非另有商定,测试条件按 GB/T 9278《涂料试样状态调节和试验的温湿度》的规定,即标准条件温度(23±2)℃,相对湿度(50±5)%。试样和仪器的相关部分应置于状态调节环境中,以使它们与该环境达到平衡,试样应避免受日光直射,环境应保持清洁。试板应彼此隔开,也应与状态调节箱的箱壁隔开,其间隔至少为 20 mm。

在样板上至少进行 3 个不同位置试验。如果 3 次结果不一致,差值超过一个单位等级,在 3 个以上不同位置重复上述试验,必要的话,则另用样板,并记下所有的试验结果。

b）试样的状态调节

除另有规定,在试验前,样板在 GB/T 9278 规定的条件下至少放置 16 h。

c）切割数

切割图形每个方向的切割数应是 6。

d）切割的间距

每个方向切割的间距应相等,且切割的间距取决于涂层厚度和底材的类型,如下所述:

0～60 μm:硬底材,1 mm 间距;

0～60 μm:软底材,2 mm 间距;

61～120 μm:硬或软底材,2 mm 间距;121～250 μm:硬或软底材,3 mm 间距。

2）用手工法切割涂层

a）将试板放置在坚硬、平直的物面上,以防在试验过程中样板的任何变形。

b）试验前,检查刀具的切割刀刃,并通过磨刃或更换刀片使其保持良好的状态。

c）握住切割刀具,使刀具垂直于样板表面对切割工具均匀施力,并采用适宜的间距导向装置,用均匀的切割速率在涂层上形成规定的切割数,所有切割都应划透至底材表面。如果不可能做到切透至底材是由于涂层太硬而造成的,则表明试验无效,并如实记录。

d）用软毛刷沿网格图形每一条对角线,轻轻地向后扫几次,再向前扫几次。

e）重复上述操作,再作相同数量的平行切割线,与原先切割线成 90°角相交,以形成网格图形。

f）用软毛刷沿网格图形每一条对角线,轻轻地向后扫几次,再向前扫几次。

g）只有硬底材才另外施加黏胶带,按均匀的速度拉出一段黏胶带,除去最前面的一段,然后剪下长约 75 mm 的胶黏带。

把该黏胶带的中心点放在网格上方,方向与一组切割线平行,如图 4-22 所示,然后用手指把黏胶带在网格区上方的部位压平,黏胶带长度至少超过网格 20 mm。

在粘上黏胶带 5 mm 内,拿住黏胶带悬空的一端,并在尽可能接近 60°的角度,在 0.5～1.0 s 内平稳的撕离黏胶带。

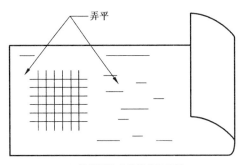

a）根据网格定黏胶带的位置

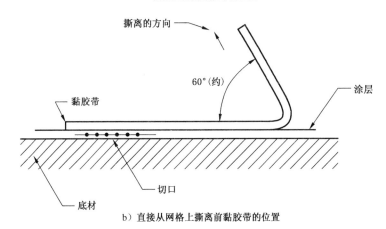

b）直接从网格上撕离前黏胶带的位置

图 4-22　黏胶带的定位

（4）结果的表示

1）结果按如下所述进行评定：

——软底材：刷扫后立即进行；

——硬底材：撕离黏胶带后立即进行。

2）在良好的照明环境中，用正常的或校正过的视力，或经有关双方商定，用目视放大镜仔细检查试验图层的切割区。在观察过程中，转动样板，以使试验面的观察和照明不局限在一个方向，以类似方式检查胶粘带也是有效的。

3）按表 4-103 通过与图示比较，将试验面进行分级。

表 4-103　试验结果分级

分　级	说　　明	发生脱落的十字交叉切割区的表面外观
0	切割边缘完全平滑，无一格脱落	
1	在切口交叉处有少许涂层脱落，但交叉切割面积受影响不能明显大于 5%	

续表 4-103

分 级	说 明	发生脱落的十字交叉切割区的表面外观
2	在切口交叉处和/或沿切口边缘有涂层脱落,受影响的交叉切割面积明显大于 5%,但不能明显大于 15%	
3	涂层沿切割边缘部分或全部以大碎片脱落,和/或在各自不同部位上部分或全部脱落,受影响的交叉切割面积明显大于 15%,但不能明显大于 35%	
4	涂层沿切割边缘大碎片剥落,和/或一些方格部分或全部出现脱落,受影响的交叉切割面积明显大于 35%,但不能明显大于 65%	
5	剥落的程度超过 4 级	

表 4-103 给出了六个级别的分级。对于一般的用途,前三级是令人满意的。要求评定通过/不通过时也采用前三级。

理解要点:

6.1.2.4.2 铝型材试验方法见附录 B 中表 B.5。

表 B.5 铝型材材料试验方法

材 料	试验方法
阳极氧化型材	GB 5237.2
电泳涂漆型材	GB 5237.3
粉末喷涂型材	GB 5237.4

(1)阳极氧化型材

1)阳极氧化膜膜厚

按 GB/T 8014.1 中规定的测量原则,采用 GB/T 4957 中的涡流测厚法或 GB/T 6462 中的横断面厚度显微镜法测量膜厚,仲裁测定按 GB/T 6462。

2)封孔质量

采用硝酸预浸的磷铬酸试验,按 GB/T 8753.2 规定的方法进行。

3）耐磨性

采用落砂试验,试验按 GB/T 8013.1—2007 中附录 A 规定的方法进行。

4）耐候性

采用 313B 荧光紫外灯人工加速老化试验测试,试验按 GB/T 12967.4 规定的方法进行,连续照射时间为 300 h,按 GB/T 1766 评定氧化膜的变色程度。

（2）电泳涂漆型材

1）漆膜硬度

按 GB/T 6739 进行铅笔硬度试验,试验结果按表面漆膜划破情况评定。

2）漆膜附着性

按 GB/T 9286 的规定划格,划格间距为 1 mm。

将黏着力大于 10 N/25 mm 的黏胶带覆盖在划格的漆膜上,压紧以排去黏胶带下的空气,以垂直于漆膜表面的角度快速拉起黏胶带,然后进行评级。

3）耐磨性

按 GB/T 8013.1—2007 中附录 A 的规定进行试验。

4）耐候性

按 GB/T 1865—1997 中方法 1 的规定进行氙灯加速耐候试验。按 GB/T 9754 测量光泽值,按 GB/T 1766 评定粉化程度和变色程度。

（3）粉末喷涂型材

1）漆膜厚度

涂层厚度按 GB/T 4957 规定的方法进行测量。

2）漆膜附着性

a）干附着性

按 GB/T 9286 的规定划格,划格间距为 2 mm。

将黏着力大于 10 N/25 mm 的黏胶带覆盖在划格的漆膜上,压紧以排去黏胶带下的空气,以垂直于漆膜表面的角度快速拉起黏胶带,按 GB/T 9286 评级。

b）湿附着性

将试样按按国标 GB/T 9286 的规定划格,划格间距为 2 mm,试样划格后,置于 38 ℃±5 ℃、符合 GB/T 6682 规定的三级水中浸泡 24 h,取出并擦干试样,按 GB/T 9286 的规定进行评级。

c）沸水附着性

将试样按 GB/T 9286 的规定划格。

将符合 GB/T 6682 规定的三级水注入烧杯至约 80 mm 深处,并在烧杯中放入 2～3 粒清洁的碎瓷片。在烧杯底部加热至水沸腾。

将试样悬立于沸水中煮 20 min。试样应在水面 10 mm 以下,但不能接触容器底部。在试验过程中保持水温不低于 95 ℃,并随时向杯中补充煮沸的符合 GB/T 6682 规定的三级水,以保持水面高度不小于 80 mm。

取出并擦干试样,在 5 min 内,将黏着力大于 10 N/25 mm 的黏胶带覆盖在划格的漆膜上,压紧以排去黏胶带下的空气,以垂直于漆膜表面的角度快速拉起黏胶带,按 GB/T 9286 评级。

3）耐冲击性

采用直径为 16 mm±0.3 mm 的冲头,参照 GB/T 1732 规定的方法进行冲击试验:将重锤(1 000g±1 g)置于适当的高度自由落下冲击标准试板受检面的背面,冲出深度为 2.5 mm±0.3 mm 的凹坑,目视观察试验后的涂层表面漆膜变化情况。

对具有某些特殊性能,而耐冲击性稍差的涂层,应立即将黏着力大于 10 N/25 mm 的黏胶带覆盖在冲击试验后的涂层表面上,压紧以排去黏胶带下的空气,以垂直于漆膜表面的角度快速拉起黏胶带,目视检查涂层表面有无黏落现象。

4)抗杯突性

按 GB/T 9753 规定的方法,采用标准试板进行试验,压陷深度为 5 mm。

对具有某些特殊性能,而抗杯突性稍差的涂层,应立即将黏着力大于 10 N/25 mm 的黏胶带覆盖在杯突试验后的涂层表面上,压紧以排去黏胶带下的空气,以垂直于漆膜表面的角度快速拉起黏胶带,目视检查涂层表面有无黏落现象。

5)耐盐雾腐蚀性

沿对角线在试样上划两条深至基材的交叉线,线段不贯穿试样对角,线段各端点与相应对角成等距离,然后按 GB/T 10125 进行乙酸盐雾试验,至规定的试验时间后,目视检查涂层表面,并检查膜下单边渗透的程度。

6)耐湿热型

按 GB/T 1740 的规定进行试验。试验温度 47 ℃±1 ℃。

7)耐候性

按 GB/T 1865 的规定进行氙灯加速耐候试验。按 GB/T 9754 测量光泽度,按 GB/T 1766评定变色程度。

6.1.2.5 背板
6.1.2.5.1 镀锌板按 GB/T 2518 规定的方法进行检测。

理解要点:

在 5.1.2.4.1 理解要点内容中作过介绍。

6.1.2.5.2 镀铝锌钢板试验方法见附录 B 中表 B.6。

理解要点:

表 B.6 镀铝锌钢板材料试验方法

材料及性能	试验方法引用标准
镀铝锌钢板	GB/T 14978
耐中性盐雾试验	GB/T 10125 试验;GB/T 6461 进行评级

(1)镀铝锌钢板的检验项目、试验数量、取样方法、取样位置及实验方法应符合表 4-102 的规定。

（2）耐中性盐雾试验：适用于金属及其合金、金属覆盖层、有机覆盖层、阳极氧化膜和转化膜。

1）试验溶液

a）氯化钠溶液配制：试验所用试剂采用化学纯或化学纯以上的试剂，将氯化钠溶于电导率不超过 20 μS/cm 的蒸馏水或去离子水中，其浓度为 50 g/L±5 g/L，在 25 ℃时，配制的溶液相对密度在 1.025 5～1.040 0 范围内。

b）调整 pH：根据收集的喷雾溶液的 pH 调整盐溶液到规定的 pH。

中性盐雾试验调整按 3∶1 配制的盐溶液的 pH，使其在 6.5～7.23 之间，pH 的测量可使用酸度计，作为日常检测也可用测量精度为 0.3 的精密 pH 试纸，溶液的 pH 可用盐酸或氢氧化钠调整。

c）过滤：为避免堵塞喷嘴，溶液在使用之前必须过滤。

2）试验设备

a）用于制作试验设备的材料必须抗盐雾腐蚀和不影响试验结果。

b）盐雾箱的容积不小于 0.2 m³，最好不小于 0.4 m³。箱顶部要避免试验时聚积的溶液滴落到试样上。箱子的形状和尺寸应能使箱内溶液的收集速度符合以下规定：盐雾沉积的速度，经 24 h 喷雾后，每 80 cm² 面积上为 1～2 mL/h；氯化钠浓度为 50 g/L±5 g/L；pH 的范围是 6.5～7.2。

c）加热系统应保持室内温度达到 35 ℃±2 ℃，温度测量区距箱内壁不小于 100 mm，并能从箱外读数。

d）喷雾装置包括下列部分：

喷雾气源、喷雾系统、盐水槽。

e）盐雾收集器：箱内至少放两个收集器，一个靠近喷嘴，一个远离喷嘴，收集器用玻璃等惰性材料制成漏斗形状，直径为 10 cm，收集面积约 80 cm²，漏斗管插入带有刻度的容器中，要求收集的是盐雾，而不是从试样或其他部位滴下的液体。

f）使用不同溶液做试验之前，必须彻底清洗盐雾箱，在放入试样之前，设备至少应空运行 24 h，必须测量收集液的 pH，以保证整个喷雾期的 pH 在规定范围内。

3）试样

a）试样的类型、数量、形状和尺寸，根据被试材料或产品有关标准选择，若无标准，有关各方可以协商决定。

b）试验前试样必须清洗干净，清洗方法取决于试样材料性质，试样表面及其污物清洗不应采用可能侵蚀试样表面的磨料或溶剂。试验前不应洗去试样上有意涂覆的保护性有机膜。

c）如果试样是从工件上切割下来的，不能损坏切割区附近的覆盖层，除另有规定外，必须用适当的覆盖层，如油漆、石蜡或胶带等对切割区进行保护。

4）试样放置

a）试样放在盐雾箱内且被试面朝上，让盐雾自由沉降在被试面上，被试面不能受到盐雾的直接喷射。

b）试样原则上应放平，在盐雾箱内被试表面与垂直方向成 15°～30°，并尽可能成 20°，对于不规则的试样(如整个工件)也应尽可能接近上述规定。

c)试样可以防止在箱内不同水平面上,但不得接触箱体,也不能相互接触,试样之间的距离应不影响盐雾自由降落在被试表面上,试样上的液滴不得落在其他试样上,对总的试验周期超过 96 h 的新检验或试验,可允许试样移位。

d)试样支架用玻璃、塑料等材料制造,悬挂试样的材料不能用金属,而应用人造纤维、棉纤维或其他绝缘材料。

5)试验周期

240 h,在规定的试验周期内喷雾不得中断,只有当需要短暂观察试样时才能打开盐雾箱。

6)试验后试样的处理

试验结束后取出试样,为减少腐蚀产物的脱落,试样在清洗前在室内自然干燥 0.5～1 h,然后用温度不高于 40 ℃的清洁流动水轻轻清洗以除去试样表面残留的盐雾溶液,再立即用吹风机吹干。

(3)保护评级参考 GB/T 6461—2002《金属基体上金属和其他无机覆盖层经腐蚀试验后的试样和试件的评级》(参见本书对标准 5.2.1.1.4 的理解要点说明)。

6.1.2.6　密封胶条按 GB/T 12002 规定的方法进行检测。

理解要点:

(1)拉伸断裂强度按 GB/T 528 的规定进行。

1)原理:在恒速移动的拉力试验机上,将哑铃状(图 4-23)或环状标准试样进行拉伸。按要求在不中断拉伸试样的过程中或在其断裂时记录所用的拉力以及伸长率。

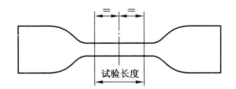

图 4-23　哑铃状试样形状

试样狭窄部分的标准厚度,1 型、2 型、3 型为 2.0 mm±0.2 mm,4 型为 1.0 mm±0.1 mm。

试样试验长度应符合表 4-104 规定。哑铃状试样的其他尺寸应由相应的裁刀(见表 4-105)给出。

表 4-104　哑铃状试样的试验长度　　　　　　　　　　　　　　　mm

试样类型	1 型	2 型	3 型	4 型
试验长度	25.0±0.5	20.0±0.5	10.0±0.5	10.0±0.5

对于非标准试样,即取自成品的试样,其狭窄部分的最大厚度,1 型试样为 3.0 mm,2 型和 3 型试样为 2.5 mm,4 型试样为 2.0 mm。

2）试验仪器

a）裁刀和裁片机

试验用的所有裁刀和裁片机应符合 GB/T 9865.1 的规定。制备哑铃状试样用的裁刀尺寸、规格，应符合表 4-105 和图 4-24 的要求，裁刀狭小平行部分任一点宽度偏差不应超过 0.05 mm。

表 4-105　哑铃状试样的裁刀尺寸　　　　　　　　　　　　mm

尺寸	1 型	2 型	3 型	4 型
A 总长度（最短）	115	75	50	35
B 端部宽度	25.0 ± 1.0	12.5 ± 1.0	8.5 ± 0.5	6.0 ± 0.5
C 狭小平行部分长度	33.0 ± 2.0	25.0 ± 1.0	16.0 ± 1.0	12.0 ± 0.5
D 狭小平行部分宽度	$6.0^{+0.4}_{0.0}$	4.0 ± 0.1	4.0 ± 0.1	2.0 ± 0.1
E 外侧过渡边半径	14.0 ± 1.0	8.0 ± 0.5	7.5 ± 0.5	3.0 ± 0.1
F 内侧过渡边半径	25.0 ± 2.0	12.5 ± 1.0	10.0 ± 0.5	3.0 ± 0.1
注：为确保试验端部与夹持器接触，增加总长度从而避免"肩部断裂"。				

mm

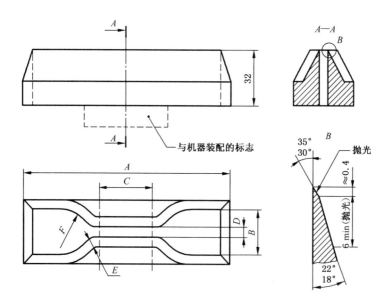

注：A 到 F 各尺寸见表 4-105；

　　B 型环状试样切取方法见附录 A。

图 4-24　哑铃状试样用的裁刀

b）测厚计

测量哑铃状试样厚度和测量环状试样轴向厚度所用的测厚计应符合 GB/T 5723—1993 方法 A 中的规定。

测量环状试样的径向宽度的测厚计，除压足和基板应与环状试样曲面的曲率相吻合外，其他如前所述。

c）锥形测径计

经校准的锥形测径计或其他适用的仪器可用于测量环状试样的内径。应采用误差不超过 0.01 mm 的仪器来测量直径。支撑被测量环的工具应能避免使所测量的尺寸发生任何明显变化。

d）拉力试验机

拉力试验机应符合 HG 2369 的规定，其测力精度应为 B 级。

3）试样的数量

试验的试样应不少于 3 个。

4）试样的制备

哑铃状试样应按 GB/T 9865.1 规定的方法进行制备。在可能的情况下，哑铃状试样应沿着材料的压延方向裁切。在研究压延效应时，还应裁切垂直于压延方向的试样。

5）样品和试样的调节

a）硫化和试验之间的时间间隔

硫化和试验之间的时间间隔应符合 GB 2941 的规定。对所有试验，硫化和试验之间的最短时间间隔为 16 h。

对非制品试验，从制造到试验之间的时间间隔最长为 4 周，对于对比试验，应尽可能在相同的时间间隔内进行。

对制品试验，只要有可能，硫化和试验之间的时间间隔应不超过 3 个月。在其他情况下，从用户收到产品之日起，应在两个月内进行试验。

b）样品和试样的防护

在硫化到试验的时间间隔内，样品和试样应尽量防护好，使其不受有可能导致其损坏的外来影响，例如应避光、隔热。

c）样品的调节

在裁取试样前，来源于胶乳以外的所有样品，都应按 GB 2941 的规定，在标准温度下（不控制湿度）调节至少 3 h。

在裁取试样前，对所有乳胶制备的样品，应在标准温度下（控制湿度）调节至少 96 h。

d）试样的调节

试样应按 GB 2941 的规定进行调节。如果试样需要进行打磨，则打磨和试验之间的时间间隔应不小于 16 h，也不应多于 72 h。

对于在标准温度下的试验，如果从经调节的试验样品上截取试样，则试样可直接进行试验。对于需要进一步制备的试样，应使其在标准温度下至少调节 3 h。

对于非标准温度下的试验，试样应按 GB/T 9868 的规定在该试验温度下调节足够长的时间，以保证试样达到平衡。

e）哑铃状试样的标记

如果使用无接触变形测量装置，则应用适当的打标器，按表 4-104 的要求，在试样的狭小平行部分，打上两条平行的标线。每条标线（如图 4-23 所示）应与试样中心等距且与试样长轴方向垂直。试样在进行标记时，不应发生变形。

6）哑铃状试样的测量

用测量计在试样的中部和试验长度的两端测量其厚度。取 3 个测量值的中位数计算横截面的面积。在任何一个哑铃状试样中,狭小平行部分的 3 个厚度值均不应超过中位数的 2%。若两组试样进行对比,每组厚度中位数不应超出两组的厚度中位数的 7.5%。取裁刀狭小平行部分刀刃间距离作为试样的宽度,并按 GB/T 9865.1 的规定进行测量,精确到 0.05 mm。

7）哑铃状试验步骤

将试样匀称地置于上、下夹持器上,使拉力均匀分布到横截面上。根据试验需要,可安装一个变形测定装置,开动试验机,在整个试验过程中,连续监测试验长度和力的变化,按试验项目的要求进行记录和计算,并精确到±2%。

对于 1 型和 2 型试样,夹持器移动速度应为 500 mm/min±50 mm/min;对于 3 型和 4 型试样,速度应为 200 mm/min±20 mm/min。

如果试样在狭小平行部分之外发生断裂,则该试验结果应予以舍弃,并应另取一试样重复试验。

扯断永久变形的测量与计算见 GB/T 528—1998 的附录 B。

8）试验温度

试验通常应在 GB 2941 中规定的标准温度下进行。当需要采用其他温度时,应从 GB 2941 规定的温度中选择。

在进行对比试验时,应采用相同的温度。

9）试验结果的计算

a）拉伸强度按式（4-14）计算:

$$TS = \frac{F_m}{Wt} \tag{4-14}$$

式中:

TS——拉伸强度,MPa;

F_m——记录的最大力,N;

W——裁刀狭小平行部分宽度,mm;

t——试验长度部分的厚度,mm。

b）断裂拉伸强度按式（4-15）计算:

$$TS_b = \frac{F_b}{Wt} \tag{4-15}$$

式中:

TS_b——断裂拉伸强度,MPa;

F_b——试样断裂时,记录的力,N;

W——裁刀狭小平行部分宽度,mm;

t——试验长度部分的厚度,mm。

（2）热空气老化性能试验

1）试验装置

热空气老化试验箱应符合 GB/T 7141 中第 3 章规定。

2）试样

采用 GB/T 1040.1 中哑铃型Ⅲ号样,每组 10 条试样,5 条进行老化试验,5 条为原始试样。

3) 试验步骤

在分析天平上称量老化前试样质量,准确至 0.000 1 g。然后放入已恒温 100 ℃±1 ℃ 的老化箱中,开始记时,到达 72 h 从老化箱中取出试样,放入干燥器中,静置 16 h,再称量老化后试样质量,热失重按公式 4-18 计算。

老化前后的拉伸断裂强度和断裂伸长率按 GB/T 1040 规定进行测定。

4) 试验结果表示

试样热老化处理后性能变化保留率,按式(4-16)～式(4-18)计算。

拉伸断裂强度保留率:

$$rF = \frac{F_1}{F} \times 100 \qquad (4\text{-}16)$$

式中:

rF——老化后拉伸强度保留率,%;

F_1——老化后拉伸强度,MPa;

F——老化前拉伸强度,MPa。

伸长率保留率:

$$rE = \frac{E_1}{E} \times 100 \qquad (4\text{-}17)$$

式中:

rE——老化后断裂伸长率保留率,%;

E_1——老化后断裂伸长率,%;

E——老化前断裂伸长率,%。

热失重:

$$W = \frac{W_0 - W_1}{W_0} \times 100 \qquad (4\text{-}18)$$

式中:

W——热失重,%;

W_0——加热前试样质量,g;

W_1——加热后试样质量,g。

(3) 压缩永久变形按 GB/T 7759 的规定进行。

(4) 耐臭氧性按 GB/T 7526 规定进行。

6.2 贮热水箱

6.2.1 水箱内胆

6.2.1.1 不锈钢内胆材料试验方法见附录 B 中表 B.7。

理解重点:

表 B.7　不锈钢材料试验方法

材料及性能	试验方法
主要化学成分、力学性能	GB/T 3280
厚度	应在距边沿≥40 mm 的任意点测量。用经计量鉴定合格的千分尺测量,且使用精度≥0.01 mm。
耐中性盐雾试验	GB/T 10125 试验;GB/T 6461 进行评级
卫生安全性能	GB/T 19141、HJ/T 363

（1）主要化学成分按 GB/T 3280 规定的方法进行。

（2）水质检查按照 GB/T 19141—2011《家用太阳能热水系统技术条件》规定,将家用太阳能热水系统中注满符合卫生标准的水后,在日太阳辐照量≥16 MJ/m² 的条件下放置2 d,系统排出的热水中应无铁锈、异味或其他有碍人体健康的物质。

（3）按照 HJ/T 363—2007《环境标志产品技术要求　家用太阳能热水系统》的要求,产品与水接触的材料在浸泡水中重金属的析出量不得大于表 4-106 中规定的限值。

表 4-106　重金属析出量限值　　　　　　　　　　　　μg/L

元素	铅 Pb	镉 Cd	铬 Cr	镍 Ni
限值	5	1	5	5

样品预处理及浸泡液的配制按照 GB/T 17219 标准规定的方法进行检测。用于浸泡试验的样品要取自同批产品,同类牌号的原材料,内胆材料的尺寸为 5 cm×5 cm,集热管材料表面积与浸泡液体积的比值大于 0.004 05,浸泡液为 200 mL,浸泡试验温度为 80±5 ℃。浸泡时间为 24 h±1 h。浸泡液中铅、铬、镍等元素的检测采用石墨炉原子吸收光度法或等离子体无机质谱法,按照 GB/T 5750 标准规定的方法进行检测。

6.2.1.2　承压内胆使用搪瓷材料按 QB/T 2590 规定的方法进行检测。

理解要点：

（1）瓷层厚度

按照 GB/T 4956 的规定进行,每平方米不少于 5 个不同的测试点。测定的结果应报告最大值,最小值以及平均值。

（2）密着性

按 GB 13484—1992 中 6.3.1 规定进行,将压模置于被测面,刚球置于背面进行顶压试验,试验结果用目测判断。当钢板厚度大于 1.9 mm 仍用深度为 2.3 的压模试验,使试验变形至能够观测瓷层密着情况,一般将其结果依次分为"丝状"、"网状"、"块状"。

若因试样所用钢板较厚,上述试验不能使试验变形,则可采用落球冲击或者榔头锤击,冲击一次后破坏的瓷层应该清晰可见,由于对机械冲击的方法没有明确规定,在此情形下的密着结果仅能定为"良好"或者"不足"。

(3)耐温急变性

试样制备:

当制品不能直接用于试验时,应制作 105 mm×105 mm 或者直径 105 mm 的试样。

试样应在搪瓷制品的不同部位用手工锯,割刀或者适当的切割工具切割,边缘应整齐,不应搪瓷开裂,瓷面应符合表 4-107 的要求。或用与被测内胆主要构件相同的材料制作,并以同样前处理、涂搪、干燥、烧成工艺制造的样板,例如:样板和热水器内胆生产时一起制作并平齐悬挂在搪烧炉内烧成或者在实验室的炉中烧成。若因搪烧需要,可在样板边角处粘一个直径 5 mm 的孔,其中心距边缘应不大于 4 mm。

表 4-107

项　　目		合格质量水平(AQL)
外观	鳞爆	0.65
	针孔、剥瓷、裂缝、铜头	1.0
	皱纹、发沸、焦边	1.5
	凹凸点粒	1.5
涂层厚度		1.5

耐温急变性试验选择 3 个以上的样本。

将试样在空气中加热到 200 ℃±10 ℃,恒温 20 min 后,在 5 s 内投入温度约为 15 ℃的冷水中,试样应完全浸没。待冷却后取出试样表面情况。如无破裂,则使试样干燥。重复上述操作 5 次。

试验用冷水应有足够的量,使试验过程中冷水温升不大于 1 ℃。

试样由于切割引起的损伤不应考虑在内。

(4)耐酸侵蚀性

实验部分为接触热水部分,如该部分试验有困难,则可以选择相应的其他部分或相同的工艺制作的样板。

试验步骤按 GB/T 9989 规定进行,试验溶液为 10% 的盐酸溶液,试验时间为 1 h。

(5)耐热水侵蚀性

该试验每次至少进行 3 个平行试验,每个试验进行两次 504 h 的侵蚀。

试样样板背面应涂薄层搪瓷或者其他涂层以防腐蚀。

① 试验设备:试验装置应符合 QB/T 2590 附录 A 的规定,新的玻璃制件应用沸水浸泡 1 周以上,每天换水。

测试装置中有一个两侧各带一个有标准接口的支管的圆桶;其中一接口用来连接回流冷凝管,另一接口连接缓沸装置。试验置于圆桶的底部,一块化学稳定性符合 GB/T 12416.2 要求的硼硅酸盐玻璃平板或聚四氟乙烯的板盖于圆桶上口。试样和圆桶夹在两块三角形平板之间,角顶用三只螺栓、三只翼形螺帽和三只六角螺帽固定试样和盖板,圆桶与试样、试样与三角板之间用垫圈隔开,参见 QB/T 2590 附录 A 图 A.1。

a) 圆桶

用化学稳定性符合 GB/T 12416.2 要求的硼硅酸盐玻璃制成,耐温急变温差大于 120 ℃,其主要尺寸参见 QB/T 2590 附录 A 图 A.2。

b) 回流冷凝管

用符合 QB/T 2109 要求的蛇形水套冷凝管。套管长度 400 mm,并附有标准磨砂接头。

c) 缓沸装置

用化学稳定性符合 GB/T 12416.2 要求的硼硅酸盐玻璃制成,带有标准磨砂接头,参见 QB/T 2590 附录 A 图 A.3。

d) 三角形平板

共上下两块,由不锈钢或表面涂有保护层的钢板制成,参见 QB/T 2590 附录 A 图 A.4。

e) 螺栓

共三根,由不锈钢制成。

f) 翼形螺帽和六角螺帽

其螺纹应和螺栓相吻合,各三只或六只六角螺帽。

g) 加热器

功率 500 W,由涂有绝热材料的导线组成,加热器的顶部边缘到圆桶底边为 95 mm,但不能接触垫圈。

h) 加热控制装置

可用变阻箱、可调变压器或电子控制设备等调节。

i) 密封垫圈

——密封 A

压紧的纤维垫片,外径为 100 mm,内径为 (79±1) mm,厚度为 2 mm,表面涂有能耐 140 ℃盐酸的塑料(如聚四氟乙烯)。

——密封 B

垫圈外径为 100 mm 内径为 $80_{-0.3}^{0}$ mm,厚度为 2~3 mm。所用材料硬度为 70,能耐 140 ℃的柠檬酸和水的橡胶(如氯丁橡胶)。

② 试验溶液:试电导率不小于 1 mS/m 的去离子水。

③ 试验步骤:

在试验装置中注入 450 mL 试验溶液,液面应在加热器上边缘以上(离玻璃筒下边缘约高 95 mm)。当溶液开始沸腾后,调节控温装置,使回流冷凝管滴下的速度在 30~50 滴/min。

试验溶液以下述方式重复更换:

第 1 天到第 5 天,每 24 h 更换一次。第 6 天、第 7 天两天连续实验,不用更换,第 2 周、第 3 周重复上述程序更换试验溶液。

试验分两个阶段,每个阶段 21 天,计算第二阶段单位面积失重的算术平均作为整个试验评估的依据。

若各个试样单位面积失重之差大于算术平均的30%,则再次进行试验将4个数值的算术平均值作为试验评估的依据。

(6)耐碱侵蚀性

按GB/T 9988—1988规定的方法进行。试验使用的介质为碳酸钠溶液,试验温度为80 ℃±2 ℃。试样规格为89 mm×89 mm。

(7)耐压性能

将内胆充满水加压至1.3P的测试压力,P为GB 4706.12—1995中规定的额定压力,压力从0增加到P至少15 s,从P增加到测试压力不超过5 s,保持压力至少15 min,试验共进行2次。

(8)铅、镉析出量

按照GB/T 13485规定的方法进行。

(9)表面质量

表面质量主要用目测的方法进行,对于无法直接目测的部分可借助反光镜或其他专用显示器等器械进行检测。

6.2.2 水箱隔热体材料试验方法见附录B中表B.8。

理解要点:

表B.8 水箱隔热体材料试验方法

材料及性能	试验方法
表观芯密度	GB/T 6343
压缩强度	GB/T 8813
尺寸稳定性	GB/T 8811,试验条件为(70±2)℃,(−25±3)℃
导热系数	GB/T 10294
闭孔率	GB/T 10799

(1)表观芯密度

1)试样

a)尺寸

试样的形状应便于体积计算,切割时,应不改变其原始泡孔结构。

试样总体积至少为100 cm²,在仪器允许及保持原始形状不变的条件下,尺寸尽可能大。

对于硬质材料,用从大样品上切下的试样进行表观总密度的测定时,试样和大样品的表皮面积与体积之比应相同。

b）数量

至少测试 5 个试样。

在测定样品的密度时会用试样的总体积和总质量，试样应制成体积可精确测量的规整几何体。

c）状态调节

测试用样品材料生产后，应至少放置 72 h，才能进行制样。

如果经验数据表明，材料支撑后放置 48 h 或 16 h 测出的密度与放置 72 h 测出的密度相差小于 10％，放置时间可减少至 48 h 或 16 h。

样品应在下列规定的标准环境或干燥环境（干燥器中）下至少放置 16 h，这段状态调节时间可以是在材料制成后放置 72 h 中的一部分。

标准环境条件应符合 GB/T 2918—1998。

2）试验步骤

a）按 GB/T 6342—1996 的规定测量试样的尺寸，单位为毫米（mm），每个尺寸至少测量 3 个位置，对于板状的硬质材料，在中部每个尺寸测量 5 个位置，分别计算每个尺寸平均值，并计算试样体积。

b）称量试样，精确到 0.5％，单位为克（g）。

3）结果计算

由式（4-19）计算表观密度，取其平均值，并精确至 0.1 kg/m³。

$$\rho = \frac{m}{V} \times 10^6 \qquad (4\text{-}19)$$

式中：

ρ——表观密度（表观总密度或表观芯密度），kg/m³；

m——试样的质量，g；

V——试样的体积，mm³。

对于一些低密度闭孔材料（如密度小于 15 kg/m³ 的材料），空气浮力可能会导致测量结果产生误差，在这种情况下表观密度应用式（4-20）计算：

$$\rho_a = \frac{m + m_a}{V} \times 10^6 \qquad (4\text{-}20)$$

式中：

ρ_a——表观密度（表观总密度或表观芯密度），kg/m³；

m——试样的质量，g；

m_a——排除空气的质量，g；

V——试样的体积，mm³。

注：m_a 指在常压和一定温度时的空气密度（g/mm³）乘以试样体积（mm³）。当温度为 23 ℃、大气压为 101 325 Pa（760 mm 汞柱）时，空气密度为 1.220×10⁻⁶ g/mm³；当温度为 27 ℃、大气压为 101 325 Pa（760 mm 汞柱）时，空气密度为 1.195×10⁻⁶ g/mm³。

标准偏差估计值 S 由式（4-21）计算，取两位有效数字。

$$S=\sqrt{\frac{\sum x^2-n\overline{x}^2}{n-1}} \qquad (4\text{-}21)$$

式中：

S——标准偏差估计值；

x——单个测试值；

$\overline{x}$——一组试样的算术平均值；

n——测定个数。

（2）压缩强度

1）原理：对试样垂直施加压力，可通过计算得出试样承受的应力。如果应力最大值对应的相对形变小于 10%，称其为"压缩强度"。如果应力最大值对应的相对形变达到或超过 10%，取相对形变为 10% 时的压缩应力为试验结果，称其为"相对形变为 10% 的压缩应力"。

2）试样

a）尺寸

试样厚度应为 (50 ± 1) mm，使用时需要带有模塑表皮的制品，其试样应取整个制品的原厚，但厚度最小为 10 mm，最大不得超过试样的宽度或直径。

试样的受压面为正方形或圆形，最小面积为 25 cm²，最大面积为 230 cm²，首选使用受压面为 (100 ± 1) mm×(100 ± 1) mm 的正四棱柱试样。

试样两平面的平行度误差不应大于 1%。

不允许几个试样叠加进行试验。

不同厚度的试样测得的结果不具可比性。

b）制备

制取试样应使其受压面与制品使用时要承受压力的方向垂直。如需了解各向异性材料完整的特性或不知道各向异性材料的主要方向时，应制备多组试样。

通常，各向异形体的特性用一个平面及它的正交面表示，因此考虑用两组试样。

制取试样应不改变泡沫材料的结构，制品在使用中不保留模塑表皮的，应除去表皮。

c）数量

从硬质泡沫塑料制品的块状材料或厚板中制取试样时，取样方法和数量应参照有关泡沫塑料制品标准的规定，在缺乏相关规定时，至少要取 5 个样。

d）状态调节

试样状态调节按 GB/T 2918 规定，温度 (23 ± 2)℃，相对湿度 (50 ± 10)%，至少 6 h。

3）试验步骤

试验条件应与状态调节条件相同。

按 GB/T 6342 规定，测量每个试样的三维尺寸，将试样放置在压缩试验机的两块平行板之间的中心，尽可能以每分钟压缩试样初始厚度（h_0）10% 的速率压缩试样，直到试样厚度变为初始厚度的 85%，记录再压缩过程中的力值。

如果要测量压缩弹性模量，应记录力-位移曲线，并画出曲线斜率最大处的切线。

每个试样按上述步骤进行测试。

4）结果表示

根据情况计算 σ_m 和 ε_m[图 4-25a)];或 σ_{10}[图 4-25b)];如果材料在试验完成前屈服,但仍能抵抗渐增的力时,三项性能需全部计算[见图 4-25c)]。

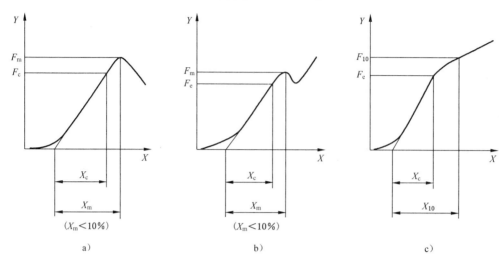

X——位移;

Y——力。

图 4-25 力-位移曲线图例

5)压缩强度

压缩强度 σ_m(kPa),按式(4-22)计算;

$$\sigma_m = 10^3 \times \frac{F_m}{A_0} \qquad (4\text{-}22)$$

式中:

F_m——相对形变 $\varepsilon < 10\%$ 时的最大压缩力,N;

A_0——试样初始横截面积,mm^2。

6.2.3 水箱外壳

6.2.3.1 粉末静电喷涂镀锌板外壳试验方法见附录 B 中表 B.4。

6.2.3.2 铝型材外壳试验方法见附录 B 中表 B.5。

6.2.3.3 镀铝锌钢板外壳试验方法见附录 B 中表 B.6。

6.2.3.4 彩色涂层钢板外壳技术要求同 6.1.2.5.3。

理解要点:

同平板集热器部分相关材料的试验方法。

6.2.4 水箱密封件

按 GB/T 24798 规定的方法进行检测。

理解要点：

（1）试样的制备

试样采用与产品的同批胶料，制备硫化程度相当的试样。

（2）硬度

按 GB/T 531.1 的规定进行。

（3）拉伸强度和拉伸伸长率

按 GB/T 528—2009 的规定进行，采用其中的 2 型试样。

（4）压缩永久变形

按 GB/T 7759 的规定进行。

（5）耐热

1）硬度变化、拉伸强度变化率、拉伸伸长率变化率的测量

按 GB/T 3512 的规定进行试验。

2）挥发减量和挥发凝结的测量

a）采用 3 个 25 mm×25 mm×2 mm 的试样。

b）试验试管约为 $\phi38$ mm×300 mm，装有带双孔的耐热塞子，一个 $\phi9$ mm×420 mm 的导入试管从底部 25 mm 处延伸出去，$\phi9$ mm×380 mm 的导出试管身处塞子大约 320 mm，并在试管的下半部有一个悬挂 3 个试样的支架。

c）老化前，测量每个试样耐热老化前的质量 m_1 和导出和导入试管的总质量 M_1。

d）将试样放入试验试管中，试验试管在相对应的试验温度的老化箱中放置 72 h。

e）耐热试验后，在标准实验室温度下将试样至少调节 16 h，在 96 h 内测量老化后的每个试样质量 m_2 和导出与导入试管的总质量 M_2。

f）按式（4-23）计算挥发减量：

$$\Delta m = \frac{m_2 - m_1}{m_1} \times 100\% \tag{4-23}$$

式中：

Δm——挥发减量；

m_1——耐热老化前试样的质量 g；

m_2——耐热批化后试样的质量，g。

结果取 3 个试样的平均值。

5.5.2.7 按式（4-24）计算挥发凝结：

$$\Delta M = \frac{M_2 - M_1}{M_3} \times 100\% \tag{4-24}$$

式中：

ΔM——挥发凝结；

M_1——耐热老化前导出和导入导管的总质量，g；

M_2——耐热老化后导出和导入导管的总质量，g；

M_3——耐热老化前 3 个试样的质量之和，g；

（6）耐臭氧

按 GB/T 7762—2003 的方法 A 进行，伸长 20％，空气中的臭氧浓度 200×10^{-8}，在 40 ℃下进行 96 h。

（7）耐低温

按 GB/T 1682 进行。

（8）耐天候

按 GB/T 16422.2 的规定进行。

> 6.2.5　辅助电加热器试验方法见附录 B 中表 B.9。

理解要点：

表 B.9　辅助电加热器试验方法

元件及性能		试验方法
安全性、可靠性、加热性能		GB 4706.12、NY/T 513
电热元件		GB/T 23150、HJ/T 363
电热元件接线盒	氧指数	GB/T 2406.2
	负荷变形温度	GB/T 1634.2
	抗老化性	GB/T 16422.2，黑板温度为(65±3)℃，相对湿度为(50±5)％

（1）氧指数

GB/T 2406《塑料燃烧性能试验方法　氧指数法》规定了在规定的试验条件下，在氧、氮混合气流中，测定刚好维持试样燃烧所需的最低氧浓度（亦称氧指数）的试验方法。

本标准适用于评定均质固体材料、层压材料、泡沫材料、软片和薄膜材料等在规定试验条件下的燃烧性能，其结果不能用于评定材料在实际使用条件下着火的危险性。

本方法不适用于评定受热后呈高收缩率的材料。

1）方法提要

将试样垂直固定在燃烧筒内，使氧、氮混合气流由下向上流过，点燃试样顶端，同时记时和观察试样燃烧长度，与所规定的判据相比较。在不同的氧浓度中试验一组试样，测定塑料刚好维持平稳燃烧时的最低氧浓度，用混合气中氧含量的体积分数表示。

2）点燃试样

a）方法 A　顶端点燃法

使火焰的最低可见部分接触试样顶端并覆盖整个顶表面，勿使火焰碰到试样的棱边和侧表面。在确认试样顶端全部着火后,立即移去点火器,开始记时或观察试样烧掉的长度。

点燃试样时,火焰作用的时间最长为 30 s,若在 30 s 内不能点燃,则应增大氧浓度,继续点燃,直至 30 s 内点燃为止。

b) 方法 B 扩散点燃法

充分降低和移动点火器,使火焰可见部分施加于试样顶表面,同时施加于垂直侧表面约 6 mm 长。点燃试样时,火焰作用时间最长为 30 s,每隔 5 s 左右稍移开点火器观察试样,直至垂直侧表面稳定燃烧或可见燃烧部分的前锋到达上标线处,立即移去点火器,开始计时或观察试样燃烧长度。

若 30 s 内不能点燃试样,则增大氧浓度,再次点燃,直至 30 s 内点燃为止。

3)燃烧行为的评价

燃烧行为的评价,见表 4-108。

表 4-108 燃烧行为的评价

试样型式	点燃方式	评价准则(两者取一)	
		燃烧时间	燃烧长度
Ⅰ Ⅱ Ⅲ Ⅳ	A 法	180 s	燃烧前锋超过上标线
	B 法		燃烧前锋超过下标线
Ⅴ	B 法		燃烧前锋超过下标线

4)氧指数的计算

以体积百分数表示的氧指数,按式(4-25)计算

$$OI = \psi_F + Kd \tag{4-25}$$

式中:

OI——氧指数,%;

ψ_F——N_T 系列最后一个氧浓度,取一位小数,%;

d——步长,取一位小数;

K——系数。

(2)负荷变形温度

GB/T 1634.1《塑料 负荷变形温度的测定 第 1 部分:通用试验方法》规定的方法适用于评价不同类型材料在负荷下,以规定的升温速率升至高温时的相对性能。所得结果不一定代表其可适用的最高温度。因为实际使用的主要因素如时间、负荷条件和标称表面应力等,可能与本试验条件不同。只有从室温弯曲模量相同的材料得到的数据,才有真正的可比性。

1)原理

标准试样以平放(优选的)或侧立方式承受三点弯曲恒定负荷,使其产生 GB/T 1634 相关部分规定的其中一种弯曲应力。在匀速升温条件下,测量达到与规定的弯曲应变增量相对应的标准挠度时的温度。

2)产生弯曲应力的装置

该装置由一个刚性金属框架构成,基本结构如图 4-26 所示,框架内有一可在竖直方向

自由移动的加荷杆,杆上装有砝码承载盘和加荷压头,框架底板同试样支座相连,这些部件及框架垂直部分都由线膨胀系数与加荷杆相同的合金制成。

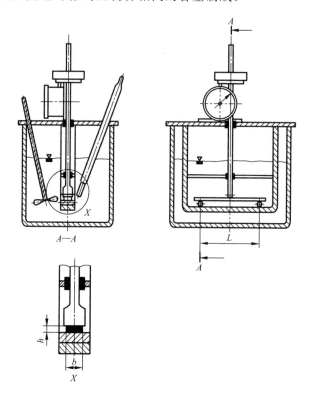

图 4-26 测定负荷变形温度的典型设备

试样支座由两个金属条构成,其与试样的接触面为圆柱面,与试样的两条接触线位于同一水平面上。跨度尺寸,即两条接触线之间距离由 GB/T 1634 的相关部分给出。将支座安装在框架底板上,使加荷压头施加到试样上的垂直力位于两支座的中央。支座接触头缘线与加荷压头缘线平行,并与对称放置在支座上的试样长轴方向成直角。支座接触头和加荷压头圆角半径为(3.0±0.2)mm,并应使其边缘线长度大于试样宽度。

除非仪器垂直部件具有相同的线膨胀系数,否则这些部件在长度方向的不同变化,将导致试样表观挠曲读数出现误差。应使用由低线膨胀系数刚性材料制成的且厚度与被试验试样可比的标准试样对每台仪器进行空白试验,空白试验应包含实际测定中所用的各温度范围,并对每个温度确定校正值。如果校正值为 0.01 mm 或更大,则应记录其值和代数符号。每次试验时都应使用代数方法,将其加到每个试样表观挠曲读数上。

3) 加热装置

加热装置应为热浴,热浴内装有适宜的液体传热介质,试样在其中应至少浸没 50 mm深,并应装有高效搅拌器。应确定所选用的液体传热介质在整个温度范围内是稳定的并应对受试材料没有影响,例如不引起溶胀或开裂。加热装置应装有控制元件,以使温度能以(120±10)℃/h 的均匀速率上升。

应定期用核对自动温度读数或至少每 6 min 用手动核对一次温度的方法校核加热速率。

如果在试验中要求每 6 min 内温度变化为 $(12\pm1)℃$,则也应考虑满足此要求。

热浴中试样两端部和中心之间的液体温度差应不超过 ±1 ℃。

4）测量

施加的弯曲应力 1.80 MPa,命名为 A 法。标准挠度值见表 4-109。

表 4-109 对应于不同试样高度的标准挠度——平放试验用的 80 mm×10 mm×4 mm 试样

试样高度(试样厚度 h)/mm	标准挠度/mm
3.8	0.36
3.9	0.35
4.0	0.34
4.1	0.33
4.2	0.32
注 1：表中给出了优选尺寸试样在平放试验时所用标准挠度实例。	
注 2：表中的厚度反映出试样尺寸容许的变化范围。	

（3）抗老化性

GB/T 7141《塑料热老化试验方法》标准规定了塑料仅在不同温度的热空气中暴露较长时间的暴露条件。按照本标准得到的结果受到所用热老化试验箱类型的影响。使用者可以选择两种方法中的一种进行热老化试验箱暴露。基于这两种方法的结果不应相互混淆。

方法 A：重力对流式热老化试验箱——推荐用于标称厚度不大于 0.25 mm 的薄型试样。

方法 B：强制通风式热老化试验箱——推荐用于标称厚度大于 0.25 mm 的试样。

在热环境下暴露的可降解塑料可能发生多种物理和化学变化。暴露时间的长短和温度的高低决定了发生变化的程度和类型。高温短暴露周期通常就足以缩短可氧化降解塑料的诱导期,这个过程会发生抗氧剂和增塑剂的消耗。物理性能如拉伸强度、冲击强度、伸长率和模量可能在诱导期内引起变化;然而,这些变化通常不是由于相对分子质量的降低,而仅仅是一种随温度变化的响应,结晶度增加或挥发物减少或二者同时发生。

一般情况下,塑料在高温下的短期暴露会释放出易挥发物质,如水分、容积或增塑剂;减少模塑应力;增进热固性塑料固化;提高结晶度;并使增塑剂或着色剂或二者均发生颜色变化。通常,随着挥发物的减少或进一步的聚合反应将会出现进一步收缩。

某些塑料,如 PVC,可能会由于增塑剂的损失或聚合物分子链的断裂而变脆。聚丙烯及其共聚物在分子发生降解时往往会变得非常脆,而聚乙烯则会在拉伸强度和伸长率变小和脆化之前变柔软。

所观测到的性能变化取决于该被测性能,不同的性能可能不会按相同的速率变化。多数情况下,极限性能(如断裂强度或断裂伸长率)对降解的敏感程度比大多数性能(如模量)要高。

样品的暴露效果可能显著不同,尤其是在长时间暴露时,误差会随时间积累。影响数据再现性的因素包括热老化试验箱内的温度控制程序,热老化试验箱的湿度,试样表面的空气流速以及暴露周期。在长期试验中,某些材料由于受湿度的影响容易降解。如水解敏感的材料(即水解可降解塑料)在进行长期热试验时,会由于湿气的原因发生降解。

事实上可能存在多个温度值,每一个失效判据都对应一个温度值。因此,为确保任何应用中温度值的有效性,热老化程序必须与最终产品的预定暴露条件完全相同。如果材料的最终使用方式是老化程序所没有评估的,那么由此所得的温度指数不适于材料的这种应用方式。

在某些情况下,材料可以在一个温度下暴露一个特定周期,紧接着在另一个温度下暴露一个特定周期,本标准适于这些方面的应用。在得到第一个温度的热老化曲线后,第二个温度下的热老化曲线就可以通过对经第一个温度暴露后的样品进行暴露而得到。

当基于一系列温度下试验数据的阿累尼乌斯曲线或方程估计在某一更低温度下达到规定性能变化的时间时可能存在非常大的误差。达到规定性能变化或失效的时间估计值应始终在 95% 的置信区间内。

6.3 支架

6.3.1 支架强度和刚度按 GB/T 19141 规定的方法进行检测。

理解重点:

(1)紧凑式家用太阳能热水系统

将未注入水的家用太阳能热水系统按实际使用时的倾角放置,然后把支架的任意一端从地面抬起 200 mm,保持 5 min,放下后,检查各部件及它们之间的连接处有无破损或明显的变形,支架的任意一端都应进行本实验。

将系统注满水,按实际使用时的倾角放置,然后在支架中部附加贮水容量 30% 的重量,保持 15 min,检查支架有无破损或明显的变形。

(2)分离式家用太阳能热水系统

将未注入水的太阳能集热器安装在支架上,按实际使用时的倾角放置,然后把支架的任意一端从地面抬起 200 mm,保持 5 min,放下后,检查各部件及它们之间的连接处有无破损或明显的变形,支架的任意一端都应进行本实验。

将充满水的太阳能集热器安装在支架上,按实际使用时的倾角放置,然后在支架中部附加贮水容量 30% 的重量,保持 15 min,检查支架有无破损或明显的变形。

6.3.2 粉末静电喷涂镀锌板材料试验方法见附录 B 中表 B.4。

6.3.3 铝型材支架材料试验方法见附录 B 中表 B.5。

6.3.4 角钢热镀锌或角钢静电喷涂支架材料试验方法见附录 B 中表 B.10。

6.3.5 尾架

尾架材料试验方法同 6.3.1~6.3.3。

表 B.10 角钢热镀锌或静电喷涂材料试验方法

材料及性能	试验方法
角钢	GB/T 706
镀锌层	GB/T 13912
涂层性能	见表 A.4

理解要点：本部分内容在相关材料内容中已经涉及。

6.3.6 护托材料试验方法见附录 B 中表 B.11。

理解要点：

表 B.11 护托材料试验方法

材料及性能	试验方法
简支梁冲击强度	GB/T 1043.1
负荷变形温度	GB/T 1634.2
弯曲强度 弯曲模量试验	GB/T 9341，试验速度为 2 mm/min
抗老化试验	GB/T 16422.2，黑板温度为(65±3)℃，相对湿度为(50±5)％

（1）简支梁冲击强度试验

1）原理：摆锤升至固定高度，以恒定的速度单次冲击支撑成水平梁的试样，冲击线位于两支座间的中点，缺口试样侧向冲击时，冲击线正对单缺口（见图 4-27a）和图 4-28。

2）设备

a）试验机

试验机的原理、特性和检定方法详见 GB/T 21189—2007。

b）测微计和量规

用测微计和量规测量试样尺寸，精确至 0.02 mm。测量缺口试样尺寸 b_N 时测微计应装有 2 mm～3 mm 宽的测量头，其外形应适合缺口的形状。

3）试样

a）模塑和挤塑材料

应按有关材料标准制备试样。除非另有规定或无标准时，应按 GB/T 9352—2008、GB/T 17037.1—1997、GB/T 17037.3—2003、GB/T 5471—2008 或 ISO 10724-1：1998 规定的方法，直接由材料压塑或注塑。或者由模塑料压塑或注塑的板材，按照 ISO 2818：1994

的规定,机械加工而成。1 型试样可由 GB/T 11997—2008A 型多用途试样切割而成。

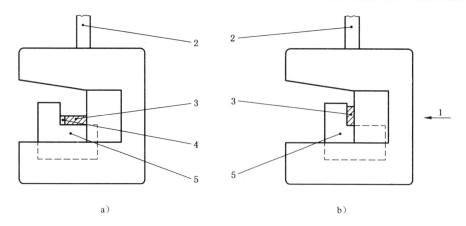

1—冲击方向;2—摆杆;3—试样;4—缺口;5—支座。

图 4-27 1 型试样冲击中点冲刃与支座

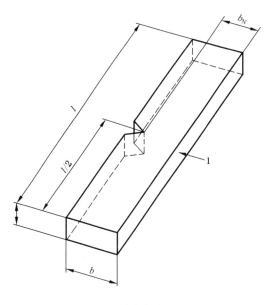

1—冲击方向。

图 4-28 单缺口试样的简支梁侧向冲击

b) 检查

试样应无扭曲,并具有相互垂直的平行表面。表面和边缘无划痕、麻点、凹痕和飞边。

借助直尺、矩尺和平板目视检查试样,并用千分尺测量是否符合要求。

当观察和测量的试样有一项或多项不符合要求时,应剔除该试样或将其加工到合适的尺寸和形状。

c) 缺口

缺口应按 ISO 2818:1994 进行加工,切割刀具应能将试样加工成如图 4-29 所示的形状和深度,且与主轴成直角。

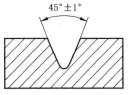

缺口底部半径
$r_N = 0.25\ mm \pm 0.05\ mm$

a) A型缺口

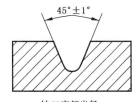

缺口底部半径
$r_N = 1.00\ mm \pm 0.05\ mm$

b) B型缺口

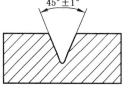

缺口底部半径
$r_N = 0.10\ mm \pm 0.02\ mm$

c) C型缺口

图 4-29 缺口类型

d) 优选 A 型缺口。

e) 试样数量

除受试样材料标准另有规定,一组试验至少包括 10 个试样。

4) 操作步骤

a) 测量每个试样中部的厚度 h 和宽度 b,精确至 0.02 mm,对于缺口试样,应仔细地测量剩余宽度 b_N,精确至 0.02 mm。

b) 确认摆锤冲击试验机是否达到规定的冲击速度,吸收的能量是否处在标称的能量的 10%~80% 的范围内。符合要求的摆锤不止一个时,应使用具有最大能量的摆锤。

c) 应按 GB/T 21189—2007 的规定,测定摩擦损失和修正吸收的能量。

d) 抬起摆锤至规定的高度,将试样放在试验机支座上,冲刃正对试样的中心。小心安放缺口试样,使缺口中央正好位于冲击平面上。

e) 释放摆锤,记录试样吸收的冲击能量并对其摩擦损失进行修正。

f) 对于模塑和挤塑材料,用下列代号字母命名四种形式的破坏:

C——完全破坏:试样断裂成两片或多片。

H——铰链破坏:试样未完全断裂成两部分,外部仅靠一薄层铰链的形式连在一起。

P——部分破坏:不符合铰链断裂定义的不完全断裂。

N——不破坏:试样未断裂,仅弯曲并穿过支座,可能兼有发白。

5) 结果的计算与表示

缺口试样简支梁冲击强度 a_{cN} 按式(4-26)计算,缺口为 A、B 或 C 型,单位千焦每平方米 (kJ/m^2):

$$a_{cN} = \frac{E_c}{h \cdot b_N} \times 10^3 \qquad (4\text{-}26)$$

式中:

E_c——已修正的试样破坏时吸收的能量,J;

h——试样厚度,mm;

b_N——试样剩余宽度,mm。

6.4 管路

卫生性能按 GB/T 17219 的规定方法进行检测,材料试验方法见附录 B 中表 B.12。

理解要点：

表 B.12　管路材料试验方法

材料	试验方法
铝塑复合管	GB/T 18997.1—2003、GB/T 18997.2—2003
PE-X 管材	GB/T 18992.2
聚丙烯管材	GB/T 18742.2
铜管材	GB/T 18033—2007
铜管接头	GB/T 11618.1、GB/T 11618.2
聚丙烯管件	GB/T 18742.3
金属密封球阀	GB/T 21385
保温管	GB/T 17794—2008

　　此处规定了通常太阳能热水器用到的管路材料检验方法，这几种管道系统的检验通项为卫生性能要求，其检测方法按 GB/T 17219 的附录 A 执行。其他项目的检测方法各自执行相关的标准。下面详细介绍各自检测方法。

　　（1）铝塑复合管

　　铝塑复合管分为铝管搭接焊式铝塑管和铝管对接焊式铝塑管，两者多数试验项目的试验方法相同，而不同的试验方法也分别进行介绍。

　　1）结构尺寸

　　a）铝塑管平均外径和壁厚按 GB/T 8806—1988 方法测量。

　　b）铝塑管内外塑料层及铝管层最小厚度的测量方法如下：

　　——随机选取铝塑管样品截取管环试样，应保持管环试样的圆度小于 $0.1d_n$；

　　——利用带刻度尺的放大镜或显微镜（分度精度 0.05 mm），量取圆周六等分点的厚度，其中有一点在铝管焊缝处，分别测量内外塑料层及铝管层厚度，取其中的最小值（焊缝处除外）；最后测量焊缝处外塑料层厚度。

　　c）铝塑管的圆度通过测量试样同一截面的最大外径和最小外径，用计算其差值的方法确定。

　　d）铝塑管长度用刻度为 1 mm 的卷尺测量。

　　2）管环径向拉力试验

　　a）试样按 GB/T 2918—1998 规定，在环境温度为（23±2 ℃）下进行状态调节，时间不小于 24 h。

　　b）连续截取 15 个试样，长度为 25 mm±1 mm，管环两端面与轴心线垂直。

　　c）用直径 4 mm（适用于管材公称外径 32 mm 及以下的试样）或 8 mm（适用于管材公称外径大于 32 mm 以上的试样）的钢棒插入管环中（如图 4-30），固定在试验机夹具上，铝管焊缝与拉伸方向垂直，以（50±2.5）mm/min 的速度延伸至破坏，读取最大拉力值（精确到10 N），计算 15 个试样的算术平均值。

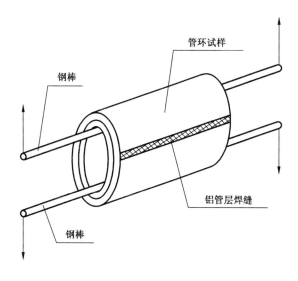

图 4-30　管环径向拉力试验

3) 静液压强度试验

a) 铝管搭接焊式铝塑管

按 ISO 1167 方法进行试验。

b) 铝管对接焊式铝塑管

1 h 静液压强度试验按 ISO 1167 方法进行试验。

4) 交联度测定

按 GB/T 18474—2001 的方法进行测定,试样薄片刮去外表皮并不含热熔黏合剂,尺寸约为 6 mm×6 mm×0.4 mm。

5) 冷热水循环试验

按 GB/T 18997.2—2003 的附录 A 方法进行试验。

(2) PE-X 管

PE-X 管的试验方法主要执行 GB/T 18992.2—2003《冷热水用交联聚乙烯(PE-X)管道系统　第 2 部分:管材》。

1) 颜色及外观检查

用肉眼观察。

2) 不透光性

取 400 mm 长管段,将一端用不透光材料封严,在管子侧面有自然光的条件下,用手握住有光源方向的管壁,从管子开口端用肉眼观察试样的内表面,看不见手遮挡光源的影子为合格。

3) 尺寸测量

a) 平均外径及最小外径

按 GB/T 8806—1988 的规定对所抽取的试样在距离管材端口 100 mm 以上的位置进行测量。

b）壁厚

按 GB/T 8806—1988 的规定对所抽取的试样沿圆周测量壁厚的最大和最小值，精确到 0.1 mm，小数点后第二位数非零进位。

4）纵向回缩率

按 GB/T 6671—2001 中方法 B 的要求进行试验。

5）静液压试验

a）试验条件中的温度、静液压应力、时间按表 4-73 的规定，管内外的介质均为水。

b）试验方法按 GB/T 6111—2003 的规定进行试验，采用 a 型封头。

6）静液压状态下的热稳定性试验

a）试验条件

按表 4-74 的规定，试验温度允差为＋4 ℃，－2 ℃。试验介质：管材内部为水，外部为空气。

b）试验方法

按 GB/T 6111—2003 的规定进行试验，采用 a 型封头。

7）交联度

交联度按 GB/T 18474—2001 的规定进行试验。

8）卫生性能

按 GB/T 17219—1998 的规定进行试验。

9）系统适用性试验

a）静内压试验

试验组件应包括管材和至少两种以上相配套使用的管件，管内外试验介质均为水。试验按 GB/T 6111—2003 规定进行，采用 a 型封头。

b）热循环试验

按 GB/T 18992.2—2003 中附录 C 进行。

10）循环压力冲击试验

按 GB/T 18992.2—2003 中附录 D 进行。

11）耐拉拔试验

按 GB/T 15820—1995 的规定进行试验。

12）弯曲试验

按 GB/T 18992.2—2003 中附录 E 进行。

13）真空试验

按 GB/T 18992.2—2003 中附录 F 进行。

（3）聚丙烯管材

1）试样状态调节和试验的标准环境

应在管材下线 48 h 后取样。按 GB/T 2918 规定，在温度为（23±2）℃，湿度为（50±10）％条件下进行状态调节，时间不少于 24 h，并在此条件下进行试验。

2）颜色及外观检查

用肉眼观察。

3）不透光性

取 400 mm 长管段,将一端用不透光材料封严,在管子侧面有自然光的条件下,用手握住有光源方向的管壁,从管子开口端用肉眼观察试样的内表面,看不见手遮挡光源的影子为合格。

4）尺寸测量

a）长度

用精度为 1 mm 的钢卷尺对所抽的试样逐根进行测量。

b）平均外径

按 GB/T 8806 规定对所抽的试样测量距管材端口 100～150 mm 处的平均外径。

c）壁厚

按 GB/T 8806 规定,对所抽的试样沿圆周测量壁厚的最大值和最小值,精确到 0.1 mm,小数点后第二位非零数进位。

5）纵向回缩率

按 GB/T 6671—2001 中方法 B 测试。

6）简支梁冲击试验

按 GB/T 18743 的规定试验。

7）静液压试验

a）试验条件中的温度、时间及静液压应力按表 4-77 的规定,试验用介质为水。

b）试验方法按 GB/T 6111 的规定（a 型封头）。

8）熔体质量流动速率

从管材上切取足够的 2～5 mm³ 大小的颗粒作为试样,按表 4-77 和 GB/T 3682 的规定进行试验。

熔体流动速率仪应用标样进行校正。试验时,先用氮气吹扫料筒 5～10 s（氮气压力为 0.05 MPa）,然后在 20 s 内迅速将试样加入料筒进行试验。

9）静液压状态下的热稳定性试验

a）试验设备

循环控温箱。

b）试验条件

按表 4-77 规定,循环控温烘箱温度允许偏差为 (110^{+1}_{-2}) ℃。试验介质:内部为水,外部为空气。

c）试验方法

试样经状态调节后,安装在循环控温烘箱内,按 GB/T 6111 的规定进行试验（a 型封头）。

10）卫生性能的测定按 GB/T 17219 规定进行。

11）系统适用性试验

a）内压试验

内压试验试样有管材和管件组合而成,其中至少应包括两种以上管件,试验方法按

GB/T 6111 规定(a 型封头)。试验介质:管内外均为水。

b) 热循环试验

按 GB/T 18742.2 附录 A 进行试验。试验介质:管内为水,管外为空气。

(4) 铜管材

1) 管材的外形尺寸用相应精度级别的测量工具进行测量。盘管长度公差由供方提供测量依据。

2) 管材的室温力学性能试验方法按 GB/T 228 的规定进行。

拉伸试样应符合 GB/T 228 附录 D 的规定,其形状尺寸和试样号,按下列规定选用:

①外径不大于 30 mm 的,从管材上切取全截面管段试样,选取 S7 号试样。

②外径大于 30 mm 的,可取纵向弧形试样,选取 S01,S02 号试样。

3) 管材的弯曲试验按 GB/T 244 的规定进行。

(5) 铜管接头

铜管接头分为钎焊式管件和卡压管件,下面对两种管件的试验方法分别进行介绍:

1) 钎焊式管件

a) 材料

钎焊管件的材料用检查钎焊管件所用材料牌号及质量证明书的方法进行检验,结果应符合其要求。

b) 外观

在日光或灯光照明下目测和相关量具检验钎焊管件外观,结果应符合其要求。

c) 尺寸及公差

用精度符合极限偏差要求的通用量具检查钎焊管件的尺寸及公差,结果应符合其要求。

d) 强度

将钎焊管件装在强度试验台上,试验压力为 2.5 MPa,持压 15 s,试验介质为自来水,试验用压力表的精度应不低于 1.5 级,压力表的最大量程为 1.5～2.0 倍的试验压力,检查钎焊管件外表面,结果应符合其要求。

e) 密封性

将钎焊管件装在气密试验台上,将其浸没水中,充入纯净的压缩空气,用于气体介质的气密试验压力为 1.7 MPa,用于液体介质的气密试验压力为 0.6 MPa,持压时间均为 10 s,检查钎焊管件连接部位,结果应符合其要求。

f) 爆破压力试验

爆破压力应不小于 6.4 MPa,不用持压,升压至钎焊管件破坏为止,结果应符合其要求。

g)连接性能试验

——耐压试验

将钎焊管件两端与长度为 200 mm 的铜管卡压连接,组成一组试样,进行耐压试验,试验介质为自来水,其试验压力为 2.5 MPa,持压 1 min,检查钎焊管件与铜管连接部位,结果应符合其要求。

　　——负压试验

　　应使用 3 个不同公称通径的钎焊管件分别与长度为 200 mm 的等径管件卡压连接后构成一组试件,试验时,室温为(20±5)℃,试验压力为−80 kPa,在该试验压力下,保持 1 h 后,钎焊管件和铜管内压降应不大于 5 kPa,检查钎焊管件与铜管连接部位,结果应符合其要求。

　　——拉拔试验

　　选用等径管件,两端与长度为 300 mm 的铜管钎焊连接,组成一组试件,向管内封入 0.6 MPa 气压,固定在拉伸试验机上。进行拉拔试验时,以 2 mm/min 的速度进行拉伸,测定出现泄漏的最大拉伸力,此时的拉伸力应不小于 GB/T 8619—1988 第 4 章规定的断裂载荷。检查钎焊管件与铜管连接部位,结果应符合其要求。

　　——温度变化试验

　　温度变化性能试验装置如图 4-31 所示,此项试验应在(20±5)℃和(93±2)℃时用 (0.1±0.01)MPa 内压来进行 5 000 次循环变化,一个循环为(30±2)min,冷热水各保持 15 min。在铜管外径大于 54 mm 时,进行 2 500 次循环变化,一个循环为(60±2)min。检查各连接部位,结果应符合其要求。

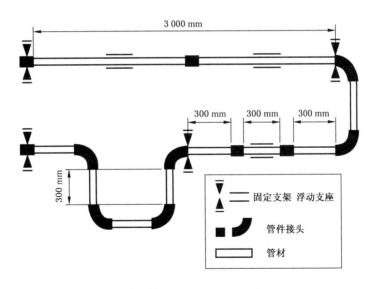

图 4-31　温度变化试验装置

　　——交变弯曲试验

　　交变弯曲试验装置见图 4-32,使用至少 3 个钎焊管件,管子跨距为 2 m,在中间布置 1 个接头,在管端各布置 1 个转换接头,弯曲应力加在试验结构中部的接头上。试验时检查各部位连接是否完好,然后打开球阀,启动压力泵,等到压力表显示 1.5 MPa 时,关闭球阀,启动调速电机,管子在中部连接范围内偏转±10 mm。而且以 15 Hz 持续 20 s,停顿 2 min。检验用 10 万次负荷变化来进行。检查各连接部位,结果应符合其要求。

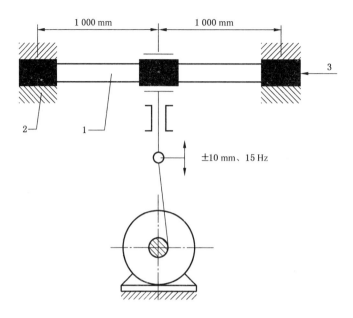

1—管子;2—夹紧接头;3—压力连接管。

图 4-32　交变弯曲试验装置

——振动试验

振动试验装置见图 4-33,试件两端与长度为 200 mm 的铜管钎焊连接,组成一组试样,在试件附近固定一端,并与水压试验泵连接,加压至 1.75 MPa 并保压,试验介质为自来水。在试样的另一端端部进行振动,其振动条件应符合表 4-110 的要求。进行振动试验时,试验压力为 1.75 MPa,在该压力下,持续 10 万次振动数,检查各连接部位。结果应符合其要求。

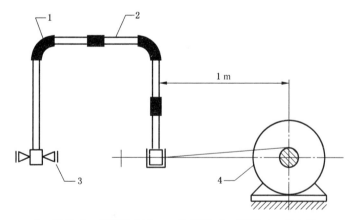

1—试件;2—长度为 200 mm 的管子;3—球阀;4—偏心轮。

图 4-33　振动试验装置

表 4-110　振动试验条件

项　　目	条　　件
振幅	±1 mm
振动频率	20 Hz

——压力波动试验

钎焊管件两端与长度为 500 mm 的铜管钎焊连接,组成一组试样,从 0.1 MPa 加压至 2.5 Mpa 为一个循环,试验介质为自来水,每分钟应进行(30±5)个循环,持续 10 000 个循环时,检查钎焊管件和铜管连接部位,结果应符合其要求。

h)卫生要求

用于输送饮用净水和生活饮用水的钎焊管件,其卫生要求的检验应符合《生活饮用水输配水设备及防护材料卫生安全评价规范》附录 A 的规定。

2)卡压管件

a)材料

卡压管件的材料用检查卡压管件所用材料牌号及质量证明书的方法进行检验。结果应符合其要求。

b)外观

在日光或灯光照明下目测检验卡压管件外观。结果应符合其要求。

c)尺寸及公差

用精度符合极限偏差要求的通用量具检查卡压管件的尺寸和尺寸及角度公差。结果应符合其要求。

d)强度

将卡压管件装在强度试验台上,试验压力为 2.5 MPa,持压 15 s,试验介质为自来水,试验用压力表的精度应不低于 1.5 级,压力表的最大量程为 1.5~2.0 倍的试验压力,检查卡压管件外表面。结果应符合其要求。

e)密封性

将卡压管件装在气密试验台上,将其浸没水中,充入纯净的压缩空气,用于气体介质的气密试验压力为 1.7 MPa,用于液体介质的气密试验压力为 0.6 MPa,持压时间均为 10 s,检查卡压管件接头部位。结果应符合其要求。

f)爆破压力

爆破压力应不小于 6.4 MPa,不用持压,升压至卡压管件破坏为止。结果应符合其要求。

g)连接性能

——耐压试验、负压试验、温度变化试验、交变弯曲试验、振动试验和压力波动试验的试验方法与钎焊式管件相同,这里不再详述。

——拉拔试验

试样选用等径管件,两端与长度为 300 mm 的铜管卡压连接,组成一组试件,向管内封入 0.6 MPa 气压,固定在拉伸试验机上。进行拉拔试验时,以 2 mm/min 的速度进行拉伸,测定出现泄漏时的最大拉伸力,此时的拉伸力应不大于最小抗拉阻力。卡压管件的最小抗拉阻力见表 4-111。检查卡压管件与铜管连接部位,结果应符合其要求。

表 4-111 卡压管件的最小抗拉阻力

公称通径 DN/mm	管外径 D_w/mm	最小抗拉阻力/kN	
		Ⅰ 系列	Ⅱ 系列
15	18.0	3.01	3.37
20	22.0	2.44	2.75
25	28.0	3.92	3.92
32	35.0	5.31	5.34
40	42.0	7.04	7.32
50	54.0	10.12	10.55
65	76.1	15.35	—
80	88.9	21.52	—
100	108.0	28.13	—

i) 卫生要求

用于输送饮用净水和生活饮用水的卡压管件,其卫生要求的检验应符合《生活饮用水输配水设备及防护材料卫生安全评价规范》附录 A 的规定。

(5) 聚丙烯管件

聚丙烯管件的检验方法主要依据 GB/T 18742.3—2002《冷热水用聚丙烯管道系统 第 3 部分:管件》。

1) 试样状态调节和试验的标准环境

应在管件下线 48 h 后取样。按 GB/T 2918 规定,在温度为(23±2)℃,湿度为(50±10)%条件下进行状态调节,时间不少于 24 h,并在此条件下进行试验。

2) 颜色及外观检查

用肉眼观察。

3) 不透光性

取 400 mm 长管段,管材与管件相连,将一端用不透光材料封严,在管子侧面有自然光的条件下,用手握住有光源方向的管壁,从管子开口端用肉眼观察试样的内表面,看不见手遮挡光源的影子为合格。

4) 尺寸测量

按 GB/T 8806 的规定对所抽试样逐件沿圆周测量壁厚的最大值和最小值,精确到 0.1 mm,小数点后第二位非零数进位。

管件的承口深度用精度为 0.02 mm 的游标卡尺对所抽试样逐件测量;用精度为 0.001 mm 的内径量表对所抽试样逐件测量图 4-11、图 4-12 规定部位承口的两个相互垂直的内径,计算它们的算术平均值,为平均内径。

用精度为 0.001 mm 的内径量表对所抽试样逐件测量同一断面的最大内径和最小内径,最大内径减最小内径为不圆度。

5）熔体质量流动速率

从管件上切取足够的 2～5 mm³ 大小的颗粒作为试样，按表 4-95 和 GB/T 3682 的规定进行试验。

熔体流动速率仪应用标样进行校正。试验时，先用氮气吹扫料筒 5 s～10 s（氮气压力为 0.05 MPa），然后在 20 s 内迅速将试样加入料筒进行试验。

6）静液压试验

a）试样

试样为单个管件或由管件与管材组合而成。管件与管材相连作为试样时，应取相同或更小管系列 S 的管材与管件相连，如试验中管材破裂则试验应重做。所取管材的长度应符合表 4-112 的规定。

表 4-112　所取管材的长度

mm

管材公称外径 d_n	管材长度 L
≤75	200
>75	300

试样的组装采用热熔承插连接或电熔连接的方式，在管件的非进水口用管帽或机械方式封堵。

b）试验方法

按 GB/T 6111 的规定（a 型封头）。

7）静液压状态下的热稳定性试验

a）试验设备

循环控温烘箱。

b）试验条件

循环控温烘箱温度允许偏差为 (110^{+4}_{-2})℃。试验介质：内部为水，外部为空气。

c）试验方法

试样经状态调节后，安装在循环控温烘箱内，接入试验介质，按 GB/T 6111 的规定进行试验（a 型封头）。

8）卫生性能试验

管件的卫生性能按 GB/T 17219 的规定执行。

8）系统适用性试验

a）内压试验

内压试验试样有管材和管件组合而成，其中至少应包括两种以上管件，试验方法按 GB/T 6111 的规定（a 型封头）。试验介质：管内外均为水。

b）热循环试验

按 GB/T 18742.2 中附录 A 进行试验。试验介质：管内为水，管外为空气。

（6）金属密封球阀

金属密封球阀的试验方法主要依据 GB/T 21385《金属密封球阀》。

1) 每台阀门出厂前均应按照 GB/T 13927—1992 的规定进行压力试验。

2) 试验介质

壳体强度试验及液体密封试验的介质可为淡水(可加防腐剂)、煤油或其他黏度不大于水的非腐蚀性液体,对奥氏体不锈钢、双相不锈钢的阀门,其试验水的氯离子含量不应超过 100 μg/g(100 ppm),低压气密封试验的介质为 0.4 MPa～0.7 MPa 压缩空气或氮气。

3) 壳体强度试验

a) 壳体试验的试验压力为球阀在 38 ℃时公称压力的 1.5 倍。

b) 壳体试验时,阀杆填料密封应调整到能维持试验压力状态,使启闭件处于部分开启状位置;给腔体内充满试验介质,并逐渐加压到试验压力,试验压力最短持续时间按表4-113的规定,试验后应满足其规定。

c) 在试验过程中,不得对阀门施加影响试验结果的外力。试验压力在保压和检测期间应维持不变。用液体做试验时,应尽量排除阀门腔体内的气体。

d) 凡经补焊的阀体均应重新进行强度试验,且试验应在补焊和热处理之后进行。对需进行无损检测的壳体,则应在无损检测后进行。

4) 密封试验

a) 密封试验应在壳体强度试验后进行。

b) 高压密封试验,对金属密封的球阀,阀座的液体密封试验用 1.1 倍公称压力的试验介质进行。

c) 密封试验时,封闭阀门两端,启闭件处于开启状态,给体腔充满试验介质,并逐渐加压到试验压力,关闭启闭件,释放阀门一端的压力,最短持续时间按表 4-113 的规定。试验结果应符合其要求。

表 4-113　金属密封球阀压力试验持续时间

公称尺寸	壳体强度试验时间/s	静压密封试验最短持续时间/s
DN≤50	15	15
65≤DN≤200	60	30
250≤DN≤400	180	60
DN≥500	180	120
注:试验持续时间是指阀门完全准备好后,处于满载压力的检查时间。		

d) 对于双向密封球阀,对每个阀座都必须进行密封试验。

e) 对于浮动球结构的球阀,试验时,两个阀座之间的腔体内应充满试验压力的介质。

f) 对于固定球上游(进口侧)端密封结构的球阀,进行上游端阀座的密封试验,在球阀两个阀座间中腔的泄压螺纹孔处通过引管观察球阀的泄漏情况。

g) 试验过程中不应使阀门受到可能影响试验结果的外力,应以设计给定的方式关闭阀门。

5）低压密封试验

低压密封试验（当客户有要求时），阀门的气密封试验用 0.4 MPa～0.7 MPa 的气体进行试验。

（7）保温管

保温管的检测方法主要依据 GB/T 17794—2008《柔性泡沫橡塑绝热制品》。

1）外观质量

外观质量检验目测。

2）表观密度

按 GB/T 6343 进行，试样的状态调节环境要求为：温度 23 ℃±2 ℃，相对湿度 50％±5％，计算管的密度时，管体积的测定按 GB/T 17794—2008 附录 A 进行。

3）燃烧性能

氧指数按 GB/T 2406 的方法进行检测、烟密度按 GB/T 8627 的方法进行检测。

4）导热系数

按 GB/T 10294 的规定进行，也可按 GB/T 10295 或 GB/T 10296 进行，测定平均温度为－20 ℃、0 ℃、40 ℃下的导热系数。仲裁时按 GB/T 10294 进行。

5）透湿系数和湿阻因子

板的透湿系数测定按 GB/T 17146—1997 中的干燥剂法进行，试验工作室（或恒温恒湿箱）的温度应为 25 ℃±1 ℃，相对湿度应为 75％±2％，应持续 21 d（504 h）或更长的时间，以确保达到平衡的状态。管的透湿系数测定按 GB/T 17794—2008 附录 B 进行。湿阻因子计算按 GB/T 17794—2008 附录 B 的规定。

6）真空吸水率

真空吸水率试验按 GB/T 17794—2008 附录 C 进行。

7）尺寸稳定性

尺寸稳定性试验按 GB/T 8811 进行。试验温度分别为 105 ℃±3 ℃，7 d 后测量。测量结果取板状制品长、宽、厚三个方向平均值；管状制品取长度及壁厚的平均值。

8）压缩回弹率

按 GB/T 6669—2001 中的方法 B 测定压缩永久变形 P，测定压缩永久变形的试样状态调节的环境要求为 23 ℃±2 ℃，相对湿度为 50％±5％。压缩时间为 72 h。

压缩回弹率 R 按公式（4-27）计算：

$$R = 100 - P \quad \cdots\cdots\cdots\cdots\cdots (4\text{-}27)$$

式中：

R——压缩回弹率，％；

P——压缩永久变形，％。

9）抗老化性

抗老化性试验按 GB/T 16259 进行。试验条件：黑板温度为 45 ℃±3 ℃，相对湿度为 50％±5％，辐照密度 80 mW/cm²，无需降雨。试件尺寸：板材为 100 mm×100 mm×20 mm，管材为内径 20 mm，长度 100 mm，壁厚 9 mm。

4.7　检验规则

7　检验规则

7.1　采购部件检验

　　生产厂应要求供方需提供全部质量认证证明、质量保证书、认证证书、型式试验报告等,需要安全认证时必须提供安全认证证书。

7.2　型式检验

　　有下列情况之一者需进行型式检验:

　　a) 新产品定型鉴定;

　　b) 正式生产后,原材料、工艺有较大改变,可能影响产品性能时;

　　c) 正常生产时,每年至少进行一次;

　　d) 进厂检验结果与上次型式检验有较大差异;

　　e) 国家质量监督机构提出进行型式检验要求时。

7.3　抽样方案

　　a) 入厂检验抽样方案执行 GB/T 2828.1;

　　b) 型式检验抽样方案执行 GB/T 2829。

理解要点:

　　(1) 原材料主要为采购件,生产厂家需提供质量或安全方面的证书资料,以保证材料的合格性能。

　　(2) 型式检验是按照规定的方法对产品的样品进行的检验,以证明样品是否符合标准或技术规范的全部要求。产品按照标准正文章节和规范性附录进行的全项目检验。型式检验的目的是验证产品的设计,如结构、元器件、材料是否符合标准的全部要求。型式检验是带有破坏性的,是针对拟定型产品,在产品批量生产前的一种定型检验。在产品认证制度中,对产品的样品进行型式检验,是产品认证程序中一项重要的步骤。型式检验一般在有认证资质的实验室中进行。

　　(3) 按 GB/T 2829 在入厂合格的产品中抽取样品。

第 5 章　纳米新材料应用简介

5.1 纳米内胆产品特性简介

　　纳米 PP 内胆是专门针对水质差区域研发的,解决了太阳能不锈钢内胆在水质差区域易腐蚀的难题,极大地延长了太阳能的使用寿命。纳米 PP 内胆的材料主要为高相对分子质量的聚丙烯共聚物,具有优良的物理机械性能、化学稳定性、耐老化性、优良的加工性以及突出的耐热性,同时具有较好的耐应力蠕变开裂性能。因此纳米 PP 内胆主要具有以下几个优点:

　　——超强保温性能,耐高温,低温不脆化。

　　——超强耐腐蚀性能,具有优越的耐酸碱性,解决了金属内胆易腐蚀的隐患,适应各种水质。

　　——超强的环保性能,内胆材料无毒、无害,能有效阻止胆内水垢形成,保证胆内水质清洁。

　　——超强的化学稳定性,几乎不吸水,持久耐用。

　　——采用中空吹塑工艺,一次成型,无接缝,密封性好。

　　家用紧凑式太阳能热水器产品的特点是:

　　——产品耐腐蚀性能强,具有防腐防垢功能。

　　——下置式热纳传感器,能控制水温水位及具有自动上水功能。

　　——热损小,保温性能优良。

　　——产品多样,适合不同区域及不同屋面结构,安装方便。

5.2 产品原料性能特点及纳米改性技术的应用

5.2.1 纳米 PP 内胆主要原料的性能特点

　　纳米 PP 内胆的主要原料选用无规共聚聚丙烯管材料。该产品是一种低熔融指数、高相对分子质量的聚丙烯共聚产品,为本色粒料,无毒、无味、质轻,密度为 $0.90 \sim 0.91 \ g/cm^3$,其管材除具有重量轻、耐腐蚀、不结垢、使用寿命长等特点以外,还具有卫生性能好、保温节能、耐热性能较好、安装方便、连接可靠、物料可回收使用等性能。

　　其性能参考值见表 5-1。

表 5-1　产品原料性能

	项目	单位	测试标准	典型值
1	密度	g/cm^3	GB 1033	0.900
2	熔体流动速率	$g/10 \ min$	GB 3682	0.25

续表 5-1

	项目	单位	测试标准	典型值
3	屈服强度	MPa	GB 1040	21.0
4	断裂伸长率	%		770
5	弯曲模量	MPa	GB 9341	750
6	缺口冲击强度,23 ℃	kJ/m²	GB 1843	24
7	硬度(洛氏)	R	GB 9342	76
8	维卡软化点		GB 1633	131
9	熔点,DSC	℃	ASTM-D3418	143
10	热变形温度		GB 1634	78

聚丙烯无规共聚物一般含有 1%～7%(质量)的乙烯分子及 99%～93%(质量)的丙烯分子。在聚合物链上,乙烯分子无规则地插在丙烯分子中间。在这种无规的或统计学共聚物中,大多数(通常 75%)的乙烯是以单分子插进的方式结合的,叫做 X3 基团(三个连续的乙烯[CH₂]依次排列在主链上),这还可看成是一个乙烯分子插在两个丙烯分子中间。

另有 25% 的乙烯是以多分子插进的方式结合进主链的,又叫 X5 基团,由于有 5 个连续的亚甲基团(两个乙烯分子一起插在两个丙烯分子中间)。很难把 X5 和更高的基团如 X7、X9 等加以区分。鉴于此,把 XS 和更高基团的乙烯含量一起统计为＞X3%。

无规度比值 X3/X5 可以测定。当 X3 以上基团的百分比很大时,将明显降低共聚物的结晶度,这对无规共聚物的终极性能影响很大。共聚物中极高含量的乙烯对聚合物结晶度的影响,类似于高无规聚丙烯含量时的作用。

无规聚丙烯共聚物不同于均聚物,由于无规地插进聚合物主链中的乙烯分子阻碍了聚合物分子的结晶型排列。共聚物结晶度的降低引起物理性质的改变:无规共聚物与 PP 均聚物相比刚度降低,抗冲击性能进步,透明度更好。

无规聚丙烯共聚物对酸、碱、醇、低沸点碳氢化合物溶剂及很多有机化学品的作用有很强的抵抗力。室温下,聚丙烯共聚物基本不溶于大多数有机溶剂。而且,当暴露在肥皂、皂碱液、水性试剂和醇类中时,它们不像其他很多聚合物那样会发生环境应力断裂损坏。

5.2.2 纳米 PP 内胆的纳米改性材料性能特点

纳米 PP 内胆的纳米改性料选用 PPWG 韧改性料,该原料能提高内胆的耐高温性能和强度指标,使内胆具有较高的耐温性能和高强度特性。其性能参考值见表 5-2。

表 5-2　原料性能

项　　目	单　位	数　据
拉伸强度	MPa	27
断裂延伸率	%	150
热变形温度 0.45 MPa	℃	144

纳米粒子是指线度处于 1～100 nm 之间的粒子的聚合体。通用塑料通过填充超细微化的纳米粒子,使聚合物的强度、刚性和韧性得到明显的改善,而且由于粒子尺寸小,可赋

予高分子材料透光性、防水性、阻隔性、耐热性及抗老化性等功能特性。应用较多的是纳米的机械改性,即应用粉碎、摩擦或机械应力对粒子表面进行激活以改变其表面结晶结构和物理化学结构,使纳米材料分子晶格发生位移,内能增大。在外力的作用下活化粉末表面与其他物质发生反应、吸附,以达到改性的目的。

具体方法是:采用无机非金属纳米塑料分散在聚合物基体中以形成聚合物基纳米复合材料,由于分散相的表面效应、体积效应、量子尺寸效应和宏观量子隧道效应使得纳米粒子改性塑料具有一般工程塑料和一般微观复合材料所不具备的优异性能。

纳米 PP 内胆的母料采用母料法进行纳米改性,即首先选择好纳米级粒子在特定条件下进行表面包覆,然后将包覆的纳米粒子与所需的聚合物载体经特殊加工制成纳米浓缩母料,并将此种母料与聚合物加工成型,成为纳米内胆使用的原料。

5.2.3 原料共混改性

将主要原料和纳米改性的母料以及经过塑化的内胆粉碎料按照一定的比例进行混合,通过原料的共混改性,使材料的强度和耐温性能得到提升,同时又能保证共混的原料具有优良的塑化能力,能够适应吹塑设备螺杆的塑化要求。

原料的混合比例可参考以下配比:

原料(25 kg/袋):纳米改性母料(25 kg/袋):已塑化内胆料(15kg/袋)=4:4:5(袋)。

通过共混改性的原料性能得到大幅度的提升,相比市场上的单一聚丙烯原料,其抗拉强度、弯曲强度和耐温性能都得到了提升,尤其是耐温性能达到了 130 ℃以上不发生软化、表面熔融的现象,比普通的聚丙烯性能更优异,保证了产品在极端工况下的工作。

5.3 生产工艺流程

5.3.1 纳米 PP 内胆的生产工艺流程(图 5-1～图 5-3)

原料称重→原料配比→原料混合干燥

①自动上料→挤出螺杆塑化→挤出→储料缸储料

②机头挤出型坯→型坯悬挂→合模→插入吹针→吹胀→定形→开模→取出工件→清理边角料

③内胆静置→加工真空管孔→加工下置孔→吹气口热熔→清理内胆→成品入库

通过合理地配置工艺参数,准确地调整吹塑型坯的壁厚控制曲线,使内胆的吹塑成型长度达到 2 m,这对于常规材料的吹塑容器是无法达到的,普通的原料型坯过长就会导致悬垂拉伸严重而掉落,无法吹塑,而纳米改性的原料溶质流动速率在 0.5g/10min,能够保证很好的悬垂性能和强度,这是纳米内胆吹塑成型的关键。

5.3.2 纳米 PP 内胆水箱的工艺装备

根据纳米 PP 内胆水箱的设计要求和工艺结构,技术人员和工艺人员共同开发了适合该产品的工艺设备——内胆吹塑生产线、内胆表面处理生产线、发泡工装车生产线、发泡用顶紧工装等工艺设备(图 5-1～图 5-2)。首先根据技术图纸文件开发了内胆模具,该模具为吹塑内胆专用模具,包括模具拼块,冷却水流道,固定块等结构,保证了吹塑内胆的尺寸和定形,尤其是通过设计加强结构,使内胆的强度得到了提高,使其符合生产的使用要求。内胆完成后进入生产厂的自动打压试水生产线,检测内胆的承压能力和密封性能,最后进入发泡生产线。发泡生产线采用自动高温高压紧凑式发泡技术,通过预热、起发、熟化等过程,其保温层密度均匀一致,闭空率高,具有很好的保温性能。在成品试验方面,公司依据国家检测标准建立了热性能试验平台,测试数据和试验水平达到了国际领先水平。

图 5-1　内胆加工孔

图 5-2　成品堆放

5.3.3　纳米 PP 内胆热水系统的工艺规范

有了前沿的技术,有了先进的工艺装备,还需要有好的工艺规范才能保证生产出好用的产品。室内机从一开始研制就应对制定工艺规范提出"高标准严要求",如果说生产设备是硬件的话,那么工艺规范就是软件,它能决定产品的性能和寿命。技术人员从原材料的进厂、生产过程到产品发送到市场终端以及家用紧凑式太阳能热水器的安装规范都应做到全面、严格、规范。

5.4 产品相关的实验检测

图 5-3 所示为纳米 PP 内胆样片进行紫外老化实验,检测材料的耐候性能,即要求紫外老化 168 h(1 000 W 高压汞灯,间距 50 cm),略变色,无变形、无粉化、无脆裂。保证内胆在使用和安装过程中,在室外或者暴露的条件下不发生老化,降解等现象。

图 5-3 QUV/SPRAY 型 QUV 老化箱(美国进口)

图 5-4 所示为对纳米 PP 内胆进行紧凑内胆的热老化实验,在高温环境中,观察内胆的受热变化情况,并测量内胆直径、长度等相关的尺寸变化,确认内胆的性能符合要求。

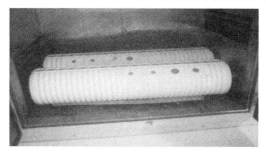

图 5-4 纳米 PP 内胆进行热老化试验

图 5-5 所示为对纳米 PP 材料标准试样进行的拉伸实验仪器,通过对标准试样进行拉伸检测,记录其抗拉强度和断裂伸长率等数值,检测材料的力学性能是否符合要求。经检测其拉伸强度数值已超过 25 MPa,达到内胆的使用要求,高于普通塑料的强度。

图 5-5 电子微控拉力试验机

图 5-6 所示为对纳米 PP 内胆的标准试样进行线膨胀系数的测定,通过数值采集,分析材料的膨胀情况,该数据为内胆在冷热变化的环境中,长度尺寸的变化提供理论的参考依据。

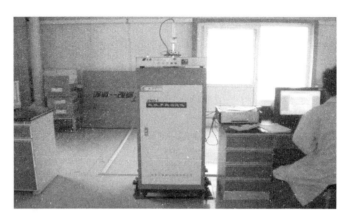

图 5-6　线膨胀测试仪

　　纳米内胆不仅在检测中心进行各项试验,而且通过国家相应的检测机构,对内胆的卫生性能、国家环保要求的重金属析出量,以及和内胆接触的水的卫生性能进行检测,掌握其数据指标,其数值符合国家标准的要求,具体检测报告见附页。

5.5　产品技术创新点

　　纳米 PP 内胆技术的创新点包括:

　　内胆采用先进的中空吹塑设备,一次吹塑成型,壁厚控制采用多点自动跟踪壁厚控制系统,保证内胆的壁厚均匀一致,使内胆的强度得到了进一步提升。尤其是采用纳米改性技术对原料进行共混强化,使材料的熔融指数达到 0.5 g/10 min,保证了原料的最佳流动特性,保证了内胆规格系列化生产,吹塑内胆的长度可在 1 300～2 000 mm 之间调整。

　　内胆设计采用周向的波纹状加强结构和两端大圆弧过渡结构,增加了纳米 PP 内胆的强度,保证内胆在生产使用中符合热水器产品的加工工艺。并且在高温环境下,内胆的波纹状结构能有效的缓解膨胀的程度,降低了高温膨胀的长度变化。内胆采用的轴向沟槽结构,既能增加内胆的轴向强度,又能对内胆管孔受力起到缓冲作用,从而保证了内胆的使用性能。该内胆产品已获得国家实用新型专利(专利号:200820123841.1)。

第 **6** 章　国家太阳能热利用研究测试机构简介

6.1　国家太阳能热利用工程技术研究中心

国家太阳能热利用工程技术研究中心位于山东省德州市，于 2010 年 12 月经国家科技部批准，依托皇明太阳能股份有限公司组建而成，是一个集工程技术开发、中试孵化、标准化建设、人才培训、信息交流为一体的综合服务平台。

该研究中心定位于高效太阳能集热技术、建筑供能技术和太阳能高温热发电技术的研究，着力提升太阳能行业的科研水平；突破核心关键技术；建立技术转化、标准制定、人才培养、检测服务等平台，通过建设示范项目，推进太阳能热利用的工程化应用；带动行业发展，提高国际竞争力，为实现国家能源替代战略做出贡献。

中心实行管理委员会领导下的主任负责制。中心现有 280 人，形成了具备光学、力学、化学、硅酸盐、表面处理、电子、热工、机械、自动控制等多个专业结构的人才队伍。

该研究中心服务领域包括：

承接委托的工程化开发任务　研究中心除承接国家下达的工程化项目与企业委托的工程化开发任务，实现作为太阳能热利用行业成果转化平台的功能外，还将通过良好的运行机制，积极运作，吸引更多的科研院所和企事业单位依托研究中心进行工程化技术开发，以使更多的成果在该研究中心集成、孵化转变成现实生产力。承担从规划咨询、可行性研究报告、技术服务、工程设计到工程总承包的综合性工程技术集成任务。

成果推广　根据国内外太阳能热利用行业市场动态及现实需求，将研究中心集成、孵化成熟的各类产业化成果进行策划和推广工作。同时，根据市场反馈的信息，规划研究中心未来开发、发展方向，以形成技术与经济的良性循环。

合作研究　以研究中心作为平台，在"创新、产业化"方针指导下，不断探索科研、开发、产业化的新途径，与高等院校、科研院所及相关企业进行强强联合，形成以中心为主体的联合攻关团队，不断就太阳能热利用产业发展的瓶颈问题进行联合攻关与合作研发，提高整体研发水平，缩短成果转化周期，促进科技产业化。

人员培训与咨询服务　中心充分利用依托单位强大的研发检测优势，积极为全国太阳能热利用科研单位及相关企业开展人才培训工作。积极开展技术咨询服务，为行业内相关企业的太阳能吸收转化率、太阳能储存及太阳能热发电效率等共性技术的工程化建设提供指导性建议和解决方案，为太阳能热利用产品提供技术指导，解决技术疑问和技术难题，开通技术咨询热线和中心网站，接受各方技术咨询，同时开展信函、传真、电子邮件等其他形式的咨询服务。

标准化工作　该中心充分利用太阳能热发电领域的研究优势，积极与国家标准化管理委员会、中国科学院合作，进行国家太阳能热利用标准、行业标准的研究、制订、修订及与国际标准接轨的工作。并针对国际太阳能热利用市场的变化,指导行业参与国际市场竞争,应对发达国家对我国太阳能热利用行业的冲击,建立必要的技术门槛。

6.2　皇明太阳能股份有限公司检测技术中心

皇明太阳能集团有限公司检测技术中心(以下简称中心)是 1997 年 10 月成立的检测研究机构,一直致力于企业内部质量控制、太阳能热利用相关前沿检测技术的研究与引进应用、先进检测设备的应用、空白测试领域的探索研究,并多次代表企业参与编制、修订国家标准。

6.2.1　基础设施

经过近 15 年的发展,中心已经从原来的一个工作组发展到二十大实验室,拥有室内检测面积 3 000 m²,户外检测面积 800 m²,室内区域全部配置了环境温、湿度控制系统,以保证各检测实验室的检验要求。中心基础设施参见图 6-1。

中心秉承着"公正、准确、客观,客户满意,做世界太阳能产业一流检测技术中心"的质量方针,围绕着太阳能热利用产品的方方面面,对自身能力不断进行完善和拓展,现在拥有热水系统性能实验室、真空管性能实验室、材料物理性能实验室、材料化学性能实验室、管阀实验室、膜层光学性能实验室、电气安全实验室、门窗性能实验室、玻璃性能实验室、环境模拟实验室、包装运输实验室、保温材料实验室、PV 电性能(欧标)实验室、光源性能实验室、蓄电池性能实验室、电子性能实验室、EMC 实验室、ICP 实验室、金相分析实验室、计量室等二十大实验室,检测测试领域涵盖了太阳能热水系统、集热部件、智控系统电子元器件、管路、保温材料、铜配件、太阳能电池组件、节能玻璃、节能门窗等众多产品,以及环境适应性等太阳能热利用范围内的大量相关检测项目,此外中心还与国家中科院电工所、山东省计量科学研究院、国家橡胶研究院、国家塑料测试中心研究院、山东大学材料实验室、国家家电研究所等权威机构建立了长期的合作关系。

6.2.2　业务领域

目前皇明太阳能股份有限公司有检测标准 360 部,检测项目达 1 326 项,均达到了国内领先、国际先进的地位。通过持续不断的努力,中心也已经建设成为当今太阳能行业中无论是场地规模、检测研究技术力量,还是检测设备的先进性,检测项目的完备性,检测标准的严苛性(企业标准中很多项目的指标大大超过国家标准)均居前列的检测机构,围绕着太阳能热利用产品的各方面质量控制要求,该中心相应地将检测能力主要分为三大类,即成品、半成品性能检测,配件性能检测和原材料性能检测。由于检测项目较多,在此不一一赘述,下面仅择取关键项作简要陈述。

6.2.2.1　成品性能测试

主要针对太阳能热水系统,贮热水箱、全玻璃真空太阳集热管,光伏组件,节能门窗成品及半成品的检测。中心分别设置热水系统性能实验室、真空管性能实验室、膜层光学性能实验室、PV 性能(欧标)实验室、门窗性能实验室,对成品进行全面检验。图 6-2 所示为中心 25 立方高低温检测室。

(1) 太阳能热水系统及储水箱检测

中心可以对太阳能热水系统、太阳能集热器等太阳能成品进行全部项目的检测,除按照国家标准规定的常规项目检测外,中心还对储水箱的保温层质量、低温性能等进行验证。

图 6-1 中心基础设施

高低温检测室主要创造高低温环境,温度在$(-50\sim50)$℃可调,模拟高低温环境对太阳能热水系统、集热器及水箱的极限低温耐冻性能进行验证,并用于检测聚氨酯保温材料在低温的情况下的变化情况,保证产品不会因为温度的变化发生缩泡和胀裂。

图 6-2　25 立方高低温检测室

（2）全玻璃真空太阳集热管性能检测

除对全玻璃真空太阳集热管按照国家标准规定的常规项目进行检测之外，中心对镀膜载片亦有严格的质量把关，如方块电阻、膜厚等，以避免真空管镀膜工艺、技术不过关，导致集热性能差、衰减快，无法正常生产热水。全玻璃真空太阳集热管性能检测常用仪器见图 6-3、图 6-4。

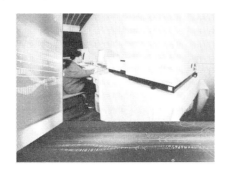

图 6-3　分光光度计　　　　　　　　　　图 6-4　在线快速测量仪

6.2.2.2　部件检测

主要针对太阳能热水系统辅助用的输送水管路、智能控制系统的各个零部件的性能检测。

（1）电子元器件测试

针对防冻带、电加热、传感器、智能控制仪、温控器、控制柜、交流接触器、电磁继电器、漏电保护插头、电容、电阻、电线、各种紧固件及电子元器件等，中心分别设置电气安全实验室、电子性能实验室、EMC 实验室、光源性能实验室、蓄电池性能实验室，对电性能进行全面检验，常用仪器如图 6-5～图 6-10 所示。

同时结合环境模拟实验室，验证各种电器元件在恶劣的环境条件下的性能。这样通过全方位的性能检测，避免下列隐患：

——传感器、电加热、电热管等材料、工艺的不过关，绝缘、耐压性能差，感应失灵，易漏电、导电、引发火灾；

——智能控制仪抗干扰性能差，水温水位显示失灵，引起上水不止、烫伤人等，抗雷击性能差，漏电伤人、引发火灾。

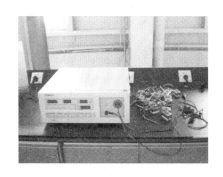

图 6-5　全功能抗挠度测试仪

图 6-6　智能全自动绝缘耐压测试仪

图 6-7　温控器断电测试台

图 6-8　灼热丝试验仪

图 6-9　高温高湿交变试验箱

图 6-10　标准漏电流测试仪

（2）管阀检测

主要针对太阳能热水系统的输送水管路的各个零部件，如水嘴、浮球阀、排气阀、角阀、电磁阀、无级调节阀、压力温度安全阀、恒温阀、淋浴器、铜管件、铝塑复合管、PEX 管等的性能检测，为此中心设置管阀实验室，对各配件的各项性能进行检测，参见图 6-11～图 6-13。

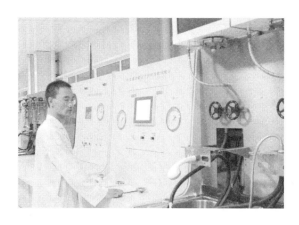

图 6-11　高低温流量压力密封性能试验台

图 6-12　水嘴寿命试验台

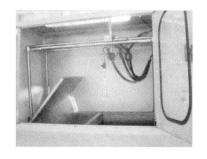

图 6-13　管件冷热循环试验台

　　根据实际使用情况,自行设计开发管阀寿命设备,并自制各种工装夹具,以适应不同类型配件的检测,有效的保证了阀门水嘴的使用寿命。通过检测避免"管路阀门耐高温、耐低温、耐腐蚀、耐老化程度差,寿命短,易开裂漏水"的隐患。

6.2.2.3　原材料性能测试

　　主要针对太阳能热水系统用板材、喷塑涂层、玻璃毛管、保温材料、塑料、包装材料的各种物理性能、化学性能、耐候性方面的检测。为此中心设置材料物理性能实验室、材料化学性能实验室、ICP 实验室、金相分析实验室、保温材料实验室、玻璃性能实验室、包装运输实验室、模拟环境实验室,对太阳能热水系统用原材料进行全方位检验(图 6-14～图 6-21)。

图 6-14　QUV 紫外老化箱

图 6-15　盐雾循环腐蚀试验箱

图 6-16 红外线碳硫仪

图 6-17 全谱直读等离子体发射光谱仪

图 6-18 玻璃线膨胀测试仪

图 6-19 导热系数测试仪

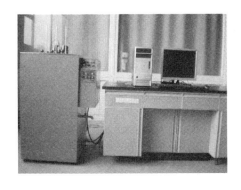

图 6-20 热变形温度测试仪

图 6-21 电子微控拉力试验机

同时结合环境模拟实验室,验证各种材料的耐候性。避免下列隐患:

——玻璃毛管材料、工艺不过关,真空管即热效果,易破损、炸裂。

——储水箱保温层材料、工艺不过关,漏风跑气,没热水用;输送水管路保温层材料、工艺不过关,管路冻堵,冬天热水下不来,冷水上不去。

——输送水管路的材料不过关,出现管路烫崩、冻裂、老化等情况,热水烫伤、漏水淹房;橡胶材料密封性、耐高温、抗冻、抗压性能差,不适应太阳能工作环境,开裂、老化、漏水。

——支架喷塑工艺不过关,涂层脱落导致支架锈蚀坍塌。

——不锈钢内胆铬、镍含量低,板材薄,易腐蚀漏水。

——铜管件铅含量超标,引起铅中毒,危害人体健康。

——内胆、铜管件原材料内部组织结构不适应太阳能工作环境,抗冲击性能、腐蚀性能差,易腐蚀开裂漏水。

——包装不牢固,运输过程中被挤压,造成真空管破裂、储水箱划伤、支架划伤等。

6.2.3　技术发展路线

在常规检测能力建设之外,该中心还通过以下几个方面的工作来进一步提升综合实力与专业素质,力争达到人无我有,人有我优。

6.2.3.1　检测系统及设备的自主研发

目前太阳能热利用检测实验室除去检测能力比较完备的三个国家检测中心外,只有少数几个企业拥有自己的实验室,专业的太阳能热利用检测系统及设备更是鲜有成品,为此,该中心以相应的国家标准为纲要,结合自控、机械、热工、计量等专业领域知识,组织人员和相关资源,设计并制作满足标准检测方法要求的检测系统及检测设备。一方面填补中心业务领域空白,另一方面对人员的测试系统、设备开发做积累和沉淀,以期有更大的成果突破。

(1) 自主研发"ISO 9459-2 国际标准热性能测试系统"

基于目前国家标准 GB/T 18708、GB/T 19141 中给出的"单位面积日有用得热量"和"平均热损因数"两项指标并不能反映一台家用太阳热水系统的实际使用性能,该中心按ISO 9459-2 研究开发了家用太阳能热水系统热性能测试系统(图 6-22),实现了测试的远程控制及自动运行,并成为国内首家企业建国际标准测试平台(图 6-23),受到国内外专家的好评。

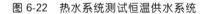

图 6-22　热水系统测试恒温供水系统　　　图 6-23　国际标准热性能测试系统平台

通过该测试系统得到的测试结果,能够预测系统在其他任何给定的气象和运行条件下的年性能,可以对家用太阳能热水系统进行更为科学、合理的评价,包括:

——系统性能曲线(系统日性能);

——系统温升曲线;

——低和高太阳辐射条件下系统的日供水性能;

——混合供水性能的确定;

——集热器连接/断开情况下水箱热损系数;

——日排水水温变化的计算;

——任何给定气象条件下,热水系统年性能和产水量的预测。

（2）自主研发"太阳能集热器热性能测试系统"

受限于太阳能集热器测试系统的固定台架、恒温供水箱容量、设计流量等因素的制约，对于大采光面积集热器的热性能测试，尚无合适的检测系统。为此，该中心自行研发"太阳能集热器测试系统"（图 6-24），设计过程中充分参考了 ISO 9806、EN 12975、GB/T 4271 等国内外重要技术标准的相关测试要求，最终该测试系统最大可承载配置 2.1m 长全玻璃真空太阳集热管的横双排 50 支集热器。

图 6-24 太阳能集热器测试系统

该测试系统可同时实现下列功能：

——流量调节：集热器热性能测试的测试期间内，整个系统流量偏差在设定值的 ±1% 范围内，且因测试流量较小通常在 10L/min 以下，故配置超小流量高精度自动调节阀，通过与流量计、自动控制系统相互结合实现微小流量的远程自动调节。

——太阳跟踪自动控制及手动控制相结合：实现测试台架的自动跟踪太阳，同时能够实现手动跟踪进行热性能之外的可靠性测试。

——恒温控制：配备二级加热和相应的控制系统，采用可控硅，并配备制冷功能，以保证进口温度偏差在设定温度的 ±0.1℃ 内。

（3）自主研发全玻璃真空太阳集热管性能检测设备

大部分太阳能热水系统所用的核心集热部件为"全玻璃真空太阳集热管"，其各项性能直接影响到整个系统的热性能及可靠性，故其各项性能的检测尤为重要，为此中心结合相应的国家标准 GB/T 17049—2005 和 GB/T 25965—2010 自主研发符合标准要求的真空品质、耐压、冷热冲击、半球发射比等检测设备。

6.2.3.2 先进检测技术的引进与应用

为保证产品使用寿命，让用户享用安全放心无隐患的热水文明，该中心致力于从太阳能热利用系统的原材料、零部件到整机每个环节的质量监控，不断引入先进的检测设备、计量标准从产品的原材料到整机性能全方位进行严格的检测，以保证产品具备高品质的性能。

（1）红外热像技术应用

应用红外热像仪对每个太阳能热水系统进行温度场分析（图 6-25），并基于此不断发掘研发产品存在的缺陷，进而有针对性的进行产品改进工作，提升产品的综合性能，保证上市产品的优质。

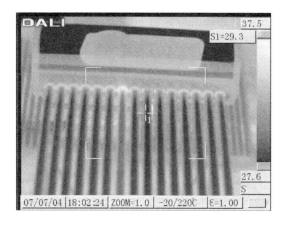

图 6-25　家用太阳热水系统热像图

应用红外热像技术,可以进行:

——家用太阳热水系统贮热水箱保温结构检测;

——家用太阳热水系统整机保温性能分析;

——家用太阳热水系统电辅助系统、电控制系统热状态检查及故障缺陷诊断;

——家用太阳热水系统运行管路保温缺陷分析;

——全玻璃真空太阳集热管缺陷检测分析;

——太阳房围护结构缺陷检测;

——各种保温材料保温性能分析

（2）太阳模拟器的引进应用

引进目前世界上唯一可以达到 AAA 级别的太阳模拟器,完全符合 IEC 60904-9 的要求,对太阳能电池和太阳能组件的各项性能进行精确测试,以保证光伏单机产品和光伏系统具有优异的性能。

由于测量精度高,使用寿命长及稳定性能优越,该中心的组件测试仪和单体测试仪在国内属于一流水平,在国际上也处于领先地位。

（3）成分分析

引进先进的碳硫仪、全谱直读等离子体发射光谱仪、金相检验系统（图 6-27）等,以对太阳能热水系统用金属板材、金属配件的碳、硫、铁、镍、铅、铜、锰、硅、磷等上百种微量化学成分进行定性定量分析,同时进行低倍组织分析、晶粒度评级、非金属夹杂物评级、晶界腐蚀分析。

（4）建立计量标准

鉴于企业实验室生产所用各种规格的仪表、设备众多,为及时、高效的为检测、生产服务,并确保量值的溯源传递,做到准确检测、安全生产,特建立"铂电阻标准装置"、"热电偶标准装置"、"精密压力表标准装置"、"数字温度指示调节仪检定装置"、"交直流电压、电流、功率表检定装置",均获得德州市技术监督局授权,全面开展相关设备、仪表的自校准工作,为太阳能产品的质量保驾护航。

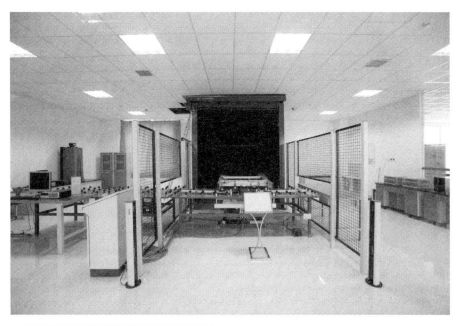

图 6-26 太阳能电池组件

图 6-27 金相检验系统

6.2.3.3　积极推动行业标准的发展

该中心曾先后直接或间接参与了20多项国家标准的编制、修订工作,如GB/T 18713—2002、GB/T 18974—2003、GB/T 17049—2005、GB 50364—2005、GB/T 20095—2006、GB/T 4271—2007、GB/T 6424—2007、GB/T 17581—2007、GB/T 24798—2009、GB/T 25965—2010、GB/T 25966—2010、GB/T 25967—2010、GB/T 25968—2010、GB/T 19141—2011、GB 26969—2011、GB/T 26970—2011、GB/T 26971—2011、GB/T 26972—2011、GB/T 26973—2011、GB/T 26974—2011、GB/T 26975—2011、GB/T 26976—2011,GB/T 26977—2011。

2008年,中心作为主要负责部门,对太阳能热水系统主要部件选材标准进行拟定起草,经过多次的行业征求意见、专家研讨,最终审定通过,形成了GB/T 25969−2010《家用太阳能热水系统主要部件选材通用技术条件》。

6.2.3.4　空白测试领域进行摸索与研究

(1)集热器热性能快速测试方法的研究

目前不论是在国内还是国际所采用的方法主要是稳态方法,在测试期间要求集热器进口工作流体温度及流经集热器的质量流量保持恒定,太阳辐照度不仅高,而且要稳定,周围环境温度在测试期间也要保持恒定。由于气象条件无法进行人工调节,测试周期较长;基于此,我们以全玻璃真空管太阳集热器热性能动态测试方法的研究为基础,对国内外标准进行了对比分析,并建立具有较强操作性的集热器热性能测试模型。经过大量的实验验证,提出的模型对集热器热性能的预测表现出了满意的精度,进而大大减少了实验周期。

(2)模拟测试方法的研究

该中心针对太阳能主机、辅机开放的使用环境,建立模拟实验室,来验证产品可靠性、预测产品使用性能和寿命。其对标准之外的各种实际使用状况进行模拟测试,目前实验室已经具备了耐盐雾、耐紫外、高温高湿性能验证、防水防尘性能验证、包装震动性能验证、包装跌落性能验证等多方面的模拟极限条件的破坏检测能力,同时已经掌握了一整套模拟非常规的检测方法,保证了产品的实用性。

(3)管阀寿命测试的研究与开发

中心根据实际使用情况,自行设计开发管阀寿命设备,可以自动检测不同旋转角度的阀门、水嘴,有效地保证了阀门水嘴的使用寿命。中心同时进行冷热水、压力冲击试验,填补了国内空白。

6.2.4　中心资质

通过多年来的检测技术积累沉淀,中心于2008年9月26日迎来国家认可委评审组,并顺利通过现场审核。

中心于2009年1月6日获得中国合格评定国家认可委员会(CNAS)颁发的"实验室认可证书",注册号:NO. CNAS L3852(图6-28),体现了其专业水准和整体实力。

中心于2010年顺利通过中国合格评定国家认可委员会(CNAS)组织的监督评审,个别专项技术领域的研究性工作得到了评审专家的充分肯定。

中心于2012年顺利通过复评审、扩项评审,注册号:CNAS L3852。这充分体现了中心的体系运行良好,管理及技术水平可长期维持在较高的水准,并能够紧跟市场发展、技术进步对自身业务能力做进一步完善和扩展。

图 6-28 中心实验室认可证书

附　　录

ICS 21.260
F 01

GB/T 25969—2010

中华人民共和国国家标准

家用太阳能热水系统主要部件选材
通用技术条件

Specification of material selecting for main parts of
domestic solar water heating system

2011-01-10 发布
2011-05-01 实施

中华人民共和国国家质量监督检验检疫总局
中国国家标准化管理委员会　发布

前　言

本标准是 GB/T 19141—2003《家用太阳热水系统技术条件》的配套标准。

本标准由全国能源基础与管理标准化技术委员会、全国太阳能标准化技术委员会提出。

本标准由全国太阳能标准化技术委员会(SAC/TC 402)归口。

本标准负责起草单位:皇明太阳能股份有限公司、中国标准化研究院。

本标准参加起草单位:国家太阳能热水器质量监督检验中心(北京)、国家太阳能热水器质量监督检验中心(武汉)、山东亿家能太阳能有限公司、北京清华阳光能源开发有限责任公司、江苏华扬太阳能有限公司、北京市太阳能研究所有限公司、北京天普太阳能工业有限公司。

本标准主要起草人:徐志斌、贾铁鹰、郑瑞澄、何涛、张晓黎、袁家普、张立峰、曹静、赵娟、马立兵、高连奎、于良。

家用太阳能热水系统主要部件选材
通用技术条件

1 范围

本标准规定了家用太阳能热水系统主要部件的选材原则、技术要求、检验方法、检验规则。

本标准适用于贮热水箱容积不大于 0.6 m³ 家用太阳能热水系统的主要部件。

2 规范性引用文件

下列文件中的条款通过本标准的引用而成为本标准的条款。凡是注日期的引用文件,其随后所有的修改单(不包括勘误的内容)或修订版均不适用于本标准,然而,鼓励根据本标准达成协议的各方研究是否可使用这些文件的最新版本。凡是不注日期的引用文件,其最新版本适用于本标准。

GB/T 706 热轧型钢

GB/T 1043.1 塑料 简支梁冲击性能的测定 第 1 部分:非仪器化冲击试验

GB/T 1527 铜及铜合金拉制管

GB/T 1634.2 塑料 负荷变形温度的测定 第 2 部分:塑料、硬橡胶和长纤维增强复合材料

GB/T 1732 漆膜耐冲击性测定法

GB/T 1740 漆膜耐湿热测定法

GB/T 1766 色漆和清漆 涂层老化的评级方法

GB/T 1771 色漆和清漆 耐中性盐雾性能的测定

GB/T 1865 色漆和清漆 人工气候老化和人工辐射曝露 滤过的氙弧辐射

GB/T 2059 铜及铜合金带材

GB/T 2406.2 塑料 用氧指数法测定燃烧行为 第 2 部分:室温试验

GB/T 2518 连续热镀锌钢板及钢带

GB/T 2828.1 计数抽样检验程序 第 1 部分:按接收质量限(AQL)检索的逐批检验抽样计划

GB/T 2829 周期检验计数抽样程序及表(适用于对过程稳定性的检验)

GB/T 3280 不锈钢冷轧钢板和钢带

GB/T 3880.1 一般工业用铝及铝合金板、带材 第 1 部分:一般要求

GB/T 3880.2 一般工业用铝及铝合金板、带材 第 2 部分:力学性能

GB 4706.12 家用和类似用途电器的安全 储水式热水器的特殊要求

GB 5237.2 铝合金建筑型材 第 2 部分:阳极氧化型材

GB 5237.3 铝合金建筑型材 第 3 部分:电泳涂漆型材

GB 5237.4 铝合金建筑型材 第 4 部分:粉末喷涂型材

GB/T 6343 泡沫塑料及橡胶 表观密度的测定

GB/T 6424 平板型太阳能集热器

GB/T 6461 金属基体上金属和其他无机覆盖层 经腐蚀试验后的试样和试件的评级

GB/T 8811 硬质泡沫塑料 尺寸稳定性试验方法

GB/T 8813 硬质泡沫塑料 压缩性能的测定

GB/T 9286 色漆和清漆 漆膜的划格试验

GB/T 9341 塑料 弯曲性能的测定

GB/T 9753　色漆和清漆　杯突试验

GB/T 10125　人造气氛腐蚀试验　盐雾试验

GB/T 10294　绝热材料稳态热阻及有关特性的测定　防护热板法

GB/T 10799　硬质泡沫塑料　开孔和闭孔体积百分率的测定

GB/T 11618.1　铜管接头　第1部分:钎焊式管件

GB/T 11618.2　铜管接头　第2部分:卡压式管件

GB/T 12002　塑料门窗用密封条

GB/T 12936　太阳能热利用术语

GB/T 13350　绝热用玻璃棉及其制品

GB/T 13448　彩色涂层钢板及钢带试验方法

GB/T 13452.2　色漆和清漆　漆膜厚度的测定

GB/T 13912　金属覆盖层　钢铁制件热浸镀锌层技术要求及试验方法

GB/T 14978　连续热浸镀铝锌硅合金镀层钢带和钢板

GB/T 16422.2　塑料实验室光源暴露试验方法　第2部分:氙弧灯

GB/T 17049　全玻璃真空太阳集热管

GB/T 17219　生活饮用水输配水设备及防护材料的安全性评价标准

GB/T 17581　真空管型太阳能集热器

GB/T 17794—2008　柔性泡沫橡塑绝热制品

GB/T 18033—2007　无缝铜水管和铜气管

GB/T 18742.2　冷热水用交联聚丙烯管道系统　第2部分:管材

GB/T 18742.3　冷热水用交联聚丙烯管道系统　第3部分:管件

GB/T 18992.2　冷热水用交联聚乙烯(PE-X)管道系统　第2部分:管材

GB/T 18997.1—2003　铝塑复合压力管　第1部分:铝管搭接焊式铝塑管

GB/T 18997.2—2003　铝塑复合压力管　第2部分:铝管对接焊式铝塑管

GB/T 19141　家用太阳热水系统技术条件

GB/T 19775　玻璃-金属封接式热管真空太阳集热管

GB/T 21385　金属密封球阀

GB/T 21558　建筑绝热用硬质聚氨酯泡沫塑料

GB/T 23150　热水器用管状加热器

GB/T 24798　太阳能热水系统用橡胶密封件

CJ/T 111　铝塑复合管用卡套式铜制管接头

HJ/T 363　环境标志产品技术要求　家用太阳能热水系统

NY/T 513　家用太阳能热水器电辅助热源

QB/T 2590　贮水式热水器搪瓷制件

3　术语和定义

GB/T 12936确立的以及下列术语和定义适用于本标准。

3.1

家用太阳能热水系统主要部件　main parts of domestic solar water heating system

包括集热器、贮热水箱、支架、管路等家用太阳能热水系统的主要组成部件。

3.2

护托　protection bracket

集热器中保护并支撑真空管尾部的元件。

3.3

尾架 tailstock

集热器中固定护托以达到支撑真空管作用的部件,是支架的一部分。

4 选材原则

家用太阳能热水系统首先应符合 GB/T 19141 的规定,应充分考虑家用太阳能热水系统恶劣的室外工作条件,安全性及使用寿命,应遵循下列选材原则:

4.1 应优先选用具有成熟使用经验的材料,使用新材料前应对其性能进行全面严格的鉴定。

4.2 家用太阳能热水系统主要部件选材时应综合考虑各材料之间物理、化学和力学性能的相容性和匹配性。

4.3 内胆材料应具有良好的卫生、安全性和耐腐蚀性。

4.4 支架材料应具有良好的机械强度和耐候性。

4.5 焊接材料应使焊缝熔敷金属与母材强度和塑韧性相适应。

4.6 在满足上述各原则的基础上,应优先选用性价比高的材料。

5 技术要求

5.1 集热器

5.1.1 真空管集热器

真空管集热器技术要求应符合 GB/T 17581 的要求。

5.1.1.1 全玻璃真空太阳集热管应符合 GB/T 17049 的要求。

5.1.1.2 玻璃-金属封接式热管真空太阳集热管应符合 GB/T 19775 的要求。

5.1.2 平板集热器

平板集热器技术要求应符合 GB/T 6424 的要求。

5.1.2.1 吸热体

5.1.2.1.1 紫铜管应符合 GB/T 1527 的要求。

5.1.2.1.2 紫铜带材料应符合 GB/T 2059 的要求。

5.1.2.1.3 防锈铝板材料应符合 GB/T 3880.1、GB/T 3880.2 的要求。

5.1.2.2 透明盖板

5.1.2.2.1 太阳透射比 $\tau \geqslant 0.78$。

5.1.2.2.2 耐冲击性:经冲击试验后,透明盖板应无划痕、翘曲、裂纹、破裂、断裂或穿孔等现象。

5.1.2.3 隔热体

不允许使用石棉和含有氯氟烃化合物(CFCs)类的发泡物质。

5.1.2.3.1 聚氨酯泡沫塑料材料物理机械性能应符合 GB/T 21558 的要求。

5.1.2.3.2 玻璃棉材料应符合附录 A 中表 A.1 的规定。

5.1.2.4 边框

5.1.2.4.1 粉末静电喷涂镀锌板应符合附录 A 中表 A.2 的规定。

5.1.2.4.2 铝型材

5.1.2.4.2.1 阳极氧化型材材料应符合附录 A 中表 A.3 的规定。

5.1.2.4.2.2 电泳涂漆型材材料应符合附录 A 中表 A.4 的规定。

5.1.2.4.2.3 粉末喷涂型材材料应符合附录 A 中表 A.5 的规定。

5.1.2.5 背板

5.1.2.5.1 镀锌板应符合 GB/T 2518 的要求。

5.1.2.5.2 镀铝锌钢板

5.1.2.5.2.1 镀铝锌钢板材料应符合 GB/T 14978 的要求。

5.1.2.5.2.2 耐中性盐雾试验 240 h,缺陷面积不超过表面 1%,保护评级不低于 6 级。

5.1.2.5.3 彩色涂层钢板应符合附录 A 中表 A.6 的规定。

5.1.2.6 密封胶条应符合附录 A 中表 A.7 的规定。

5.2 贮热水箱

5.2.1 水箱内胆

应选用具有良好卫生安全性、耐腐蚀性和机械性能的材料。

5.2.1.1 不锈钢内胆材料

应符合 GB/T 3280 的要求。

5.2.1.1.1 主要化学成分应符合以下要求:

碳的质量分数 $w(C) \leqslant 0.08\%$

镍的质量分数 $w(Ni) \geqslant 8\%$

铬的质量分数 $w(Cr) \geqslant 16\%$。

5.2.1.1.2 力学性能应符合以下要求:

抗拉强度 $\sigma_b \geqslant 485$ MPa

屈服强度 $\sigma_{0.2} \geqslant 170$ MPa

伸长率 $\delta_5 \geqslant 40\%$

5.2.1.1.3 非承压内胆公称厚度宜不小于 0.5 mm。

5.2.1.1.4 耐中性盐雾:试验 240 h,无缺陷,保护评级为 10 级。

5.2.1.1.5 卫生安全要求

内胆放出的热水应无铁锈、异味,不应溶解有碍人体健康的物质;在浸泡水中重金属析出量应符合 HJ/T 363 的要求。

5.2.1.2 承压内胆使用搪瓷材料应符合 QB/T 2590 的要求。

5.2.2 水箱隔热体

水箱隔热体使用材料应为微氟或无氟硬质聚氨酯泡沫塑料,不允许使用石棉和含有氯氟烃化合物(CFCs)类的发泡物质。物理机械性能应符合附录 A 中表 A.8 的规定。

5.2.3 水箱外壳

应选用具有良好的耐腐蚀性能材料或进行表面防腐处理。外壳表面涂层应具有较强的附着力和耐候性。外壳表面对可见光的镜面反射比应不大于 0.10 并符合 HJ/T 363 的相关要求。

5.2.3.1 粉末静电喷涂镀锌板外壳技术要求同 5.1.2.4.1。

5.2.3.2 铝型材外壳技术要求同 5.1.2.4.2。

5.2.3.3 镀铝锌钢板外壳技术要求同 5.1.2.5.2。

5.2.3.4 彩色涂层钢板外壳技术要求同 5.1.2.5.3。

5.2.4 水箱密封件

应符合 GB/T 24798 的要求。

5.2.5 辅助电加热器

5.2.5.1 辅助电加热器(整机)的安全性、可靠性和加热性能应符合 GB 4706.12、NY/T 513 的要求。

5.2.5.2 电热元件

应符合 GB/T 23150 的要求,在浸泡水中重金属析出量应符合 HJ/T 363 的要求。

5.2.5.3 电热元件接线盒

5.2.5.3.1 塑料燃烧性能:氧指数 $\geqslant 24$。

5.2.5.3.2 负荷变形温度(使用弯曲应力 1.80 MPa 的 A 法)$\geqslant 65$ ℃。

5.2.5.3.3 抗老化性(72 h),略变色,无变形、无粉化、无脆裂。

5.3 支架

应选用具有良好的耐腐蚀性能材料或进行表面防腐处理。支架表面涂层应具有较强的附着力和耐候性。

5.3.1 支架强度和刚度应符合 GB/T 19141 的要求。

5.3.2 粉末静电喷涂镀锌板材料技术要求同 5.1.2.4.1。

5.3.3 铝型材支架材料技术要求同 5.1.2.4.2。

5.3.4 角钢热镀锌或角钢静电喷涂支架材料

5.3.4.1 角钢应符合 GB/T 706 的要求。

5.3.4.2 镀锌层应符合 GB/T 13912 的要求,镀锌层厚度:40 μm～65 μm。

5.3.4.3 涂层性能技术要求应符合附录 A 中表 A.2 的规定。

5.3.5 尾架

尾架材料同支架材料中 5.3.1～5.3.3。

5.3.6 护托

5.3.6.1 简支梁冲击强度(缺口)≥5 kJ/m²。

5.3.6.2 负荷变形温度(使用弯曲应力 1.80 MPa 的 A 法)≥65 ℃。

5.3.6.3 弯曲强度≥66 MPa,弯曲模量≥2 400 MPa。

5.3.6.4 抗老化性(72 h),略变色,无变形、无粉化、无脆裂。

5.4 管路

卫生性能应符合 GB/T 17219 的要求。

5.4.1 铝塑复合压力管

5.4.1.1 结构尺寸

应符合 GB/T 18997.1—2003、GB/T 18997.2—2003 中表 3 的要求。

5.4.1.2 管环径向拉力

管环径向最大拉力应不小于 GB/T 18997.1—2003、GB/T 18997.2—2003 中表 4 的规定值。

5.4.1.3 静液压强度

铝塑管进行静液压强度试验时应符合 GB/T 18997.1—2003、GB/T 18997.2—2003 中表 6 的要求。

5.4.1.4 交联度

交联铝塑管内外层塑料进行交联度测定时,出厂时其交联度对于硅烷交联应不小于 65%;对于辐射交联应不小于 60%。

5.4.1.5 耐冷热水循环性能

管道系统按 GB/T 18997.1—2003、GB/T 18997.2—2003 中表 9 规定的条件进行冷热水循环试验时,试验中管材、管件及连接处应无破裂、泄露。

5.4.2 PE-X 管材

应符合 GB/T 18992.2 的要求。

5.4.3 聚丙烯管材

应符合 GB/T 18742.2 的要求。

5.4.4 铜管材

5.4.4.1 尺寸及尺寸允许偏差

应符合 GB/T 18033—2007 中表 2 和表 3 的规定。

5.4.4.2 力学性能

管材的室温纵向力学性能应符合 GB/T 18033—2007 中表 6 的规定。

5.4.4.3 弯曲试验

对外径不大于 28 mm 的硬态管,应按 GB/T 18033—2007 中表 7 规定的弯曲半径进行弯曲试验,弯曲角为 90°,用专用工具弯曲,试验后管材应无肉眼可见的裂纹或破损等缺陷。

5.4.5 铜管接头

应符合 GB/T 11618.1、GB/T 11618.2 的要求。

5.4.6 卡套式铜制管接头

应符合 CJ/T 111 的要求。

5.4.6.1 连接可靠性

管接头与管子连接应可靠,在常温下,应能承受表 1 中的拉拔力,持续 60 min 连接处无松动和断裂,零件应无裂缝或损坏。

表 1 管接头组件最小拉拔力

管材外径/mm	32	25	≤20
拉拔力/N	1 930	754	610

5.4.6.2 密封性

在常温下,管接头密封性试验压力在 1.0 MPa 下,保持 3 min 不得渗漏。

5.4.6.3 静内压强度

管接头按表 2 所规定的条件下做静内压强度试验时,零件不得损坏和变形,并不得渗漏。

表 2 静内压强度试验

试验温度/℃	静内压强度/MPa	试验时间/h
82±2	2.72±0.07	10

5.4.6.4 热循环

管接头和管子构成的组件在(690±69)kPa 的内部压力下,外部温度在 15 ℃~82 ℃ 之间作 1 000 次热循环,组件不应分离和渗漏。

5.4.7 聚丙烯管件

应符合 GB/T 18742.3 的要求。

5.4.8 金属密封球阀

应符合 GB/T 21385 的要求。

5.4.9 保温管

GB/T 17794—2008 的要求除下述内容外均适用。

GB/T 17794—2008 的 5.3 修改为:表观密度 ≥22 kg/m³ 且 ≤95 kg/m³。

6 检验方法

6.1 集热器

6.1.1 真空管试验方法见附录 B 中表 B.1。

6.1.2 平板集热器

6.1.2.1 吸热体材料试验方法见附录 B 中表 B.2。

6.1.2.2 透明盖板

6.1.2.2.1 从平板型太阳能集热器透明盖板材料上截取试片,采用波长范围不小于 250 nm~2 500 nm 的配有积分球装置的分光光度计,测定其太阳透射比。

6.1.2.2.2 耐冲击性:水平放置透明盖板,使直径为 0.02 m(质量约 32 g)的表面光滑的钢球从 0.5 m 的高度、静止状态、并不施加外力的情况下自由落到透明盖板的中央部分,落点要落入距中心 0.1 m 的范围之内,检查盖板有无损坏。

6.1.2.3　隔热体材料试验方法见附录 B 中表 B.3。

6.1.2.4　边框

6.1.2.4.1　粉末静电喷涂镀锌板试验方法见附录 B 中表 B.4。

6.1.2.4.2　铝型材试验方法见附录 B 中表 B.5。

6.1.2.5　背板

6.1.2.5.1　镀锌板按 GB/T 2518 规定的方法进行检测。

6.1.2.5.2　镀铝锌钢板试验方法见附录 B 中表 B.6。

6.1.2.5.3　彩色涂层钢板按 GB/T 13448 规定的方法进行检测。

6.1.2.6　密封胶条按 GB/T 12002 规定的方法进行检测。

6.2　贮热水箱

6.2.1　水箱内胆

6.2.1.1　不锈钢内胆材料试验方法见附录 B 中表 B.7。

6.2.1.2　承压内胆使用搪瓷材料按 QB/T 2590 规定的方法进行检测。

6.2.2　水箱隔热体材料试验方法见附录 B 中表 B.8。

6.2.3　水箱外壳

6.2.3.1　粉末静电喷涂镀锌板外壳试验方法见附录 B 中表 B.4。

6.2.3.2　铝型材外壳试验方法见附录 B 中表 B.5。

6.2.3.3　镀铝锌钢板外壳试验方法见附录 B 中表 B.6。

6.2.3.4　彩色涂层钢板外壳技术要求同 6.1.2.5.3。

6.2.4　水箱密封件

按 GB/T 24798 规定的方法进行检测。

6.2.5　辅助电加热器试验方法见附录 B 中表 B.9。

6.3　支架

6.3.1　支架强度和刚度按 GB/T 19141 规定的方法进行检测。

6.3.2　粉末静电喷涂镀锌板材料试验方法见附录 B 中表 B.4。

6.3.3　铝型材支架材料试验方法见附录 B 中表 B.5。

6.3.4　角钢热镀锌或角钢静电喷涂支架材料试验方法见附录 B 中表 B.10。

6.3.5　尾架

尾架材料试验方法同 6.3.1~6.3.3。

6.3.6　护托材料试验方法见附录 B 中表 B.11。

6.4　管路

卫生性能按 GB/T 17219 的规定方法进行检测,材料试验方法见附录 B 中表 B.12。

7　检验规则

7.1　采购部件检验

生产厂应要求供方需提供全部质量认证证明、质量保证书、认证证书、型式试验报告等,需要安全认证时必须提供安全认证证书。

7.2　型式检验

有下列情况之一者需进行型式检验:

a)　新产品定型鉴定;

b)　正式生产后,原材料、工艺有较大改变,可能影响产品性能时;

c)　正常生产时,每年至少进行一次;

d) 进厂检验结果与上次型式检验有较大差异；

e) 国家质量监督机构提出进行型式检验要求时。

7.3 抽样方案

a) 入厂检验抽样方案执行 GB/T 2828.1；

b) 型式检验抽样方案执行 GB/T 2829。

附 录 A
（规范性附录）
主要部件技术要求

表 A.1～表 A.8 为主要部件的技术要求。

表 A.1 玻璃棉材料技术要求

项 目	性能指标
密度/(kg/m³)	≥32
导热系数/[W/(m·K)]	≤0.046
质量吸湿率/%	≤5
憎水率/%	≥98
燃烧性能级别	A级（不燃材料）

表 A.2 粉末静电喷涂镀锌板材料技术要求

项 目		性能指标
镀锌板		GB/T 2518ᵃ
涂层性能	涂层厚度	平光粉末:50 μm～70 μm,皱纹粉末:60 μm～90 μm
	附着性	不低于 2 级
	耐冲击性	经冲击试验,涂层无开裂或脱落现象
	抗杯突性	经杯突试验,涂层无开裂或脱落现象
	耐盐雾腐蚀性	经 1 000 h 中性盐雾试验后,目视检查试验后的涂层表面,应无起泡、脱落或其他明显变化
	耐湿热性	经 1 000 h 湿热试验后,目视检查试验后的涂层表面,应无起泡、脱落或其他明显变化
	耐候性	经 250 h 氙灯照射人工加速老化试验后,粉化程度 0 级,失光率和变色色差值至少达到 1 级

ᵃ 镀锌板材料符合 GB/T 2518 的要求,表面处理采用非钝化的方式。

表 A.3 阳极氧化型材材料技术要求

项 目	性能指标
阳极氧化膜平均膜厚	≥10 μm
封孔质量	阳极氧化膜经硝酸预浸的磷铬酸试验,其质量损失值应不大于 30 mg/dm²
耐磨性	落砂试验磨耗系数≥300 g/μm
耐候性	经 313B 荧光紫外灯人工加速老化试验后,电解着色膜变色程度应至少达到 1 级,有机着色膜变色程度应至少达到 2 级

表 A.4 电泳涂漆型材材料技术要求

项 目	性能指标
漆膜硬度	经铅笔划痕试验,A、B级漆膜硬度≥3 H,S级漆膜硬度≥1 H
漆膜附着性	漆膜干附着性和湿附着性均达到0级
耐磨性	落砂试验后,落砂量A级≥3 300 g,B级≥3 000 g,S级≥2 400 g
耐候性	经氙灯人工加速老化试验1 000 h后,粉化程度达到1级,光泽保持率≥80%,变色程度≤1级

表 A.5 粉末喷涂型材材料技术要求

项 目	性能指标
涂层厚度	装饰面上涂层最小局部厚度≥40 μm
漆膜附着性	漆膜干附着性、湿附着性和沸水附着性均达到0级
耐冲击性	经冲击试验,涂层无开裂或脱落现象
抗杯突性	经杯突试验,涂层无开裂或脱落现象
耐盐雾腐蚀性	经1 000 h乙酸盐雾试验后,目视检查试验后的涂层表面,应无起泡、脱落或其他明显变化
耐湿热性	经1 000 h湿热试验后,目视检查试验后的涂层表面,应无起泡、脱落或其他明显变化
耐候性	经氙灯照射人工加速老化试验1 000 h后,变色程度≤5级,光泽保持率>50%

表 A.6 彩色涂层钢板材料技术要求

项 目	性能指标
涂层厚度	≥20 μm
光泽度	≤70
弯曲试验T弯值	≤5 T
反向冲击试验	冲击功≥6 J,涂层无开裂或脱落现象

表 A.7 密封胶条材料技术要求

项 目		性能指标
拉伸断裂强度		≥7.5 MPa
热空气老化性能 (100 ℃×72 h)	拉伸强度保留率	≥85%
	伸长率保留率	≥70%
	加热失重	≤3%
压缩永久变形(压缩率30%,70 ℃×24 h)		<75%
耐臭氧性(50×10⁻⁴,伸长20%,40 ℃×96 h)		不出现龟裂

表 A.8 硬质聚氨酯泡沫塑料材料技术要求

项 目	性能指标
表观芯密度/(kg/m³)	28~37,水箱中部取样
压缩强度/kPa	≥110
导热系数/[W/(m·K)]	≤0.022
闭孔率/%	≥92
低温尺寸稳定性(−20 ℃,24 h)/%	≤1
高温尺寸稳定性(70 ℃,48 h)/%	≤1

附 录 B

（规范性附录）

主要部件试验方法对应标准

表 B.1～表 B.12 为主要部件试验方法对应标准。

表 B.1 真空管集热部件材料试验方法

材　料	试验方法
全玻璃太阳集热管	GB/T 17049
玻璃-金属封接式热管真快太阳集热管	GB/T 19775

表 B.2 平板集热器吸热体材料试验方法

材　料	试验方法
紫铜管	GB/T 1527
紫铜带	GB/T 2059
防锈铝板	GB/T 3880.1、GB/T 3880.2

表 B.3 平板集热器隔热体材料试验方法

材　料	试验方法
聚氨酯泡沫塑料	GB/T 21558
玻璃棉	GB/T 13350

表 B.4 粉末静电喷涂镀锌板材料试验方法

材料及性能		试验方法
镀锌板		GB/T 2518
涂层性能,应在涂层固化并放置 24 h 之后进行	涂层厚度	GB/T 13452.2
	附着力	GB/T 9286
	耐冲击性	GB/T 1732,重锤(1 000 g±1 g)固定高度≥50 cm
	抗杯突性	GB/T 9753,压陷深度为 6 mm
	耐盐雾腐蚀性	GB/T 1771
	耐湿热性	GB/T 1740
	耐候性	GB/T 1865 中方法 1,连续照射 250 h;GB/T 1766 进行评级

表 B.5 铝型材材料试验方法

材　料	试验方法
阳极氧化型材	GB 5237.2
电泳涂漆型材	GB 5237.3
粉末喷涂型材	GB 5237.4

表 B.6 镀铝锌钢板材料试验方法

材料及性能	试验方法
镀铝锌钢板	GB/T 14978
耐中性盐雾试验	GB/T 10125 试验;GB/T 6461 进行评级

表 B.7 不锈钢材料试验方法

材料及性能	试验方法
主要化学成分、力学性能	GB/T 3280
厚度	应在距边沿≥40 mm的任意点测量。用经计量鉴定合格的千分尺测量，且使用精度≥0.01 mm
耐中性盐雾试验	GB/T 10125 试验；GB/T 6461 进行评级
卫生安全性能	GB/T 19141、HJ/T 363

表 B.8 水箱隔热体材料试验方法

材料及性能	试验方法
表观芯密度	GB/T 6343
压缩强度	GB/T 8813
尺寸稳定性	GB/T 8811，试验条件为(70±2)℃,(−25±3)℃
导热系数	GB/T 10294
闭孔率	GB/T 10799

表 B.9 辅助电加热器试验方法

元件及性能		试验方法
安全性、可靠性、加热性能		GB 4706.12、NY/T 513
电热元件		GB/T 23150、HJ/T 363
电热元件接线盒	氧指数	GB/T 2406.2
	负荷变形温度	GB/T 1634.2
	抗老化性	GB/T 16422.2,黑板温度为(65±3)℃,相对湿度为(50±5)%

表 B.10 角钢热镀锌或静电喷涂材料试验方法

材料及性能	试验方法
角钢	GB/T 706
镀锌层	GB/T 13912
涂层性能	见表 A.4

表 B.11 护托材料试验方法

材料及性能	试验方法
简支梁冲击强度	GB/T 1043.1
负荷变形温度	GB/T 1634.2
弯曲强度 弯曲模量试验	GB/T 9341,试验速度为 2 mm/min
抗老化试验	GB/T 16422.2,黑板温度为(65±3)℃,相对湿度为(50±5)%

表 B.12 管路材料试验方法

材　料	试验方法
铝塑复合管	GB/T 18997.1—2003、GB/T 18997.2—2003
PE-X 管材	GB/T 18992.2
聚丙烯管材	GB/T 18742.2
铜管材	GB/T 18033—2007
铜管接头	GB/T 11618.1、GB/T 11618.2
聚丙烯管件	GB/T 18742.3
金属密封球阀	GB/T 21385
保温管	GB/T 17794—2008

ICS 27.160
F 12

中华人民共和国国家标准

GB/T 19141—2011
代替 GB/T 19141—2003

家用太阳能热水系统技术条件

Specification of domestic solar water heating systems

2011-09-29 发布

2012-08-01 实施

中华人民共和国国家质量监督检验检疫总局
中国国家标准化管理委员会 发布

前　言

本标准按照 GB/T 1.1—2009 给出的规则起草。

本标准代替 GB/T 19141—2003《家用太阳热水系统技术条件》。

本标准与 GB/T 19141—2003 相比主要技术内容变化为：

——增加了对家用太阳能热水系统耐压的定义(本版 3.4)；

——标记内容增加了序列型号的要求(本版 5.2.1)；

——明确了标称轮廓采光面积与实际轮廓采光面积的偏差要求和计算方法(本版 7.1.4,8.1.2)；

——明确了对家用太阳能热水系统标志的要求(本版 7.1.5)；

——明确了贮热水箱内胆材质及厚度要求,贮热水箱容水量的偏差要求和计算方法(本版 7.2.1、7.2.2、8.2.3)；

——增加了对家用太阳能热水系统工作压力和试验压力的要求(本版 7.4、8.4)；

——提高了对家用太阳能热水系统单位轮廓采光面积贮热水箱内水的日有用得热量和平均热损因数的要求(本版 7.5)；

——明确了空晒、外热冲击、淋雨和内热冲击试验的适用对象(本版 7.9、7.10、7.11、7.12)；

——增加了检查防冻液冰点的要求(本版 7.14.2)；

——增加了支架耐腐蚀的要求(本版 7.15)；

——增加了对采用封闭式贮水箱系统的耐负压冲击及脉冲压力的要求(本版 7.17、7.18)；

——调整了热性能试验条件及试验结果计算方法(本版 8.5)；

——明确了不同类型产品耐撞击的试验方法(本版 8.16)；

——调整了型式检验判定规则(本版 9.5)；

——取消了原标准中部分术语和符号；

——取消了原标准中表 2,相关内容移至正文。

本标准由全国太阳能标准化技术委员会(SAC/TC 402)提出并归口。

本标准起草单位:国家太阳能热水器质量监督检验中心(北京)、中国标准化研究院、北京清华阳光能源开发有限责任公司、江苏太阳雨太阳能有限公司、桑夏太阳能股份有限公司、山东桑乐太阳能有限公司、江苏华扬新能源集团、浙江美大太阳能工业有限公司、合肥荣事达太阳能科技有限公司、江苏元升太阳能集团有限公司、北京天普太阳能工业有限公司、皇明太阳能股份有限公司、山东力诺瑞特新能源有限公司、北京四季沐歌太阳能技术有限公司、青岛经济技术开发区海尔热水器有限公司、北京恩派太阳能工业有限公司、浙江省太阳能产品质量检验中心。

本标准主要起草人:何涛、贾铁鹰、殷志强、吴振一、焦青太、赵峰、马兵、黄永伟、夏志生、潘保春、吴道元、李仁星、刘海波、李方军、窦建清、庄长宇、薛祖庆、沈斌、张昕宇。

家用太阳能热水系统技术条件

1 范围

本标准规定了家用太阳能热水系统的术语和定义、符号与单位、产品分类与标记、设计与安装要求、技术要求、试验方法、检验规则、文件编制、包装、运输和贮存。

本标准适用于贮热水箱容水量不大于 0.6 m³ 的家用太阳能热水系统。

2 规范性引用文件

下列文件对于本文件的应用是必不可少的。凡是注日期的引用文件，仅注日期的版本适用于本文件。凡是不注日期的引用文件，其最新版本（包括所有的修改单）适用于本文件。

GB/T 191 包装储运图示标志

GB/T 1771 色漆和清漆 耐中性盐雾性能的测定

GB 3100 国际单位制及其应用

GB 3280 不锈钢冷轧钢板和钢带

GB/T 4272 设备及管道绝热技术通则

GB 4706.1 家用和类似用途电器的安全 第一部分：通用要求

GB 4706.12 家用和类似用途电器的安全 储水式热水器的特殊要求

GB 4706.32 家用和类似用途电器的安全 热泵、空调器和除湿机的特殊要求

GB 4706.66 家用和类似用途电器的安全 泵的特殊要求

GB/T 6424 平板型太阳能集热器

GB 8877 家用和类似用途电器安装、使用、维修安全要求

GB/T 12936 太阳能热利用术语

GB/T 13384 机电产品包装通用技术条件

GB/T 17049 全玻璃真空太阳集热管

GB/T 17581 真空管型太阳能集热器

GB/T 18708 家用太阳热水系统热性能试验方法

GB/T 19775 玻璃-金属封接式热管真空太阳集热管

GB/T 19835 自限温伴热带

GB/T 23888 家用太阳能热水系统控制器

GB/T 23889 家用空气源热泵辅助型太阳能热水系统技术条件

GB/T 25966 带电辅助能源的家用太阳能热水系统技术条件

GB/T 25967 带辅助能源的家用太阳能热水系统热性能试验方法

GB 50057 建筑物防雷设计规范

JT 225 汽车发动机冷却液安全使用技术条件

ISO 9488:2000 太阳能 术语(Solar Energy—Vocabulary)

3 术语和定义

GB 3100、GB/T 12936、GB/T 18708、GB 23889 和 ISO 9488:2000 界定的以及下列术语和定义适用于本文件。

3.1

轮廓采光面积 contour aperture area

太阳光投射到集热器的最大有效面积,如图 1 所示。

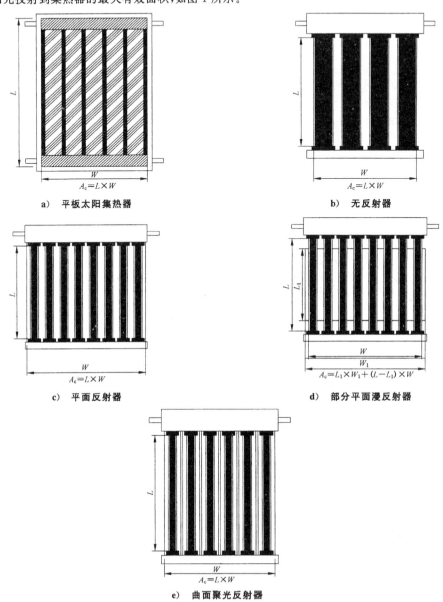

a) 平板太阳集热器

b) 无反射器

c) 平面反射器

d) 部分平面漫反射器

e) 曲面聚光反射器

图 1 太阳能集热器轮廓采光面积示意图

3.2

单位轮廓采光面积日有用得热量 daily useful energy per contour aperture area of domestic solar water heating system

一定太阳辐照量下,贮热水箱内水温不低于规定值时,单位轮廓采光面积贮热水箱内水的日有用得热量。

3.3

平均热损因数 average heat loss factor of domestic solar water heating system

在无太阳辐照条件下,家用太阳能热水系统内贮水温度与环境温度温差为 1K 时,单位时间内、单位体积家用太阳能热水系统的平均热量损失。

3.4

耐压 pressure resistance

耐压是指贮热水箱及贮热水箱的水可以直接进入的设备管路系统承受一定压力的能力。

4 符号与单位

GB/T 18708 使用的符号适用于本标准,本标准还使用了以下的符号和单位。

A_c 轮廓采光面积测量值,单位为平方米(m^2);

A_{c1} 轮廓采光面积标称值,单位为平方米(m^2);

c_{pw} 水的比热容,单位为焦耳每千克摄氏度 J/(kg·℃);

m 贮热水箱容水质量,单位为千克(kg);

q 试验期间,家用太阳能热水系统单位轮廓采光面积日有用得热量,单位为兆焦耳每平方米(MJ/m^2);

q_{17} 日太阳能辐照量为 17 MJ/m^2 时,家用太阳能热水系统单位轮廓采光面积日有用得热量,单位为兆焦耳每平方米(MJ/m^2);

t_{17} 日太阳能辐照量为 17 MJ/m^2 时,贮热水箱的结束水温,单位为摄氏度(℃);

t_{as} 贮热水箱附近的空气温度,单位为摄氏度(℃);

t_b 集热试验开始时贮热水箱内的水温,单位为摄氏度(℃);

t_e 集热试验结束时贮热水箱内的水温,单位为摄氏度(℃);

t_i 热损试验中贮热水箱内的初始水温,单位为摄氏度(℃);

t_f 热损试验中贮热水箱内的最终水温,单位为摄氏度(℃);

U_{SL} 家用太阳能热水系统的平均热损因数,单位为瓦每立方米开尔文 W/(m^3·K);

V 贮热水箱中的容水量测量值,单位为立方米(m^3);

V_1 贮热水箱中的容水量标称值,单位为立方米(m^3);

ρ_w 水的密度,单位为千克每立方米(kg/m^3);

ΔA 轮廓采光面积标称值和测量值的偏差率,无量纲;

ΔV 轮贮热水箱容水量标称值和测量值的偏差率,无量纲;

$\Delta\tau$ 时间间隔,单位为秒(s)。

下标

(av)   参数平均值。

5 产品分类与标记

5.1 分类

家用太阳能热水系统分类按 GB/T 18708 中"系统分类"。

5.2 产品标记

5.2.1 标记内容

家用太阳能热水系统产品标记由如下 6 部分组成,各部分之间用"—"隔开:

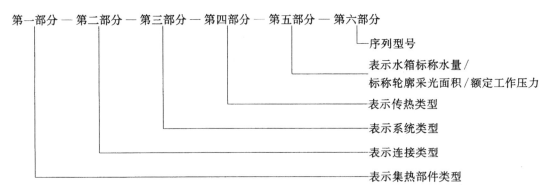

各部分标记的应符合表1的规定。

表 1 家用太阳能热水系统各部分标记规定

第一部分	第二部分	第三部分	第四部分	第五部分	第六部分
P：平板 Q：全玻璃真空管 B：玻璃-金属真空管 M：闷晒	B：传热工质在玻璃管内 J：传热工质在金属管内 R：热管	J：紧凑 F：分离 M：闷晒	1：直接 2：间接	贮热水箱标称水量/标称轮廓采光面积/额定工作压力，L/m²/MPa。标称水量取整数。标称轮廓采光面积和额定工作压力小数点后保留2位数字	1,2,3,…序列型号，没有可不标

5.2.2 标记示例

以全玻璃真空管、水在玻璃管内、紧凑式、直接式家用太阳能热水系统为例,标记如下:

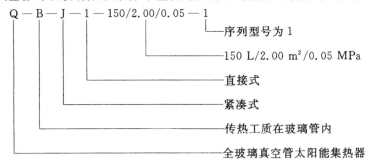

$$Q-B-J-1-150/2.00/0.05-1$$

序列型号为1

150 L/2.00 m²/0.05 MPa

直接式

紧凑式

传热工质在玻璃管内

全玻璃真空管太阳能集热器

6 设计与安装要求

6.1 部件

6.1.1 真空太阳集热管

全玻璃真空太阳集热管应符合 GB/T 17049 要求;玻璃-金属封接式热管真空太阳集热管应符合 GB/T 19775 要求。

6.1.2 太阳能集热器

家用太阳能热水系统中采用的平板型太阳能集热器应符合 GB/T 6424 的要求;真空管型太阳能集

热器应符合 GB/T 17581 的要求。

6.1.3 管道

家用太阳能热水系统设计应保证管路中不会因出现结渣或沉积而严重影响系统的性能,对于自然循环系统,连接管路宜短,不用或少用直角弯头;上循环管沿水流方向应有向上的坡度,下循环管沿水流方向应有向下的坡度,系统管路的直径与连接件应采用标准件,管路保温层应具有合理的厚度,管路的保温制作应符合 GB/T 4272 规定的要求,对于强制循环系统,系统中管路和传热介质要相容,管路耐压、耐温等级应符合要求,如管道采用自限温伴热带,其性能应符合 GB/T 19835 要求。

6.1.4 循环泵

循环泵应符合 GB 4706.66 的要求,循环泵应与传热工质有很好的相容性,泵的安装应按制造厂家的要求进行,并做好接地保护,室外安装的循环泵应做好防雨、防潮、防冻等措施。

6.1.5 换热器

换热器应与传热工质有很好的相容性,不会对用水产生污染,如家用太阳能热水系统用在水硬度高,经热水系统加热后水温高于 60 ℃的地区,宜配备水质软化系统,在系统使用说明书中明确定期清洗的内容。

6.1.6 控制器

家用太阳能热水系统中采用的控制器应符合 GB/T 23888 的要求。

6.1.7 排气阀

排气阀的压力等级、耐温、排气速度、与传热介质的相容性应符合系统要求。

6.1.8 膨胀罐

家用太阳能热水系统采用的膨胀罐的部件材质性能与传热介质相容,膨胀罐的预充压力应与系统静压力相适应,膨胀罐的耐温应与系统工作温度相适应。

6.2 抗外部影响

6.2.1 耐候性

家用太阳能热水系统暴露在室外的各部件应有良好的耐候性,系统的设计、制造和安装都应耐受使用地点的最高环境温度和最低环境温度,系统使用寿命不应低于 10 年。

6.2.2 抗风性

家用太阳能热水系统安装在室外的部分应有可靠的抗风措施,并在产品说明书中清楚描述。

6.2.3 雷电保护

家用太阳能热水系统如不处于建筑物上避雷系统的保护范围内,应按 GB 50057 的规定增设避雷措施。

7 技术要求

7.1 外观

7.1.1 系统采用的平板型太阳能集热器的透明盖板应无裂损;全玻璃真空太阳集热管的罩玻璃管应符

合 GB/T 17049 要求,玻璃-金属封接式热管真空太阳集热管的玻璃管应符合 GB/T 19775 要求。

7.1.2 吸热体涂层颜色应均匀,不起皮、无龟裂和剥落。

7.1.3 家用太阳能热水系统的贮热水箱外部表面应平整,无划痕、污垢和其他缺陷。

7.1.4 标称轮廓采光面积与实际轮廓采光面积的偏差应在±3.0%以内。

7.1.5 家用太阳能热水系统应在明显的位置设有清晰的、不易消除的标志。产品标志包括下列内容:

    a) 制造厂家;

    b) 产品名称;

    c) 商标;

    d) 产品型号;

    e) 轮廓采光面积;

    f) 贮热水箱容水量;

    g) 工作压力;

    h) 制造日期或生产批号;

    i) 水箱内胆材料的材质及标称厚度;

    j) 序列型号的含义;

    k) 外形尺寸;

    l) 单件重量。

产品标志应至少包括 a)、b)、c)、d)、e)、f)、g)、h)、i)等 9 项,其他内容可根据实际情况进行适当增减。

7.2 贮热水箱

7.2.1 水箱内胆采用不锈钢冷轧板时,其性能应符合 GB 3280 的要求,内胆厚度与标志所示的标称厚度的允许偏差应满足表 2 的要求,其他类型内胆材料与标志所示标称厚度的允许偏差应在±10%以内。

表 2 不锈钢板厚度允许偏差

单位为毫米

标称厚度	厚度允许偏差
≥0.10～<0.20	±0.015
≥0.20～<0.30	±0.020
≥0.30～<0.50	±0.030
≥0.50～<0.60	±0.035
≥0.60～<0.80	±0.040
≥0.80～<1.00	±0.045
≥1.00～<1.20	±0.050
≥1.20～<1.50	±0.055
≥1.50～<2.00	±0.060

7.2.2 采用封闭式贮热水箱的容水量标称显示值与测量值的偏差在±3.0%以内,采用水槽供水式、出口敞开式和开口式贮热水箱的容水量标称显示值与测量值的偏差在±5.0%以内。

7.2.3 贮热水箱的适当位置设有排污口,便于充分排出水箱内的水;对于采用开口式贮热水箱的家用太阳能热水系统,在贮热水箱的适当位置应设有溢流口和排气口,进水口和出水口应有清晰的标志,标志不应标在可更换的部件上,如采用颜色作标志,则蓝色表示冷水的进口,红色表示热水的出口。进水口和出水口亦可用箭头表示水流的方向。

7.3 安全装置

7.3.1 安全泄压阀

7.3.1.1 封闭式家用太阳能热水系统中应安装安全泄压阀。

7.3.1.2 安全泄压阀应能耐受传热工质的最高工作温度。

7.3.1.3 安全泄压阀的尺寸应能释放最大热水流量或可能出现的最大蒸汽流量。

7.3.2 安全泄压阀和膨胀箱的连接管

7.3.2.1 安全泄压阀与系统之间的连接管道不能关闭。

7.3.2.2 如果家用太阳能热水系统安装了安全泄压阀和膨胀箱的连接管,则安全泄压阀和膨胀箱的连接管尺寸应在最大热水流量或可能出现的最大蒸汽流量条件下,集热器回路中任何地方的压力不超过最大允许压力值。

7.3.2.3 安全泄压阀的出口应适当布置,保证从安全泄压阀喷出的蒸汽或传热工质不会对人或周围环境造成任何危险。

7.3.2.4 安全泄压阀和膨胀箱的连接与管道铺设,应避免沉积任何污物、水垢或类似的杂质。

7.3.3 排空水管

如果家用太阳能热水系统安装了排空水管,则排空水管的铺设应保证管路不会冻结,并不会在管路中积水。

7.4 耐压

7.4.1 采用水槽供水式、出口敞开式和开口式系统的额定工作压力应不小于 0.05 MPa,耐压试验后系统不应有渗漏。

7.4.2 采用封闭式贮热水箱的系统额定工作压力应不小于 0.6 MPa,耐压试验后系统不应有渗漏。

7.5 热性能

7.5.1 家用太阳能热水系统的热性能应符合下列要求:

    a) 当日太阳辐照量为 17 MJ/m² 时,贮热水箱内集热结束时水的温度≥45 ℃,紧凑式和闷晒式太阳能热水系统单位轮廓采光面积贮热水箱内水的日有用得热量≥7.7 MJ/m²;分离直接式(分体单回路)太阳能热水系统的日有用得热量≥7.0 MJ/m²;分离间接式太阳能热水系统的日有用得热量≥6.6 MJ/m²。

    b) 紧凑式和分离式家用太阳能热水系统的平均热损因数≤16 W/(m³·K);闷晒式家用太阳能热水系统平均热损因数≤80 W/(m³·K)。

7.5.2 空气源热泵辅助型家用太阳能热水系统的热性能应满足 GB/T 23889 的要求。

7.5.3 带电辅助能源的家用太阳能热水系统的热性能应满足 GB/T 25966 的要求。

7.6 水质

家用太阳能热水系统提供的热水应无铁锈、异味或其他有碍人体健康的物质。

7.7 过热保护

7.7.1 家用太阳能热水系统在高太阳辐照量且无大量热量消耗的条件下应能正常运行。

7.7.2 家用太阳能热水系统在通过某个部件排放一定量蒸汽或热水作为过热保护时,不应由于排放蒸汽或热水而对住户构成危险。

7.7.3 如果家用太阳能热水系统的过热保护依赖电控或冷水等措施,则应在家用太阳能热水系统产品使用说明书上标注清楚。

7.7.4 家用太阳能热水系统按 8.7 的规定试验,应无蒸汽从任何阀门及连接处排放出来。

7.7.5 对于向用户提供热水温度超过 60 ℃ 的太阳热水系统,必须在使用说明书中提示用户防止烫伤。

7.8 电气安全

家用太阳能热水系统中的电器设备的电气安全应符合 GB 4706.1 和 GB 8877 的要求;家用太阳能热水系统所使用的电器设备应有漏电保护、接地与断电等安全措施;家用空气源热泵辅助型太阳能热水系统的电气安全应满足 GB/T 23889 的要求,带电辅助能源的家用太阳能热水系统的电气安全应符合 GB/T 25966 的要求。

7.9 空晒

系统应无损坏或者老化现象,空晒试验适用于集热部件与贮热水箱不可分的家用太阳能热水系统。

7.10 外热冲击

做两次外热冲击试验,家用太阳能热水系统不允许有裂纹,变形,水凝结或浸水,外热冲击适用于集热部件与贮热水箱不可分的家用太阳能热水系统。

7.11 淋雨

不允许有雨水浸入家用太阳能热水系统的集热器/部件、水箱及其通气口和排水口等。淋雨适用于集热部件与贮热水箱不可分的家用太阳能热水系统。

7.12 内热冲击

做一次内热冲击试验,家用太阳能热水系统不允许有裂纹,变形,水凝结或浸水。内热冲击不适用于贮热水箱内的水与全玻璃真空太阳集热管直接接触的家用太阳能热水系统。

7.13 防倒流

7.13.1 对于自然循环系统,家用太阳能热水系统的贮热水箱底部应高于集热器顶部。

7.13.2 对于强制循环系统,家用太阳能热水系统应包含有防倒流装置。

7.14 耐冻

7.14.1 耐冻试验后,不允许家用太阳热水系统有泄漏、破损、变形和毁坏;热水器/系统上的放气阀、溢流管不允许有冻结。

7.14.2 家用太阳能热水系统集热回路中采用防冻液的冰点温度应满足系统使用要求。

7.15 支架强度和刚度

家用太阳能热水系统支架应具有足够的强度、刚度及一定的耐腐蚀能力。

7.16 耐撞击

撞击试验后,家用太阳能热水系统的集热部件不应有损坏。

7.17 耐负压冲击

采用封闭式贮水箱的家用太阳能热水系统应能承受在正常使用中出现的真空冲击,当出现真空冲击时,容器不应有影响安全的变形。

7.18 脉冲压力

采用封闭式贮水箱的家用太阳能热水系统在承受至少 8 万次脉冲压力试验后,加热管和贮热水箱应无渗漏,贮热水箱应无明显变形和开裂。

8 试验方法

8.1 外观检查

8.1.1 按 7.1 规定的内容对家用太阳能热水系统的外观及标志进行检查,长度测量仪器测量精度为 ± 1 mm。

8.1.2 标志中轮廓采光面积标称值 A_{cl} 与轮廓采光面积的测量值 A_c 的偏差率 ΔA_c 按式(1)进行计算:

$$\Delta A_c = \frac{(A_c - A_{cl})}{A_{cl}} \times 100\% \qquad \cdots\cdots\cdots\cdots\cdots\cdots\cdots\cdots\cdots(1)$$

8.2 贮热水箱检查

8.2.1 在水箱内胆上的桶身上截取 2 处尺寸为 5 cm×5 cm 试验样片,采用分辨率不低于 0.01 mm 的螺旋测微仪测量样片中心的厚度,取 2 次测量的平均值为不锈钢内胆的厚度。

8.2.2 用水温不高于 30 ℃的水将水箱充满至系统溢流口出水,将系统排气口或者顶部的安全阀打开,从贮热水箱的出口处放水测量水的质量,质量测量的准确度应为±1%,环境温度 0 ℃～39 ℃。

8.2.3 贮热水箱标志中贮热水箱标称值 V_1 与容水量的测量值 V 的偏差率 ΔV 按式(2)计算,此处水的密取 $\rho_w = 1\,000$ kg/m³:

$$\Delta V = \frac{(V - V_1)}{V_1} \times 100\% \qquad \cdots\cdots\cdots\cdots\cdots\cdots\cdots\cdots\cdots(2)$$

8.2.4 贮热水箱的排污口及进、出水口按 7.2.3 规定的内容目视检查。

8.3 安全装置检查

8.3.1 安全泄压阀

检查家用太阳能热水系统文件,确认:
a) 集热器组中每个可以关断的回路至少安装一个安全阀;
b) 安全阀的规格和性能符合 7.3.1 规定的要求;
c) 安全阀释放压力处的传热工质温度不会超过传热工质的最高允许温度。

8.3.2 安全阀和膨胀罐的连接管

检查家用太阳能热水系统文件,确认:
a) 安全阀和膨胀罐的连接管都不能关断;
b) 安全阀的连接管径符合 7.3.2 规定的要求;
c) 安全阀和膨胀罐的连接与管道铺设可以避免沉积任何污物、水垢或类似的杂质。

8.3.3 排空水管

检查家用太阳能热水系统文件和管路图,确认排空水管符合7.3.3规定的要求。

8.4 耐压试验

8.4.1 试验装置与方法

试验装置见图2。将家用太阳能热水系统内注满水,通过放气阀排尽热水系统内的残留空气,关闭放气阀,由液压系统缓慢加压至试验压力。采用水槽供水式、出口敞开式和开口式系统的试验压力为1.25倍的额定工作压力。采用封闭式贮热水箱的系统试验压力为1.5倍的额定工作压力。维持试验压力10 min,同时检查家用太阳能热水系统有无膨胀、变形、渗漏或破裂。

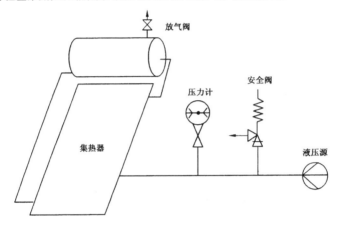

图 2　家用太阳能热水系统液体工质耐压测试原理图

8.4.2 试验条件

环境温度 0 ℃~39 ℃。

8.4.3 结果

应检查家用太阳能热水系统是否有渗漏,贮热水箱、集热器、辅助热源和管道等设备及部件是否膨胀变形和破裂,集热管是否有纵向位移、变形和破裂。试验结果应注明试验的压力值、环境温度、试验持续的时间。

8.5 热性能试验

8.5.1 贮热水箱内集热结束时的水温 t_e 和单位轮廓采光面积贮热水箱内水的日有用得热量 q。

8.5.1.1 试验方法:按 GB/T 18708 规定的方法进行试验。

8.5.1.2 试验条件:应至少包括一整天满足以下条件的试验:

　　a)　日太阳辐照量 $H \geqslant 16 \ MJ/m^2$;

　　b)　集热试验开始时贮热水箱内的水温 $t_b = (20.0 \pm 1.0)℃$;

　　c)　集热试验期间日平均环境温度 $8 ℃ \leqslant t_{nd} \leqslant 35 ℃$;

　　d)　环境空气的流动速率 $v \leqslant 4 \ m/s$。

8.5.1.3 日有用得热量和结束水温计算

试验期间单位轮廓采光面积的日有用得热量 q 用式（3）计算：

$$q = \frac{c_{pw}m(t_e - t_b)}{10^6 A_c}$$ ·····························（3）

换算成太阳辐照量为 17 MJ/(m² · d)时的日有用得热量 q_{17} 用式（4）计算：

$$q_{17} = 17\frac{q}{H}$$ ·····························（4）

太阳辐照量为 17 MJ/(m² · d)时，贮热水箱结束水温 t_{17} 用式（5）计算：

$$t_{17} = 17\frac{(t_e - t_b)}{H} + 20$$ ·····························（5）

8.5.2 家用太阳能热水系统的平均热损因数 U_{SL}

8.5.2.1 试验方法：按 GB/T 18708 方法进行试验。

8.5.2.2 家用太阳能热水系统的平均热损因数 U_{SL} 的单位为 W/(m³ · K)，应用式（6）进行计算：

$$U_{SL} = \frac{\rho_w c_{pw}}{\Delta\tau}\ln\left[\frac{t_i - t_{as(av)}}{t_f - t_{as(av)}}\right]$$ ·····························（6）

8.5.3 家用空气源热泵辅助型太阳能热水系统的热性能按 GB/T 23889 进行试验。

8.5.4 带电辅助能源的家用太阳能热水系统的热性能按 GB/T 25967 进行试验。

8.6 水质检查

将家用太阳能热水系统中注满符合卫生标准的水后，在日太阳辐照量≥16 MJ/m² 的条件下放置 2 d，系统排出的热水中应无铁锈、异味或其他有碍人体健康的物质。

8.7 过热保护试验

8.7.1 试验方法

根据厂家要求安装系统，将系统充满水并维持工作压力，对系统断电，系统在室外条件下进行试验。连续两天集热器表面的太阳辐照量≥16 MJ/m² 或者集热器环路开始排气时，迅速排出系统内的水，排水体积应大于或等于系统的水容量，试验结束。

对于有防冻液的家用太阳热水系统，还应按照 JT 225 规定的方法检查防冻液是否因高温条件而变质。如果在任何一个回路中使用了非金属材料，则在过热保护试验期间还应测量该回路中的最高温度。过热保护试验可与水质试验同时进行。

8.7.2 试验结果

检验家用太阳能热水系统是否有泄漏，管道是否有膨胀现象，并记录检验结果。记录试验过程中太阳辐照量。

8.8 电气安全

家用太阳能热水系统及家用空气源热泵辅助型太阳能热水系统的电气安全根据 GB 4706.1、GB 4706.12、GB 4706.32 和 GB 8877 规定的方法进行试验，带电辅助能源的家用太阳能热水系统的电气安全根据 GB/T 25966 规定的方法进行试验。

8.9 空晒试验

8.9.1 试验装置和方法

将家用太阳能热水系统安装在室外，见图 3，不充液体。除留下一个出口允许吸热体内的空气自由膨胀外,堵住所有进出口,以防止空气自然流动冷却。逐时记录太阳辐照量、环境温度。家用太阳能热水系统空晒到满足试验条件为止。

空晒试验结束时,进行肉眼检查。

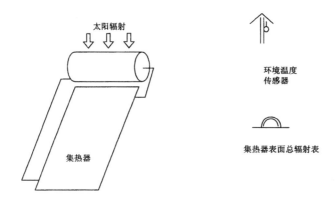

图 3　家用太阳能热水系统空晒试验示意图

8.9.2　试验条件

a)　日太阳辐照量 $H \geqslant 16 \text{ MJ/m}^2$；

b)　环境温度 0 ℃～39 ℃；

c)　连续空晒两天。

外热冲击试验和空晒试验可以同时进行,第一次外热冲击应该在最初的 10 h 内进行,第二次在最后的 10 h 内进行。

8.9.3　试验结果

应检验家用太阳能热水系统是否有裂纹、变形,并记录检验结果。

8.10　外热冲击试验

8.10.1　试验装置和方法

将家用太阳能热水系统安装在室外,不充水。除留下一个出口允许吸热体内的空气自由膨胀外,堵住所有进出口,以防止空气自然流动冷却(见图4)。

集热器吸热体上固定一个温度传感器,用于测量试验期间吸热体的温度。传感器应放置在吸热体高度的 2/3、宽度的 1/2 位置处。传感器应紧贴吸热体。

安装一排喷水口,向系统提供均匀的喷淋水。

喷水前,家用太阳能热水系统应在太阳辐照度 $\geqslant 600 \text{ W/m}^2$ 的准稳态条件下保持 1.5 h,每 5 分钟记录一次太阳辐照度和环境温度,然后用水喷淋 15 min,之后检查热水系统。

家用太阳能热水系统应作两次外热冲击试验。

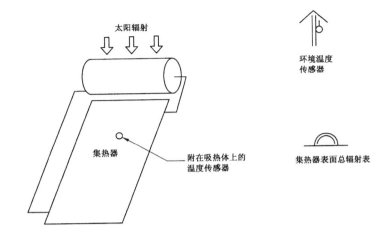

图 4　家用太阳能热水系统外热冲击试验示意图

8.10.2　试验条件

a)　环境温度 0 ℃～39 ℃;

b)　喷水水温应小于 25 ℃,集热器部件和贮热水箱轮廓采光上每平方米的喷水流量为 180 L/h～216 L/h。

8.10.3　试验结果

应检验家用太阳能热水系统是否有裂纹、变形、水凝结或浸水,并记录检验结果。记录试验过程中喷水水温和喷水流量。

8.11　淋雨试验

8.11.1　试验装置和方法

封闭家用太阳能热水系统的进、出水口(见图 5),将家用太阳能热水系统放在试验装置中,根据厂家建议的与水平面所成的最小角度放置。如厂家未指定角度,则按与水平角成 45°角或小于 45°角放置。设计成屋顶结构一体化的太阳热水系统应放置在模拟屋顶上,其底部应加以保护。其他类型的家用太阳能热水系统应按生产厂家要求的方式安装。

家用太阳能热水系统的各个方向应用喷嘴喷淋 1 h。

8.11.2　试验条件

家用太阳能热水系统内的温度应与环境温度相近。

喷淋水温应小于 25 ℃,家用太阳能热水系统的集热器/部件和贮热水箱轮廓采光上每平方米的喷水流量为 180 L/h～216 L/h。

8.11.3　结果

家用太阳能热水系统应进行渗水检验,凭肉眼检验热水系统中有无渗水。每 5 分钟记录一次环境温度、喷水水温和喷水流量。

图 5　家用太阳能热水系统淋雨试验图

8.12　内热冲击试验

8.12.1　试验装置和方法

将家用太阳能热水系统安装在室外(见图6),但不装水。其入口管通过阀门与水源相通,另一支为出口管,便于吸热体内气体自由膨胀以及传热工质流出集热器(并被收集起来)。

将一支温度传感器固定在吸热体上,用于测试过程中的温度监控。传感器应放置在吸热体高度的2/3,宽度的1/2位置处。传感器应与吸热体间有良好的热接触。传感器应避开太阳辐射。

家用太阳能热水系统应在太阳辐照度≥600 W/m² 的准稳态条件下保持 1.5 h 后,用水冷却最少5 min。

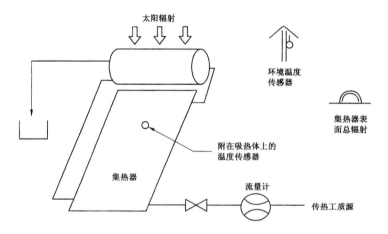

图 6　家用太阳能热水系统内热冲击试验示意图

8.12.2　试验条件

a)　环境温度 0 ℃～39 ℃。

b)　水温应小于 25 ℃,建议家用太阳能热水系统的轮廓采光面上每平方米的液体流量≥72 L/h (厂家另有要求除外)。

8.12.3 试验结果

应检验家用太阳能热水系统是否有裂纹、变形或毁坏，并记录检验结果。每5分钟记录一次太阳辐照度、环境温度、通水水温和流量。

8.13 防倒流检查

8.13.1 对于自然循环系统，检查家用太阳能热水系统的贮热水箱底部是否高于集热器顶部。

8.13.2 对于强制循环系统，检查家用太阳能热水系统是否有止回阀或其他防倒流装置。

8.14 耐冻试验

8.14.1 试验装置和方法

8.14.1.1 传热工质为水的家用太阳能热水系统

将家用太阳能热水系统放置在冷冻室中（见图7），系统的安装倾角根据厂商建议的与水平面所成的最小角度而定。如厂商未指明角度，可按与水平面成30°角倾斜放置。然后将家用太阳能热水系统在工作压力下充满水。冷室的温度是循环变化的。

在靠近进水口处测量贮热水箱内的温度。

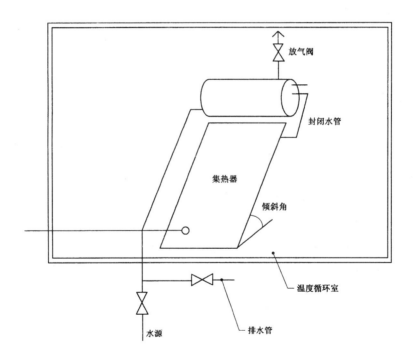

图7 家用太阳能热水系统冷冻试验装置示意图

8.14.1.2 传热工质为防冻液的家用太阳能热水系统

采用测量精度为±1℃的冰点仪测量防冻液的冰点并记录。

8.14.2　试验条件

a) 贮热水箱内水温(45 ± 1)℃应在冷冻段(-20 ± 2)℃维持至少 8 h,然后将家用太阳能热水系统放置在环境温度不低于 10 ℃处保持 2 h。

b) 贮热水箱内水温(10 ± 1)℃应在冷冻段(-20 ± 2)℃维持至少 8 h,然后将家用太阳能热水系统放置在环境温度不低于 10 ℃处保持 2 h。

8.14.3　试验结果

a) 应立即检验家用太阳能热水系统上的放气阀、溢流管是否冻结,立即检验用太阳能热水系统中集热器内的最低温度,工质是否冻结,并在环境温度≥10 ℃处保持 2 h 后检查热水系统是否泄漏、破损、变形和毁坏;

b) 同时记录家用太阳能热水系统达到的温度及其倾斜角;

c) 记录防冻液的冰点温度并与厂家提供最低工作温度比较,确定防冻液的冰点温度是否符合要求,系统文件应给出防冻液的冰点,如没有,应根据厂家提供的最低系统工作环境温度来确定防冻液的冰点温度是否满足系统运行要求。

8.15　耐撞击试验

8.15.1　平板型太阳能集热器根据 GB/T 6424 进行试验。

8.15.2　真空管型太阳能集热器根据 GB/T 17581 进行试验。

8.15.3　对于采用真空太阳集热管为集热部件的紧凑式家用太阳能热水系统,每支集热管按照 GB/T 17049 或 GB/T 19775 进行撞击试验。

8.16　支架刚度和强度试验

8.16.1　紧凑式家用太阳能热水系统

将未注满水的家用太阳能热水系统按实际使用时的倾角放置,然后把支架的任意一端从地面上抬起 200 mm,保持 5 min,放下后,检查各部件及它们之间的连接处有无破损或明显的变形,支架的任意一端都应进行本实验。

将系统注满水,按实际使用时的倾角放置,然后在支架中部附加贮水容量 30％的重量,保持 15 min,检查支架有无破损或明显的变形。

8.16.2　分离式家用太阳能热水系统

将未充满水的太阳能集热器安装在支架上,按实际使用时的倾角放置,然后把支架的任意一端从地面上抬起 200 mm,保持 5 min,放下后,检查各部件及它们之间的连接处有无破损或明显的变形,支架的任意一端都应进行本实验。

将充满水的太阳能集热器安装在支架上,按实际使用时的倾角放置,然后在支架中部附加贮水容量 30％的重量,保持 15 min,检查支架有无破损或明显的变形。

8.16.3　盐雾试验

根据 GB/T 1771 的规定在支架上取样,按照 GB/T 1771 的方法试验,试验周期 72 h,盐雾试验后支架及其连接件应无裂纹、起泡、剥落及生锈。

8.17　耐负压冲击试验

8.17.1　将家用太阳能热水系统连接到真空试验装置上,确认系统处于封闭状态,将家用太阳能热水系统抽至 33 kPa 真空度,保持 5 min。

8.17.2 试验完成后目测家用太阳能热水系统的贮热水箱、集热器、集热管、管路以及其他设备组件有无渗漏和明显变形。

8.18 脉冲压力试验

8.18.1 将家用太阳能热水系统连接到耐压试验装置上,对家用太阳能热水系统注水加压至额定工作压力100%±5%,保持5 min,检查热水系统是否有渗漏等异常现象。

8.18.2 将家用太阳能热水系统连接到脉冲压力试验装置上,按如下要求进行试验:

a) 脉动压力:容器内注入环境温度的水;排空容器内空气,按额定工作压力的15%到(100%±5%)之间的数值交替对容器加压。

b) 频率:25 次/min～60 次/min。

c) 循环次数:8 万次,每加压1万次结束时,将压力至少维持在额定工作压力10 min,目测容器无明显变形,再进行下面的循环试验。

8.18.3 脉冲压力试验完成后目测家用太阳能热水系统的贮热水箱、辅助热源、集热器、集热管、管路以及其他设备组件有无渗漏和明显变形。

9 检验规则

9.1 家用太阳能热水系统产品检验分为出厂检验和型式检验。

9.2 出厂检验

9.2.1 产品在出厂前必须逐个系统进行检验。

9.2.2 出厂检验按7.1.1、7.1.2、7.1.3、7.1.5、7.8进行检查。

9.3 型式检验

9.3.1 在正常生产情况下,每年应至少进行一次型式检验。

9.3.2 产品有下列情况之一时,应进行型式检验:

a) 新产品试制定型时;

b) 改变产品结构、材料、工艺而影响产品性能时;

c) 老产品转厂或停产超过2年恢复生产时;

d) 国家质量监督检验机构提出进行型式检验的要求时。

9.3.3 型式检验应在出厂检验合格的一定批量的产品中随机抽样1～2台进行,批量不应小于10台。

9.3.4 型式检验按7.1～7.18进行。

9.4 抽样规则

9.4.1 出厂检验一般为全检。

9.4.2 型式检验一般为抽检。

9.4.3 若型式检验不合格,则需加倍抽样进行复检。

9.5 判定规则

9.5.1 出厂检验符合7.1.1、7.1.2、7.1.3、7.1.5、7.8规定的要求者为合格,有一项不合格则产品为不合格。

9.5.2 型式检验项目热性能、电气安全、耐压、支架强度、支架刚度、外观、贮热水箱中有一项不合格,则产品为不合格;若其余各项中有两项不合格,则产品为不合格。

10 文件编制

10.1 概述

家用太阳能热水系统制造厂家应编制两类文件:一类是为安装人员提供的组装与安装本系统的文

件(安装说明书),另一类为用户提供的操作本系统的文件(使用说明书)。

10.2 安装说明书

安装说明书应包括家用太阳能热水系统的下列资料:
a) 技术资料:
——系统图;
——所有外部接头的位置及公称直径;
——所有部件(如:太阳能集热器/部件、贮热水箱、支架、管路、辅助加热设备、控制器和附件等)一览表,包括主要部件的技术参数(如:型号、电源功率、尺寸、重量、标识和安装等);
——所有回路(如:集热器回路、自来水回路和辅助加热回路等)的最大工作压力;
——工作极限(如:最大允许温度、最大允许压力等);
——主要部件防腐类型;
——传热工质类型;
——序列型号的含义包括但不限于以下内容:
对于采用全玻璃真空管为集热元件的家用太阳能热水系统,包括真空管的规格、根数、涂层、水箱保温材料及厚度,水箱内胆材料及厚度,支架的材质及倾角等内容;
对于采用的平板型集热器为集热部件的家用太阳能热水系统,包括平板集热器的规格、涂层、水箱保温材料及厚度,水箱内胆材料及厚度,支架的材质及倾角等内容。
b) 安装指南:
——安装图(包括:安装面、安装尺寸等);
——管路穿房屋围护结构处的施工要求(如:防雨、防湿等);
——管路保温的步骤;
——家用太阳能热水系统与建筑的结合方式及固定方式;
——对于回流系统和排放系统,应保证的最小的管路坡度以及确保集热器回路适当排空的其他说明;
c) 若安装在室外的支架是家用太阳能热水系统的一部分,应给出支架能承受的最大雪载和最大风速;
d) 管路的连接方法;
e) 安全装置的型号和尺寸;
f) 控制设备及其线路图,必要时应包括恒温混合阀以限制取水温度≤60 ℃;
g) 系统检查、充液和启动的步骤;
h) 系统调试的步骤;
i) 家用太阳能热水系统可以承受的最低环境温度。

10.3 使用说明书

使用说明书应包括下列资料:
a) 现有的安全装置及其温度调节方式;
b) 使用特别注意事项:
——启动系统前,应检查所有的阀门都处于正常状态,并已注满水或防冻液;
——一旦系统无法运行,应通知专业安装人员;
——带有电辅助加热装置的家用太阳能热水系统,断电后,方能使用;
c) 安全阀的正常运行状态;
d) 防止系统冻坏与过热的注意事项;

e)   在霜冻气候条件下正确启动系统的方法；

f)   系统停止运行的注意事项；

g)   系统维护,包括检修和清洗频率,以及正常维护期间需要更换零件的清单；

h)   家用太阳能热水系统的性能数据：

——系统的热性能；

——循环泵、控制器、电控阀、防冻装置等的电功率；

——在无太阳能时,在规定的温度,系统最大的供热水量(m^3/d)；

i)   如果系统的过热保护依赖于电源供应或自来水供应,则应说明严禁关闭电源开关或自来水龙头；

j)   如果系统的过热保护依赖于排放一定量的热水,则应予以说明；

k)   家用太阳能热水系统可以承受的最低环境温度；

l)   传热工质类型；

m)   如果家用太阳能热水系统带有紧急电加热器,应说明只有在紧急情况下才能使用。

11 包装、运输和贮存

11.1 包装

11.1.1 家用太阳能热水系统的包装应符合 GB/T 13384 的规定。

11.1.2 包装箱上的标志应符合 GB/T 191 的规定,其中应主要包括"小心轻放"、"严禁翻滚"、"堆码重量极限"等标志。

11.1.3 包装箱上的标志应符合 7.1.5 的要求。

11.1.4 包装箱内应附有下列文件：

a)   检验合格证；

b)   安装说明书；

c)   使用说明书；

d)   装箱单,装箱单中应列出系统部件的规格型号、数量及制造商。

11.2 家用太阳能热水系统出厂时应随带下列文件：

a)   产品合格证；

b)   产品说明书；

c)   配件清单。

11.3 运输

11.3.1 家用太阳能热水系统产品在装卸和运输过程中,应小心轻放,并符合堆码重量极限的要求。

11.3.2 家用太阳能热水系统产品不得遭受强烈颠簸、震动,不得受潮、淋雨。

11.4 贮存

11.4.1 家用太阳能热水系统产品应存放在通风、干燥的仓库内。

11.4.2 家用太阳能热水系统产品不得与易燃物品及化学腐蚀物品混放。

让家更温暖

混合动力热水器

- 阳台组合解决建筑结构限制问题，不需安装在楼顶，可以直接安装在阳台上。

- 如果没有足够阳光，还可以选择热泵和燃气等其他组合方式，带给您24小时全天候绿色低碳的生活。

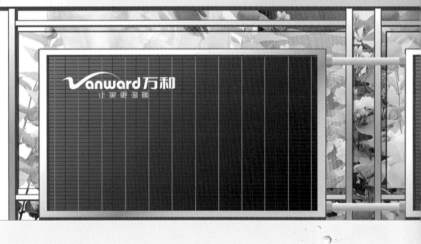

　　万和混合动力热水器，集成了"高效制热引擎、恒温保热舱、智能传热系"三大核心技术，实现三合一，应用到平板太阳能、空气能、燃气、电等多种热水能源动力，形成多种能源热水互补，且相互交叉，成套输出，解决了传统能源紧张，燃电使用成本高，太阳能、热泵热水器阴雨天和冬天使用不便利，热水持久供应难等单一能源热水器的应用瓶颈，从而为消费者提供更加经济节能、使用便利的高效热水。

给每滴水一颗动力的芯

混合动力热水器

东万和新电气股份有限公司
GDONG VANWARD NEW ELECTRIC CO.,LTD.
股简称：万和电气　股票代码：002543

总机：0757-28898888　　服务查询热线：400-830-8383　　服务热线：0757-28382625
地址：广东省佛山顺德高新区(容桂)建业中路13号　网址/网上商城：http://www.vanward.com

招商热线：0757-28382726

20 years, we just do the best for the solar water heater!
年，我们只做好太阳能！

抗冻型
阳台壁挂太阳能热水系统

- ■ 耐寒抗冻　■ 承压出水
- ■ 水质清洁　■ 全天候使用
- ■ 调温灵敏　■ 高效集热换热

华扬蓝圭阳台壁挂式太阳能热水器采用集热器和储热水箱分离，自然循环热交换技术；同时，系统承压式出水设计，出水强劲，洗浴舒适；系统光电互补，且储热水箱可单独作为电热水器使用，确保全天候供应热水；系统充注防冻介质，保证系统在严寒冬季照常运行。

HUAYANG 华扬太阳能

中国驰名商标 | 中国环境标志 | 金太阳认证

江苏华扬新能源集团 | 江苏扬州邗江经济开发区牧羊路22号 | 400-700-6777 | 传真：0514-87847786 | www.huayangsolar.com